土石坝渗漏隐患
地球物理探查及处理技术

张平松　江晓益　谭　磊　胡雄武　编著

合肥工業大學出版社

|内容提要|

本书对水库大坝渗漏探测方法原理、技术与应用等方面作了系统阐述，以电阻率勘探原理、数据采集、数据处理、地质解释、综合应用、渗漏处置以及智慧大坝系统构建为主要内容，以浙江省水库探测与防渗处理项目为依托，提供相应的实例说明及认识。

本书可供地球物理学、勘查技术与工程、地质工程、水利工程、地下水科学与工程、水文与水资源工程等相关专业学生使用，也可作为研究生教材及专业工程技术人员的工具性参考书。

图书在版编目(CIP)数据

土石坝渗漏隐患地球物理探查及处理技术/张平松等编著．—合肥：合肥工业大学出版社，2023.5

ISBN 978-7-5650-5968-1

Ⅰ.①土…　Ⅱ.①张…　Ⅲ.①土石坝—渗透性—地球物理勘探—研究
Ⅳ.①TV641

中国版本图书馆 CIP 数据核字(2022)第 178748 号

土石坝渗漏隐患地球物理探查及处理技术

TUSHIBA SHENLOU YINHUAN DIQIU WULI TANCHA JI CHULI JISHU

张平松　江晓益　谭　磊　胡雄武　编著

责任编辑 张择瑞　郭　敬
出版发行 合肥工业大学出版社
地　　址 (230009)合肥市屯溪路 193 号
网　　址 press.hfut.edu.cn
电　　话 理工图书出版中心：0551-62903204
营销与储运管理中心：0551-62903198
开　　本 787 毫米×1092 毫米　1/16
印　　张 12.5
字　　数 282 千字
版　　次 2023 年 5 月第 1 版
印　　次 2023 年 5 月第 1 次印刷
印　　刷 安徽联众印刷有限公司
书　　号 ISBN 978-7-5650-5968-1
定　　价 88.00 元

前　言

水库大坝是一项重要的防洪工程设施，其在我国水资源利用中发挥了重要的作用。受建设时期、工程施工及运行年限等条件的影响，大坝构筑物会出现一系列的工程问题，因此需要对其进行状态检测，及时发现隐患问题，提出相应的治理技术措施。

随着时代的发展，新的地质地球物理技术、数据处理方法、仪器设备等方面都在不断地进步，智慧大坝系统的构建也在不断完善，实现了对土石坝全域、全过程、全时段的动态监测，从而有效提升大坝安全的监控程度，对实际生产生活具有重要的理论和实践指导意义。

近年来，随着工程地球物理探查技术的迅猛发展，空、天、地、孔等信息综合利用，特别是人工智能、大数据、云计算、互联网技术等领域的发展，新的设备与处理技术在不断更新，使得技术的总结滞后于工程实践，因而加强对相关技术的梳理与分析至关重要。本书以浙江省水库大坝探测为研究对象，基于地球物理方法，对其存在的安全隐患问题进行探测，通过土石坝渗漏数值模拟试验与现场实测案例，总结并给出土石坝隐患探测评价标准与治理手段。

本书由浙江省基础公益研究计划项目(LGF20D040001)、浙江省水利科技计划重点项目(RB1901)资助。

本书内容分为绪论、土石坝渗漏隐患探查地球物理方法、土石坝渗漏数值模拟与模型试验、土石坝渗漏隐患探查技术应用、土石坝渗漏隐患的定向处理技术和土石坝新技术研究趋势及展望六个部分。全书由安徽理工大学张平松教授、江晓益正高级工程师、谭磊博士、胡雄武副教授主持撰稿，各章节分工为：前言由张平松完成；第1章、第2章、第3章由张平松、谭磊、江晓益完成；第4章、第5章由张平松、江晓益、谭磊、胡雄武完成；第6章由张平松、谭磊完成。

全书稿件由张平松审校，插图由谭磊审校。

本书在撰写过程中，引用的大量工程实例、实测案例等大部分源于浙江省水利河口研究院（浙江省海洋规划设计研究院）的土石坝渗漏隐患探测项目，同时也吸收了国内兄弟单位在大坝探查实践中积累的宝贵资料，少部分引自国内外某些教材资料，在此无法一一列举。为此，特向被引资料作者表示衷心的感谢。安徽理工大学陈兴海、欧元超、刘畅、许时昂、李圣林、孙斌杨、邱实、徐虎等研究生在书稿资料整理和图形绘制方面做了大量的工作，在此一并表示深深的谢意。

由于时间紧迫和水平有限，书中不足之处在所难免，恳请广大读者批评指正。

张平松

2022 年 12 月　淮南

目录

Contents

第1章 绪 论

1.1 土石坝工程概况

1.1.1 我国水库大坝基本情况

水是生存之本、生态之基、生产之要、文明之源，是人类赖以生存和发展的重要自然资源、战略性的经济资源和国家安全的重要部分。千百年来，水直接或间接不断地给人类生产生活供给丰富物产资料，保障和促进了人类的繁衍生息，但极端的暴雨、山洪、内涝、旱灾、风暴潮等自然灾害也让人民群众付出惨痛的代价，概括地说人类社会发展的文明史也是一本兴水利、除水害的奋斗史。我国水资源短缺、时空分布不均、水旱灾害频发，是世界上水情最为复杂、江河治理难度最大、治水任务最为繁重的国家，水安则民安，民安则国昌，兴水利除水害历来是治国安邦的大事。中华人民共和国成立以来，为了有效应对水旱灾害防御问题，全党团结带领全国各族人民开展了波澜壮阔的治水兴水事业，取得了令世界瞩目的成就，其中水库大坝防洪工程是杰出代表之一。我国水库大坝建设先后经历了恢复与组建期（1949—1957年）、高速建设期（1958—1976年）、稳定前进期（1977—1990年）和转型黄金期（1998—）4个阶段，不同时期水库的建设与发展为我国成为全世界水库最多的国家奠定了基础。据《2019年全国水利发展统计公报》，全国（不包含港澳台地区）已建成各类水库98112座，是建国初期348座的280多倍，其中：大型水库有744座，中型水库有3978座（水利部，2020）。此外，全国还建成了400多万处塘坝工程。按照工程规模划分，小型水库有93390座，约占总量的95.2%；按照坝型划分，土石坝有9万多座，约占总量的92%；按坝龄运行期划分，水库总量的87%以上修建于20世纪50～70年代；按照省份划分，我国不同地区的水库规模统计见表1-1所列，水库数量排在国内前三位的分别是湖南省、江西省和广东省。

表 1-1 我国不同地区的水库规模统计

地区	水库数量/座	总库容量/（亿 m^3）	地区	水库数量/座	总库容量/（亿 m^3）
北京	86	52.1	天津	28	26.4
河北	1060	206.3	山西	613	69.8
内蒙古	601	109.7	辽宁	783	370.2
吉林	1580	334.3	黑龙江	973	267.7
江苏	952	35.3	浙江	4278	445.3
安徽	6080	203.8	福建	3676	170.4
江西	10685	327.9	山东	5932	220.3
河南	2510	432.9	湖北	6935	1263.8
湖南	14047	514.0	广东	8352	455.6
广西	4536	715.8	海南	1105	111.6
重庆	3083	126.6	四川	8220	523.2
贵州	2431	445.5	云南	6769	763.1
西藏	122	38.6	陕西	1101	93.8
甘肃	387	104.0	青海	198	316.6
宁夏	327	27.8	新疆	662	210.8

注：各项统计数据均未包括我国香港特别行政区、澳门特别行政区和台湾地区。

水库工程对保障国家防洪、供水、粮食、能源、经济、生态安全至关重要，肩负着经济社会稳定的发展大局，水安全保障在全面推进中国特色社会主义现代化征程中的作用是不可或缺的。但是，纵观国际坝工领域，水库大坝在发挥着调蓄径流、减轻水旱灾害、支撑经济社会发展的同时，其老化和病险问题一直是困扰着国际筑坝行业的大问题，若处理不善可能引发重大安全事故，从而导致工程效益处于递减的态势，不断得到国际社会的普遍关注和重视。在我国众多水库中，其中总量的 80%以上已经运行了 40 多年，基本超过或接近水库的工程安全服役期，尤其受当时经济技术条件和施工工艺的限制，大部分水库存在先天性的不足，并且在运行过程中也存在对遗留的工程安全隐患认识深度不够的问题，有相当一部分水库处于带病运行的状况。近年来，水库失事、超标洪水以及山洪灾害被水利部列为重点防范的风险点，水库大坝安全风险已成为防洪的心腹之患，是国家水安全重点关注的明显短板。

党中央国务院高度重视病险水库除险加固工作，自河南“75.8”大水造成板桥、石漫滩等水库溃坝的严重灾害后，其后我国开展了一轮又一轮的病险水库除险加固工作。尤其进入 21 世纪以来，国家综合国力大幅度提升，使病险水库加固步伐大幅度加快。2000 年、2004 年国家先后分两批对近 4000 座大中型和重要小型病险水库进行加固；2006 年中央经济工作会议提出要集中完成大中型和重要小型病险水库除险加固的目标任务，水利部、国家发展和改革委员会、财政部为此编制了《全国病险水库除险加固专项规划》，国务院专门召开全国病险水库除险加固工作电视电话会议进行部署；其后，2011年中央出台1号文件，并召开中央水利工作会议，对全面完成病险水库除险加固任务提出明确要求。党的十八大之后，病险水库除险加固工作进一步深入，习近平总书记多次针对我国水库数量多、高坝多、病险库多的状况，围绕水安全工作专门做出重要指示，要求水库建设和运行务必坚持安全第一，确保水库安全无恙，促进江河生态系统安全稳定。从建国初期的兴建水利到新时代的工程补短板，党中央国务院始终重视病险水库的除险加固工作，是全党贯彻人民至上、生命至上理念的集中体现，充分彰显出社会主义政党的担当和使命，也发挥出我国社会主义制度能够集中力量办大事的制度优势，通过世界罕见的政策和资金优势助推全部病险水库都得到应有整治，进而使我国成为世界上溃坝率较低的国家之一。

近年来，随着全球气候变暖的持续加强，极端暴雨、特大洪水、地震破坏、地质灾害、异常干旱、超强台风等极端事件出现的频度和强度有所增加，与此同时超高蓄水、非法开挖、施工破坏等人文作用的影响，每年仍有少数水库出险甚至溃坝，造成重大损失和不良社会影响，直接反映出当前应对水库大坝突发事件的水平和能力仍显不足。同时，随着岁月推移，许多水库接近或达到设计使用年限，或因超标洪水、地震效应等，一部分工程也出现老化、毁损现象，从而导致部分水库陆续进入病险行列。因此，开展水库大坝的常态化安全鉴定及除险加固是保障水库长期安澜的必要工作。

新时期，2021年国务院办公厅印发了《关于切实加强水库除险加固和运行管护工作的通知》，明确提出了加强水库除险加固和运行管护工作的目标任务：在2022年年底前，对于2020年已到安全鉴定期限而尚未开展安全鉴定的水库，必须有序完成安全鉴定任务；在2022年年底前，对于已经鉴定为病险水库的，按照轻重缓急，对病险程度较高、防洪任务较重的，应当抓紧实施除险加固措施；在2025年年底前，对于2020年前已鉴定的存量病险水库，2020年到期、经鉴定后新增的病险水库，必须全部完成除险加固任务；对于“十四五”期间达到安全鉴定期限的水库，必须按期开展鉴定，鉴定为病险水库的，必须及时实施除险加固措施；积极创新管护机制，对分散管理的小型水库，进一步落实管护责任和主体、管护经费和人员，探索实行区域集中管护、政府购买服务、“以大带小”等专业化管护模式，逐步提高管护能力和水平；切实做好日常巡查、维修养护、安全监测、调度运用等工作，完善水库雨水情测报、大坝安全监测等设施，健全水库运行管护长效机制。

1.1.2 浙江省水库大坝基本情况

浙江省地处我国东南沿海长江三角洲南翼，全省陆域面积10.18万km^2，其中山地和丘陵占70.4%，平原和平地占23.2%，河流湖泊占6.4%，素有“七山一水两分田”之说，全省水资源总量丰沛，但年际间、区域间分布极不均匀。中华人民共和国成立以来，党和政府领导全省人民坚持不懈地进行水利建设，如兴建水库、整治江河、修建海塘等，以抗御水旱灾害，特别是建成的各类水库工程，在防洪、灌溉、发电、供水等方面发挥了巨大的作用，已成为支撑浙江省国民经济发展和提高人民生活水平的一项重要物质基础，也为浙江省经济持续稳定发展和高质量发展建设共同富裕示范区提供了保证。

从水库大坝的建设历史上来看，浙江水库建设历经4个重要发展阶段：

第一阶段为1950—1957年，这个时期水利工程以小型水库及山塘为主，全省共建成中型水库1座，小（1）型水库12座，小（2）型水库362座以及众多的农用山塘；

第二阶段为1958—1976年，这个时期是水库建设高峰期，全省兴建大中型库106座，小（1）型水库388座，小（2）型水库及山塘1.2万余座；

第三阶段为1977—2018年，这一时期实施兴建水库与除险加固并举的格局，主要建设一批大中型水库工程以及解决小型水库因老化产生的病患问题；

第四个阶段为2019年至今，这一时期我国治水的工作重点转变为水利工程补短板、水利行业强监管，贯彻落实“节水优先、空间均衡、系统治理、两手发力”的治水方针，不断推进水库的数字化管理。

近年来，全省水库总量及各地级市的数量增减基本稳定（见表1-2）。截至2021年8月，浙江全省共建各类水库4292座，其中大型水库34座，中型水库159座，小（1）型水库727座，小（2）型水库3372座。按照填筑材料来划分，土坝有3408座，约占到总量的80%；按照结构来划分，均质坝有812座，心墙坝有2370座，斜墙坝有273座；按照安全状况来划分，一类坝有1959座，二类坝有641座，三类坝有397座，未按期安全鉴定的有1109座；按照产权隶属关系来划分，农村集体经济组织有1190座，乡镇（街道）有1222座；按照地级市来划分，排在前三位的分别是金华市、杭州市、绍兴市。

表1-2 浙江省各地级市2014—2019年份水库数量统计

行政区	年末水库数/座					
	2014	2015	2016	2017	2018	2019
杭州市	639	639	639	637	636	633
宁波市	419	420	420	416	406	404
温州市	330	332	332	329	329	322
嘉兴市	1	1	1	1	—	—
湖州市	157	157	157	157	157	154
绍兴市	555	551	554	555	555	553
金华市	823	821	821	817	815	806
衢州市	471	471	471	467	468	463
舟山市	209	209	209	209	209	209
台州市	345	345	345	346	347	346
丽水市	387	388	390	392	386	388
全省合计	4336	4334	4339	4326	4308	4278

小型水库在社会发展中主要发挥以下作用。

（1）不断推进小河流和区域水资源优化配置，完善“浙江水网”。浙江省水资源总体上较为充沛，但也存在水资源时空分布不均以及人口、经济、水资源等多要素之间不匹配、不协调的突出问题，小型水库能有效解决农村人口的饮水问题，在改善水环境、保护水资源和提高用水效率方面具有重要作用。

（2）增强中小型河流和区域防洪抗旱的应对能力。当前，以钱塘江、瓯江、鳌江等为代表的大江大河干流堤防提标工程已基本完成，应对超标洪水的能力得到显著提高。但是，支流和中小型河流的防洪能力还较为薄弱，综合利用分布广泛的小型水库能有效缓解防洪抗旱的压力，从而避免灾害的发生。

（3）确保农村饮水安全，利于高水平全面建成小康社会。农村供水安全事关人民群众健康福祉和安居乐业，山区单村供水站水源多采用山溪水，当遭遇极端干旱期及洪灾、疫情等突发情况时，难以有效保证供水安全，利用大量的小型水库能保障饮用水的长久与可持续，切实解决农村居民“有水喝、喝好水、长期喝”问题。

（4）其他作用。小型水库在农田灌溉方面具有重要作用，有效保障了局部地区的粮食安全；结合水利发电不仅能增加管理经费的来源，还降低了碳排放量；利用水库进行渔业养殖，提高农民的经济收入，助力乡村振兴。

小型水库在社会主义现代化建设中承担着重要的公益性角色，但是浙江省的小型水库大多建于20世纪50～70年代，多为地方群众自力更生兴建。然而，受当时的财力、物力、技术力量和认知水平的主客观限制，这时期的水库大多属“三边”（边勘测、边设计、边施工）和“四不清”（流域面积、来水量、库容、基础地质情况均未调查清楚）工程，最终导致一部分水库的工程质量相对较差，在运行过程中“后遗症”时而显现以致处于不安全状态，成为水利工程险情隐患的主要爆发点。随着水库运行时间的不断延长，一部分小型水库已进入水库病险的高发期，主要的隐患类型包括土石坝渗漏、坝下涵管破裂、闸门启闭设施陈旧、混凝土坝结构老化、土坝白蚁危害等。

浙江同济科技职业学院的朱兆平副教授对浙江省中小型水库垮坝事故原因进行了调查研究，并给出相应的管理对策（朱兆平，2014），表1-3是对浙江省1956—2011年间中小型水库垮坝事件的统计。从表中可知：1980年之前，浙江省共有125座水库发生垮坝，占统计年限所有垮坝水库的94.0%。在1981—2011年一共有8座水库垮坝，占统计年限所有垮坝水库的6.0%。所有垮坝水库的坝高也具有一定的特征，垮坝水库中坝高小于30m的低坝有127座，占统计年限所有垮坝水库的95.5%；垮坝水库中的中坝仅有6座。按照库容的大小统计，小（2）型水库有122座发生垮坝，占统计年限所有垮坝水库的91.8%；小（1）型水库有10座，而中型水库相对更少，只有1座水库库容达到$3700\times10^4m^3$的中型水库垮坝，这说明发生垮坝的水库主要是小型水库，特别是小（2）型水库。此外，按照土石坝坝型来划分，有8座土石混合坝和2座堆石坝发生溃坝事故，其余坝型都是土坝。在施工阶段，因防洪标准缺乏而造成水库失事的占总数的51.6%，溢洪道出险失事的占24.2%，溃坝堵口失败的占8.1%，其他原因引起水库垮坝的占16.1%；在运行阶段，防洪标准缺乏、溢洪道缺陷以及坝体质量较差导致水库垮坝的占比分别为42.9%、15.1%、34.2%，有总量的4.1%是因上游水库垮坝而触发水库失事，还有3.7%是其他原因造成的。据统计调查，中小型水库垮坝事故主要有5方面的原因。

（1）兴建水库的时期。在1960年前后，乱指挥、乱运用、乱操作的“三乱现象”严重影响水库工程的规范管理，水库安全程度明显低下；在1973年前后，水库大坝基本上处于无人管理的状态；在1980年以后，水库管理得到一定的重视，水库垮坝的数量也明显降低。

（2）大坝坝高和坝型的问题。浙江省的小型水库数量最多，并且早期的小型水库存在施工质量较差、防洪标准较低、管理理论较薄弱等问题，从而导致较多的小型水库发生垮坝事件；在中小型水库中土坝是最多的坝型，受施工质量和施工技术等多方面因素的影响，大坝整体性较差，抗剪和抗冲刷能力较差，土体的压缩性和透水性较大，长期高水位运行不可避免地会发生险情。

（3）勘察设计方面的问题。长期以来，设计人员对地质勘察工作重视不够，有相当一部分水库不曾进行过相关的勘探工作，从而导致许多水库开建即有病患问题；在设计阶段采用的水文监测年份过短，未充分考虑到极端气候事件的影响，从而导致坝顶高程不足、防洪标准偏低以及泄洪能力不足等问题。

（4）工程施工的问题。施工工作是水库大坝由图纸向工程转化的重要环节，但受施工成本、施工技术以及作业流程等因素的影响，小型水库的施工质量难以得到保障。如土石坝填筑料碾压不充分，可能产生不均匀沉降的问题，从而导致裂缝、塌陷以及空洞等问题；大坝整体单薄，坝坡过陡和抗剪强度不足可能导致大坝出现滑坡等问题；大坝填筑料以及坝基岩土体透水性较大，有可能出现渗漏、散浸以及管涌等隐患。

（5）管理方面的原因。在相当长的时期内，浙江省水库重建设、轻管理，以至于在洪水调度、除险加固以及日常维护方面不到位，加之管理人员专业素质较低，超前识别隐患的能力不足，最终导致水库失事灾害的发生。

总之，浙江省水库垮坝事故存在一定规律性，即大坝失事在建造时期主要集中在1980年之前，在坝高方面主要集中在坝高小于30m的水库，在坝型方面主要集中在土坝上，在设计方面主要表现为防洪能力不足，在施工方面主要表现为填筑质量较差，在管理方面主要表现为隐患未能及时处理等情况，但是随着水库大坝以运行管理为主，土石坝填筑质量的缺陷也成为引起大坝失事的重要因素。

表1-3 浙江省1956—2011年期间中小型水库垮坝事件统计表 （单位：座）

年份	中型	小（1）型	小（2）型	小计
1956—1960	1	8	36	45
1961—1965	0	0	27	27
1966—1970	0	0	19	19
1971—1975	0	1	18	19
1976—1980	0	0	15	15
1981—1985	0	0	5	5
1986—1990	0	0	1	1

（续表）

年份	中型	小（1）型	小（2）型	小计
1991—1995	0	0	1	1
1996—2000	0	1	0	1
2001—2005	0	0	0	0
2006—2011	0	0	0	0
总计	1	10	122	133

为解决水库大坝运行中的隐患问题，浙江省从2003年实施“千库保安”工程建设，经过5年的时间加固了1021座水库，水库病险率从50%下降到25%，水利工程安全度有了很大的提高；其后，2008年，省委、省政府做出了“强塘固房”工程的重大决策，要求5年要完成982座小（2）以上病险水库和4100余座屋顶病险山塘的除险加固工作；“十三五”期间，浙江省完成623座水库除险加固、3020座山塘整治、148万亩圩区综合整治工作；2020年，浙江省人民政府办公厅印发《浙江省小型水库系统治理工作方案》（以下简称《方案》），全面实施小型水库系统治理，加快推进水库治理体系和治理能力现代化，补齐水库运行管理短板，推进省域水库治理工作走在全国前列。一批工程随着使用年限增加逐步逼近设计寿命，“十四五”和今后一段时期内应持续高度重视水库、堤防、泵闸等工程隐患排查和除险加固，把实现水利工程健康状况实时在线监测、及时诊断预警作为水利“新基建”重点领域，必要时可结合功能调整，拆除重建，确保水利工程功能不减退（朱法君，2020）；展望未来，《浙江省水安全保障“十四五”规划》中明确提出，要对病险水库山塘及时加固处理，完成4000座小型水库系统治理，病险率控制走在全国前列。

1.1.3 小型水库主要的安全问题

对全国小型水库安全状况进行调研，病险水库数量较大，约占水库总量的一半以上，主要的病险问题包括：

（1）防洪能力存在不足问题。据统计，小型病险水库中约总量的35%存在防洪标准偏低或泄洪设施不健全等问题。

（2）工程质量相对差，普遍存在水库渗漏问题。据统计，小型病险水库中约总量的40%存在大坝坝坡散浸、集中渗漏、接触冲刷、绕坝渗漏、坝后管涌以及坝脚沼泽化等问题。

（3）大坝坝体过于单薄，两坝坝坡比较大，土石材料压实度不足等问题。据统计，小型病险水库中约总量的17%存在裂缝、滑坡等结构安全隐患问题。

（4）输（引）、泄水建筑物存在安全隐患问题。小型水库中的输（引）水建筑物多数为坝内埋管、圬工结构，普遍存在接触渗漏、断裂漏水等现象；而泄洪建筑物存在消能防冲设施不完善、下泄洪水无排泄出路等问题。

（5）水库大坝抗震稳定性不能满足安全规范。因在兴建时期缺乏水利工程的抗震设计和防震措施等，在地震区的小型水库大多存在抗震稳定性较差的问题。

（6）白蚁及动物活动的危害。在我国南方地区，白蚁活动是造成土石坝溃坝的重要原因之一。

（7）其他病险问题。如上游护坡不到位、闸门与启闭设施老化失修、运维工作不全面等问题。

浙江省早期建设完成的大量中小型水库在灌溉、防洪、供水、生态保护等方面发挥了重要作用，其挡水结构主要是土石坝，而早期修建这类土石坝过程中，主要以人力施工为主，普遍存在填筑质量较差，填筑料不规范等问题。同时由于缺乏机械化作业，在坝基开挖深度方面控制要求不到位，存在接触渗漏等问题。当前，大量水库都接近或超过设计的寿命周期，普遍存在渗漏、变形等多种日益突出的安全隐患，主要包含：

（1）先天质量不足，不满足现行管理标准。在 20 世纪 80 年代之前，我国修建水库缺乏统一的施工规范和建设标准，其中大中型水库主要参考苏联的相关标准，而大量的中小型水库主要依据个人经验，工程质量主要依靠人为控制，施工质量和施工方法较为简单。其后，随着经济社会的发展、技术的进步和筑坝经验的积累，为规范工程设计、施工以及管理工作，有关部门先后出台了技术规范及施工规程。如 1984 年颁发了《碾压式土石坝设计规范》（SDJ 218－84），其后在 2001 年进行重新修订完善。2020 年最新实施了《碾压式土石坝设计规范》（SL 274—2020），规范中明确对坝体防渗、填筑料、填筑质量以及稳定性评价做出具体要求，但在按照当前规范的要求对小型水库实施安全鉴定过程中，发现其明显存在大坝参数不达标的问题。因此，应加强小型水库常态化的除险加固工作以促进工程质量的不断提高。

（2）运维管理力度不够，维修工作不到位。水库大坝是人工采用材料修建的建筑物，在内外地质应力的作用下，材料的老化问题符合普通的物质变化规律。如在长期动静水压力的作用下，难免存在材料的物理力学特性发生降低或疲劳问题，大坝填筑料的强度、防渗性能随之降低，从而引起局部的渗漏破坏现象；水利工程中的金属处在湿热交换下的环境里，也会出现锈蚀等问题；在长期水压力的冲蚀作用下，溢洪道、泄洪洞、坝下涵管等设施中的混凝土也会出现冲蚀、振动破坏等问题。因此，水利工程的老化问题是客观存在的，在具体的工程中应加强老化结构的维护及更换，才能保障水利工程的正常运行，一定程度上也提高工程的使用寿命。但受限于工程的效益以及水利管理资金的缺乏，大部分水库难以建立起常态化养护的制度，从而造成水库恶化加剧。

（3）安全运行接近工程寿命，极端气候条件触发病害多发。水利工程具有老化的天然属性，但具体到大坝，其寿命还未有统一的规定，行业界普遍认为经过科学设计、施工的建筑物的寿命是指在满足设计标准情况下正常运行和正常维修而不必大修的年限，因此大部分专家把大坝的寿命定在 50～100 年。从这个定义的寿命年限中可以看出，评价寿命的水库需要有严格的设计、施工以及运行维护等工作，而早期的大部分水库并不满足这个前提条件，相应的安全寿命也有所降低。与此同时，在全球变暖的大背景下，极端气候条件的影响将进一步降低水库大坝正常运行的服役年限，病险问题也日益增多。

根据2003年以前对浙江省水库的安全鉴定、技术认定及安全普查的结果，全省共有2423座水库存在不同程度的安全问题，这其中土石坝就有2197座，主要的病险类别包括渗流安全、结构安全、溢洪道安全、输水建筑物安全、防洪安全，管理设施不完善及其他安全问题。

(1) 渗流安全。渗流发生的部位较为广泛，坝体、坝基、岸坡接触带以及坝肩绕渗等，也可发生在输水管道与坝体接触部位，同时坝脚的反滤问题也较为突出，包括反滤层失效、排水棱体破坏等。

(2) 结构安全。水库大坝的结构复杂，在长期运行下，水工结构难免发生变形破坏问题，主要有坝坡变形（大坝裂缝、凹坑、沉陷、滑坡、塌陷以及上游坝坡冲刷等）、坝面护坡问题（上游坝坡未护坡、护坡材料老化以及护坡变形等）、坝体宽度较单薄以及防浪墙破损等问题。

(3) 溢洪道安全。溢洪道存在问题包括：断面不够、边坡及导墙不稳、下游河道不配套、消能设施不配套以及堰体和其他部位漏水。

(4) 输水建筑物安全。输水建筑物属于隐蔽工程，小型土石坝的坝下涵管多采用砖石、浆砌石方涵、陶瓦涵管等结构，在运行中普遍存在漏水等问题，同时金属结构（包括启闭机闸门及机电设备老化、闸门漏水等）也存在不同程度的老化。

(5) 防洪安全。随着极端天气的频发，超标洪水事件发生的概率较大，水库坝高不再适应于防洪的需要，以至于大坝的防洪标准偏低。

(6) 管理设施不完善。管理设施不完善包括：无上坝防汛公路，无公路、有公路但不规范，无大坝观测设施，无水、雨情监测系统，无通电、通信设施，缺防汛管理房。

(7) 其他安全问题。其他安全问题包括：白蚁危害，库区淤积，照谷社型坝改造，虹吸管及泵房存在问题，上游拦污栅设施存在问题等。

由表1-4可知，小型水库大坝安全存在问题较多的依次是渗流安全、输水建筑物安全、结构安全、溢洪道安全。在具体问题上，坝内涵管问题最多，其次是坝体渗漏、坝面护坡、坝基渗漏及白蚁危害。此外，管理工作还不完善，管理经费不足和管理设施缺乏等。

表1-4 浙江省小型水库土石坝各类病险情况统计表

病险分类	水库数量	占总数百分比/%	主要问题	数量	占总数百分比/%
渗流安全	1366	62.2	坝体渗漏	929	42.3
			坝基渗漏	552	25.1
			岸坡渗漏	198	9.0
			排水设施	180	8.2
			坝体单薄	190	8.6
			坝坡坡陡	238	10.8

（续表）

病险分类	水库数量	占总数百分比/%	主要问题	数量	占总数百分比/%
结构安全	1154	52.5	坝面变形严重	119	5.4
			坝面护坡问题	677	30.8
			挡浪墙问题	56	30.8
溢洪道安全	1096	49.9	—	—	—
防洪安全	211	9.6	防洪标准低	121	5.5
			坝顶高度不够	64	2.9
输水建筑物安全	1254	57.1	坝内涵管问题	1079	49.1
			金属结构	316	14.4
管理设施不完善	1415	64.4	—	—	—
其他安全	374	17.0	白蚁危害	356	16.2

1.2 地球物理隐患探查技术及发展现状

水库堤防渗漏隐患探测是水利工程安全保障的一个重要课题，由于大坝建造年代久远，有关地质及历年施工加固资料缺乏以及隐患缺陷的隐蔽性等问题，以至于除险施工过程具有很大的盲目性，有相当一部分老化水库经防渗处理后仍然漏水，甚至出现加固完工后渗漏量不减反增的恶劣现象，演变成久治不愈的顽疾，耗费了大量的财力、物力和人力，却未发挥出应有工程效益。大坝异常渗流究竟为何成为最为棘手的“硬骨头”，归根结底是由于对隐患的病根认识不清，未能明确渗漏薄弱区的位置及空间展布，不能提出针对性的具体化防渗处理措施，往往是“脚痛医脚，头疼医头”的片面化应付，或者停留在对全大坝盲目采取不计代价地初级层次的除险设计措施之上，失当或过当的浪费方案都不能真正意义上最优化地解决大坝的根本性渗漏问题，只有查明大坝渗漏原因才是有效控制渗漏的前提。对于隐患部位的探测，在探测方法上主要分为破损型和无损型探测两类。破损方法包括传统上的坑探、槽探、钻探及井探等方法，而无损探测是近年来新发展的一类探测技术手段，即采用地球物理方法进行坝体检测，确定造成工程隐患的原因。针对坝体不同的工程地质问题和某些特殊的应用场所，分析研究其可能产生的地球物理异常场而选择有效的物探方法，是探测技术取得成功的关键。实践证明，无损探测技术对坝体隐患的探测具有良好的探测效果，其具有探测的连续性、高密度及快速性等优点，在堤防、水库等隐患探测中起到重要的作用。

1.2.1 土石坝地球物理探测装备发展历程

20世纪五六十年代，山东黄河河务局与山东大学合作利用放射性钴进行堤防隐患探测试验；1974年，南京水利科学研究院采用同位素示踪法在多个水库进行坝基渗漏探测，为工程加固提供科学的依据；1979年，湖北省荆州地区汉江修防处采用鞍山市电子技术研究所研制的YB-1暗缝探测仪对汉江干堤进行探测，并通过锥探和开挖证实效果良好；湖北省洪湖县长江修防总段依据堤身土体的密实程度和隐患不同，研制了一种具有打锥和探测隐患双重功能的鄂ZT12-1型液压锥探机，全面推广用于堤防地质普测；1985年，黄河水利委员会采用SIR-8型地质雷达对堤防洞穴进行探测工作；同年，山东省水利科学研究所在电测找水的基础上，采用电法在39座闸、坝工程上探测坝（堤）体隐患、坝基和接触带漏水等病害，开展了大量的堤防探测与灌浆效果检验试验工作，最终形成堤坝隐患探测推广技术并通过水电部部级鉴定，量产了TZT-1型数字电测仪、ED-80型堤坝探测仪，但该成果主要以实测工程为主，缺乏室内定量方面的试验研究；1988年，湖南省水利科学研究所采用电阻率法、激发极化法、自然电位法以及甚低频电磁法等电法对湖南省62处隐患工程进行探测，取得了较好的试验效果，并指出电法勘探建立在物探部门的理论和经验之上，对人工电场在具有几何形状堤坝上分布规律的研究还不充分（刘思源，1988）；1989年，西安地质学院方文藻等采用边界单元法求解了堤坝内部电场的分布，借助于量板对测深曲线进行了校正处理。总体上，在20世纪90年代之前，电法勘探方法是堤（坝）隐患探测的重要勘探方法，并且主要以野外堤防隐患探测工程试验为主，属于积累经验的初步应用阶段。

进入20世纪90年代，随着经济基础和物探探测设备及技术方法的不断提高，堤防、大坝地球物理探测方面取得了更快的发展，科技人员对浅层地震反射法、地质雷达、电测深、电剖面、高密度直流电阻率法、瞬变电磁法、天然电磁场选频法、瞬态瑞雷面波法等方法都有系统的研究。1992年，黄河水利委员会勘测规划设计研究院物探总队承担了国家“八五”重点科技攻关项目“堤防隐患探测技术研究”，原地质矿产部机械电子研究所的MIR-1C/MIS-2高密度电阻率探测系统采用了三级测深系统结合覆盖系统的滚动测试技术，并于1997年被列入“九五”国家科技成果重点推广项目；1996年，黄河水利委员会勘测规划设计研究院为探测根石引进美国新型“X-STAR全谱扫频式数字剖面仪”，在试验应用中取得突破性成果；1997年1月，山东黄河河务局研制出了ZDT-Ⅰ型智能堤坝隐患探测仪，具有高度智能化和多种优良性能，经专家鉴定其处于国际领先水平。1998年，中南大学何继善院士在全面客观评价了国内外堤坝管涌探测设备的基础之上，研制了“DP-1X普及型”和“DP-2音乐型管涌探测仪”的样机，其后，DB-3Ⅰ型堤坝管涌渗漏检测系统在洪泽湖大堤应急抢险中发挥重要作用；同年，黄河水利委员会勘测规划设计研究院承担了水利部国科司重大科研项目“高密度电阻率法堤防隐患探测仪”（国科99-01），与长春科技大学联合开发出了HGH-Ⅲ堤防隐患探测系统；11月，水利部重大科技项目“堤防隐患和险情探测仪器开发”正式启动。2000年，河海大学陈建生教授等采用温度、电导率和同位素示踪法进行堤防管涌试验的研究（陈建生 等，2000），所完成的“坝基渗流场探测中多含水层稳定流混合井流理论与综合示踪法研究”获国家科技进步二等奖；2001年，中国水利水电科学研究院房纯纲等历经多年采用瞬变电磁探测坝体及坝基渗漏，并先后成功研制了SCD-1型土坝渗漏探测系统和SCD-2型堤坝渗漏探测仪（房纯纲 等，

2001)。2003 年，中国科学院南京土壤研究所引进了澳大利亚型号为 EM－31、EM－38 的移动式电磁感应设备，并用于海堤隐患探测（刘广明 等，2003）。此外，国内水利行业的科研院所及相关单位先后从国外引进大量的堤防探测相关装备，如美国的“深穿透探地雷达”、美国及瑞典的“交流电法阻抗探测技术”、日本的“地层温度扫描探测仪”、美国的 SeaBat8101 多波束测深仪等。至此，基于常规地球物理原理的勘探设备及方法在堤坝隐患探测方面都得以应用，如高密度电法、瞬变电磁法、探地雷达、弹性波检测技术（地震折射法、反射波法及瑞雷面波法）、核物理法、流场法以及温度场法等，为全国总计 2000km 堤防、100 余座水库渗漏提供技术服务，并提出堤坝隐患应由汛期应急抢险预警向堤坝隐患地球物理与水情相结合监测的思路上的转变。2006 年，由南京水利科学研究院主持完成的“水库大坝安全保障关键技术研究与应用”成果荣获 2015 年度国家科学技术进步一等奖，该成果系统统计了大坝隐患典型图谱集，并建立了大坝安全预警指标体系与预测模型；2007 年，历经 3 年研究黄河水利科学研究院研制了 JT－1 型聚束直流电阻率陆地根石探测系统，有效分辨出 20m 以内的根石顶界面；2008 年，山东黄河河务局刘建伟等人研制的升级后的 FD2000 分布式智能堤坝隐患综合探测系统，具有分辨率高、抗干扰能力强、仪器智能化、操作简捷、轻巧便携等特点，更加适合探测土质堤坝中的裂缝、洞穴、松散土夹层、渗漏、管涌等隐患的位置、性质、走向及埋深。

近 10 年来，随着全球气候变化和经济社会发展，我国水情、工情、社情不断发生深刻地变化。在极端异常天气气候事件频发、多发、并发的环境下，保障江河堤坝的安澜成为新时代水利工作者义不容辞的责任与担当。在信息化、智能化以及行业交叉融合的背景下，新理论、新方法、新设备、新技术以及新思路不断涌现，呈现出水利工程物探技术发展的大好局面，为构建国家水网提供了技术保障。在仪器设备方面，湖南继善高科技有限公司在 DB－3A 堤坝管涌渗漏检测仪的基础之上，为应对汛期恶劣环境下能快速准确确定管涌渗漏的具体位置，以便人们及时采取有效的处理措施，最新推出了 DLD－20 堤坝管涌渗漏检测仪（图 1－1），该设备采用嵌入式智能工控电脑为主平台，具有人机交互友好、实时绘制曲线以及 RTK 高精度数据定位等功能，适

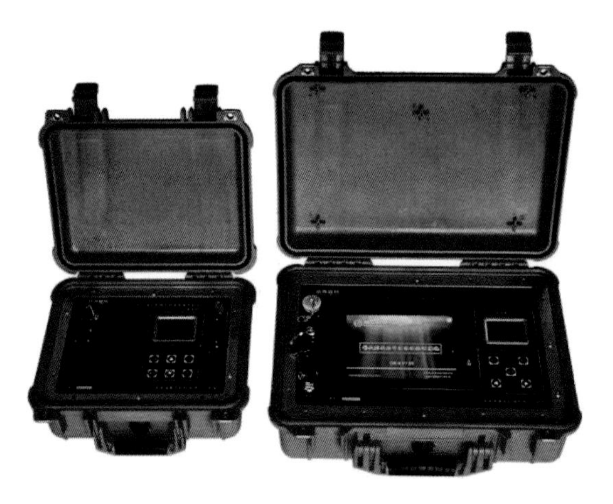

图 1－1　DLD－20 堤坝管涌渗漏检测仪

用于现场快速普查的异常分析和定位（李帝铨，2020）；基于等值反磁通理论方法及数据处理技术（席振铢 等，2016），湖南五维地质科技有限公司与中南大学研制出了HPTEM－18等值反磁通瞬变电磁系统（图1－2），该系统消除了瞬变电磁法关断延迟的电磁耦合效应，使收发天线变得便捷，提高了仪器稳定性，校准了早期二次场测量、并改进了瞬变电磁快速反演技术，在水库大坝全生命周期探查不良隐患中发挥了重要作用；为了在土石坝工程应急抢险中快速查明渗漏隐患，重庆璀陆探测技术有限公司最新研制了FCTEM60－1、FCTEM40－2拖曳式高分辨瞬变电磁系统（图1－3），该系统具有大电流、浅盲区特点，缩小了信号动态范围，提高了浅部信号的分辨能力；北京市水电物探研究所基于微动勘探技术，研发了一套拖曳式微动勘探设备GS2000地质B超仪（图1－4），通过采集自然界中赋存的天然震源信号以及人工震源信号，提取面波速度信息，用以探查道路、堤防（坝）的坍塌及空洞等隐患，具有一定的方法优

图1－2　HPTEM－18等值反磁通瞬变电磁系统

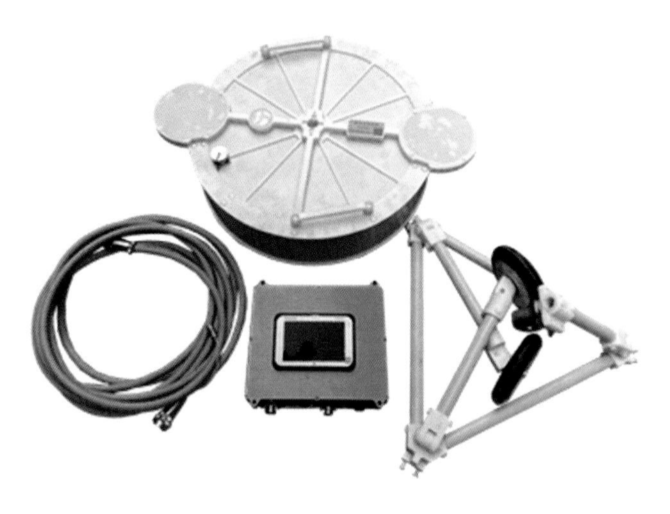

图1－3　FCTEM40－2拖曳式高分辨瞬变电磁系统

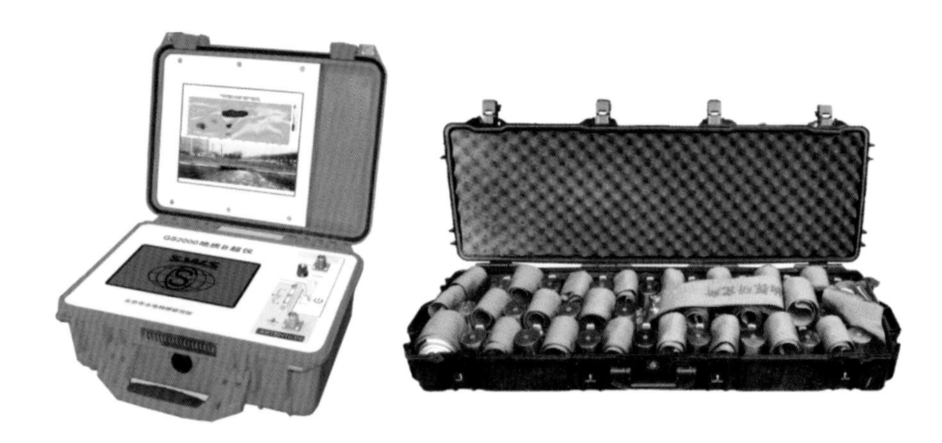

图 1-4　GS2000 地质 B 超仪

势和广泛的应用前景。此外，长江科学院、长江地球物理探测（武汉）有限公司、黄河勘测规划设计研究院有限公司、黄河水利科学研究院等单位围绕时移地球物理监测设备的研发及应用也取得了初步进展。

此外，2018 年，长江水利委员会长江科学院牵头承担国家重点研发计划重点专项“堤防险情演化机制与隐患快速探测及应急抢险技术装备”项目，研发快速探测、智能识别及精准修复装备，形成堤防隐患快速探测和高效应急抢险关键技术系列化解决方案，并在典型堤段进行应用示范，对提高我国防汛抢险决策水平和防灾减灾能力具有重要意义。2021 年 7 月，为加快提升我国防汛抢险应急处置核心能力，应急管理部办公厅、工业和信息化部办公厅、科学技术部办公厅等 3 部门联合下发《关于开展防汛抢险急需技术装备揭榜攻关的通知》，攻关内容主要聚焦堤防险情巡查、决口溃堤封堵，开展重大技术装备揭榜攻关，形成水、陆、空三位一体，协同配合的堤防隐患快速巡查装备体系，以及决口溃堤封堵处置成套技术和装备体系，为防汛抢险提供有力核心技术装备保障。

1.2.2　土石坝地球物理探测应急抢险试验平台

在 1998 年“三江”发生特大洪水之后，党和国家更加重视在应急抢险过程中堤防隐患探测技术及方法。1999 年 3 月，国家防汛抗旱总指挥部办公室为选用有效的堤防隐患探测设备和技术，在湖南省益阳市（南方）举办了高密度电法、面波法、探地雷达和瞬变电磁等物探方法对不同隐患探测成果的测评活动；2000 年 8 月，国家防汛抗旱总指挥部办公室联合水利部组织有关部门在北京大兴永定河堤上再次进行探测试验；2000 年 9 月，国家防汛抗旱总指挥部办公室等单位在郑州市共同举办了全国堤坝隐患及渗漏探测学术研讨会，会议充分展示了堤坝隐患探测领域的最新成果，也总结了技术与高准确度、高效率以及操作便捷等要求还有一定的差距；2005 年，为更加准确、快速、方便地检测工程隐患，提出更为合理、有效的处理方案，水利部建设与管理司在西安举办了大坝安全与堤坝隐患探测国际学术研讨会；2021 年 4 月 18—20 日，在应急管理部防汛抗旱司的指导下，水电水利规划设计总院在江西永修县九合联圩举办首次全国堤防隐患和险情快速探测先进技术装备测试演练，针对堤防渗漏、管涌、裂缝、塌陷等不同类型险情开展了测试和解译，涵盖了高密度电法、瞬变电磁法、车载探地雷达法、水下声呐、伪随机流场法、弹性波、无人机巡检7种技术方法。2021年5月，中国大坝工程学会、水利部大坝安全管理中心在杭州主办全国病险水库安全评估及除险加固技术前沿研讨会，探讨了病险水库评估方法以及除险加固新技术、新措施，并重点研讨了水库大坝风险管理的新理念。

近年来，中国工程院院士、郑州大学王复明教授提出并倡导成立了“坝道工程医院”，旨在聚焦基础设施“疑难急险”病害诊断与修复治理，汇聚一流专家、特色技术和信息资源，融合了工程科技和互联网、大数据、人工智能等现代信息技术，创建“体检—诊断—修复—抢险”的综合服务体系，构建跨地区、跨行业、网络化的开放共享综合服务平台，其中专设了堤坝探测分院，并在河南平舆县建设了综合试验基地。

1.2.3 水工地球物理技术学术交流

水工物探或称水文与工程物探在我国起始于1952年，顾功叙先生首次采用电法在北京石景山发电厂探水，历经近70年的发展，水工物探人员队伍不断地发展壮大，已经成为国内工程物探行业里重要的方面军。当前，与水工物探相关的学会有中国地球物理学会水利电力分会、中国水力发电工程学会工程检测与物理探测专业委员会、中国水力发电工程学会地质及勘探专业委员会、中国水利学会勘测专业委员会等，其中中国地球物理学会水利电力分会特设的主题与堤防、水库大坝安全检测更为契合。2018年4月，中国地球物理学会水利电力分会是在创建于1976年11月的中国水利电力物探科技信息网的基础上成立的。2019年7月，分会在内蒙古举办了水利水电工程水库（堤坝）渗漏探测及水下检测技术研讨会，各参会单位充分交流了水库渗漏和水下检测等技术难题。2020年8月，分会在长沙召开了工程地球物理装备发展研讨会，探讨了仪器设备的探测效果、软件性能、现场工作条件、工作效率等方面的内容。通过学会提供的交流互动的平台，地球物理隐患探测技术也在相互学习中不断提升，未来随着堤防、大坝地球物理探测人员专业素质的不断提高，紧密结合工程的探测需求、工作特点以及工程地质等信息而定制或优化的方法将不断丰富及升华。

此外，中国水利学会、中国大坝工程学会、中国水力发电工程学会、中国地球物理学会工程地球物理专业委员会以及中国水力发电工程学会工程检测与物理探测专业委员会等学会及组织在年会或专题会议上也开展了水利工程地球物理探测、检测技术方面的探讨，宣传及推广新技术、新设备、新方法以及新应用等，有力促进水利工程探测技术的健康发展。

1.2.4 土石坝地球物理探测技术规程、规范

为规范化、科学化采用地球物理探测技术实施堤坝隐患的探测，在具体施工及成果解译方面有规可依，统一物探方法，提高应用水平和成果，水工物探技术人员一直重视规程、规范的制定工作。在水利水电工程物探方面，1982年，水利部电力工业部颁发了《水文地质工程地质物探规程》；为更有针对性地指导水利水电物探工作，1992

年8月，能源部、水利部水利水电规划设计总院、水利部黄河水利委员会勘测规划设计研究院等多家单位起草了《水利水电工程物探规程》（DL 5010—92），并于当年12月实施；随着工程物探应用范围的扩大和方法的增加，2005年长江水利委员会长江勘测规划设计研究院主编修订了《水利水电工程物探规程》（SL 326—2005），在物探方法与技术中增加了高密度电法、瞬变电磁法、探地雷达等新方法，并在物探方法综合应用中增加了堤坝隐患探测等新应用；为进一步服务水利水电工程建设与管理，为工程质量提供技术保证，2021年7月1日，水利部第5号公告批准发布《水利水电工程勘探规程第1部分：物探》（SL/T 291.1—2021），并于当年10月1日正式实施新规程，主要增加了伪随机渗流场法、聚焦电法、电磁感应法和磁电阻率法等技术方法以及库坝渗漏探测、防渗帷幕探测等应用方面的内容。在堤防隐患探测方面，2001年12月，国家防汛抗旱总指挥部办公室下发了关于编制《堤防隐患探测技术规程》请示报告的复函、2007年水利部《堤防隐患探测规程》编制计划以及堤防隐患探测现状，水利部黄河水利委员会黄河水利科学研究院主编了水利行业标准《堤防隐患探测规程》（SL 436—2008），标准的实施规范了堤防隐患的探测内容、探测方法和技术，保证了堤防隐患探测成果质量，为堤防的除险加固和汛期防守提供了依据；随着社会经济水平的不断发展，堤防工程隐患探测工作也面临着新的形势和需求，同时科技水平的进步也推动了隐患探测新理念、新方法、新设备的升级，2021年4月，黄河水利委员会黄河水利科学研究院主持修编堤防隐患探测规程并公布征求意见稿，意见稿里增加了磁电阻率法、钻孔全景光学成像等内容，并明确了跨孔电阻率成像、三维电阻率成像还可用于土石接合部隐患探测，时移电阻率成像可用于堤防的连续监测等内容。此外，《水利工程质量检测技术规程》（SL 734—2016）中灌浆、防渗墙、堤防、土石坝以及混凝土工程都涉及地球物理方法作为水利工程检测的重要手段；2017年7月15日，黄河水利委员会黄河水利科学研究院主编的《堤防工程安全监测技术规程》（SL/T 794—2020）正式实施，主要包括监测方式、巡视检查、专项探测、常规监测、监测自动化系统、监测资料整编等，其中堤身内部检查、白蚁检查都具体提到应用直流电法、探地雷达法等地球物理方法，并指出应采用弹性波类、电法类、磁法类地球物理方法对堤身堤基的洞穴、裂缝、松散体、高含砂层、渗漏、管涌等隐患进行监测，必要时采用综合方法对多次的探测成果对比分析。从规范修订和编写的趋势上看，地球物理探测方法在水利工程的应用更广泛、更细化，尤其重视库坝、堤防等工程的探测；针对不同的工况、隐患类型及特点，相应的地球物理探测方法更具有科学性，并且注重新技术、新方法的吸收与改进；在水利工程补短板的形势下，地球物理探测技术在水利工程的常态化运维方面的应用也越来越得到推广，采用多种物探方法定期监测隐患的变化特征对水利工程的安全管理起到积极作用；此外，新规程更注重成果的三维数据可视化表达，有助于成果的解译与宣传。

1.2.5 土石坝地球物理探测应用技术

长江地球物理探测（武汉）有限公司最新修订的水利水电工程物探规程，一定程度上代表了最新成熟物探技术在水利工程中的应用，在涉及堤坝洞穴、裂缝、松散层

(含松软堤段和堤基)、高含砂层（含砂层堤段）、堤顶道路及护坡脱空、古河道、老口门、渗漏以及管涌等探测方面提供了最新的实用技术和方法，主要有：电法勘探（电剖面法、电测深法、高密度电法、自然电场法、充电法、激发极化法、伪随机流场法)、电磁法勘探（瞬变电磁、磁电阻率、探地雷达)、地震勘探（地震反射、瞬态面波、面波)、层析成像（声波 CT、电磁波 CT、地震波 CT)、地球物理测井（井温测井、电阻率测井、钻孔全景数字成像）以及水下摄像等。

1. 直流电法

直流电法包括电剖面法、电测深法、高密度电法等。

电剖面法是测量电极均沿测线方向逐点进行测量，以探测地下一定深度内地电断面沿水平方向的变化，通过水平方向电阻率的一维变化揭示不同位置地质体的横向差异，从而解决矿产、工程、环境以及灾害等领域的地质问题的方法。在应用中通过供电电极（A、B）向地下供电，同时在测量电极（M、N）间观测电位差（ΔU_{MN}），并算出视电阻率（ρ_S），各电极可沿选定的测线同时（或仅测量电极）逐点向前移动和观测。因此根据供电电极、测量电极移动的方式，电剖面法包含多种装置类型。常见电剖面法的装置类型如图 1－5 所示，常用的剖面法装置类型有二极装置、三极装置、联合剖面装置、对称四极装置、偶极装置和中间梯度装置等。

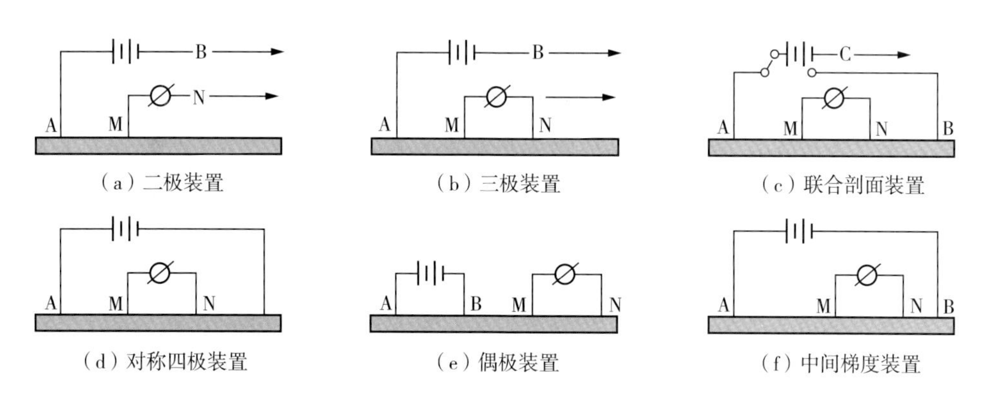

图 1－5　常见电剖面法的装置类型

电测深法是在同一测点上逐次扩大供电电极的电极间距，相应的探测深度也由浅入深发生变化，通过分析电测深曲线的形态来推断出测点下方地质情况随深度方向的变化的方法。通常电测深法装置类型有三极电测深、对称四极电测深、偶极电测深等。图 1－6 是对称四极电测深的水平地层上电测深曲线的类型，曲线的形态变化反映出地质体电阻率和厚度的特征。

两层水平地层的上层电阻率为 ρ_1，厚度为 h_1，下层电阻率为 ρ_2，厚度为无限大。如图 1－6（a）所示，两层电阻率之比 $\mu_2=\rho_2/\rho_1$。当 μ_2 大于 1 时，下层电阻率高，图中曲线称为 G 型曲线；而当 μ_2 小于 1 时，下层电阻率低，图中曲线称为 D 型曲线。

水平三层断面包括 5 个参数：ρ_1、ρ_2、ρ_3、h_1 及 h_2。三层曲线的基本形态由 ρ_1、ρ_2 和 ρ_3 三者的大小关系决定。如图 1－6（b）所示，三层曲线共有 4 种类型。

H 型：$\rho_1>\rho_2<\rho_3$。K 型：$\rho_1<\rho_2>\rho_3$。

A 型：$\rho_1<\rho_2<\rho_3$。Q 型：$\rho_1>\rho_2>\rho_3$。

决定四层电测深曲线形状的是 ρ_1、ρ_2、ρ_3 和 ρ_4 间的大小关系，如图 1-6（c）所示，四层曲线共有 8 种类型：

HA 型：$\rho_1>\rho_2<\rho_3<\rho_4$。KH 型：$\rho_1<\rho_2>\rho_3<\rho_4$。

HK 型：$\rho_1>\rho_2<\rho_3>\rho_4$。KQ 型：$\rho_1<\rho_2>\rho_3>\rho_4$。

AA 型：$\rho_1<\rho_2<\rho_3<\rho_4$。QH 型：$\rho_1>\rho_2>\rho_3<\rho_4$。

AK 型：$\rho_1<\rho_2<\rho_3>\rho_4$。QQ 型：$\rho_1>\rho_2>\rho_3>\rho_4$。

由此可见，当地层增加 1 层时，曲线的类型也将增加 1 倍。可见每多 1 层，曲线类型增加 1 倍，如令地层的层数为 n，则电测深曲线类型数 $N=2^{n-1}$，故对 $n=5$ 的 5 层情况，$N=16$。

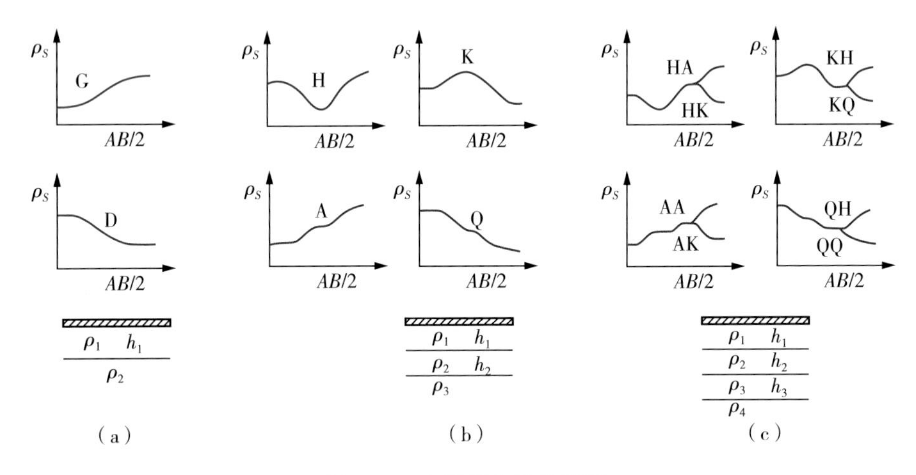

图 1-6　电测深曲线的类型

高密度电法（Electrical Resistivity Imaging，ERI）起源于 20 世纪 70 年代末期的阵列电法探测思想，英国学者约翰逊（Johansson）博士设计的电测深系统实际上就是高密度电法的最初模式。在高密度电法研究初期阶段，电极排列方式主要是温纳、偶极、微分三种类型，随后日本为适应山地工程的需要，在设计和技术实施上采用了先进的自动控制理论和大规模集成电路。20 世纪 80 年代中期，日本地质计测株式会社借助电极转换板实现了野外高密度电阻率法的数据采集，成功实现了电极自动“切换装置”，使高密度电法实现了全面自动化，但是由于整体设计不完善，这套设备没有充分发挥高密度电法的优越性，所以并未引起人们的重视。直到 20 世纪 90 年代，随着电子计算机的普及和发展，其优点才被越来越多的人关注。经过 30 多年的发展，已由原先的三种电极排列方式发展到施伦贝格、联剖、环形二极等十几种电法装置，使高密度电法勘探能力得到明显的提高，效率大大增加。尤其随着仪器制造工艺，电子技术和计算机软、硬件技术的飞速发展，高密度电法在各方面均取得了长足进展，成为工程勘探领域的普及型探测方法。

20 世纪 80 年代后期，我国地矿部门开始了对高密度电法及其应用技术的研究，当时以引进仪器、技术为主，主要还是沿袭国外的做法，采用“三电位电极装置”系列：α 装置（温纳装置 AMNB）、β 装置（偶极装置 ABMN）和 γ 装置（微分装置 AMBN）。由于一条剖面地表测点总数是固定的，因此，当极距扩大时，反应不同勘探深度的测点数将依次减少。若将三电位电极系的测量结果显示于测点下方深度为 a 的位置上，整条剖面的测量结果便可以表示成一种倒三角形的二维断面的电性分布（图 1-7）。随后，我国学者倡导使用“联合三极测深”装置，并引入比值参数 T、λ 和 G，增多了资料定性解释的手段。到 20 世纪 90 年代初期，长春科技大学成功研制了由高密度工程电测仪和程控多路电极转换器构成的数据自动采集系统，使该项技术在国内达到了实用化程度。其后，电极转换开关也实现了由机械式向单片机控制的改进。现在，国内高密度电法仪电极转换开关已具有机械式、电子式、分布智能式等多种形式。其中，多道并行分布式高密度电法系统具有中国自己的特色，达到国际先进水平。

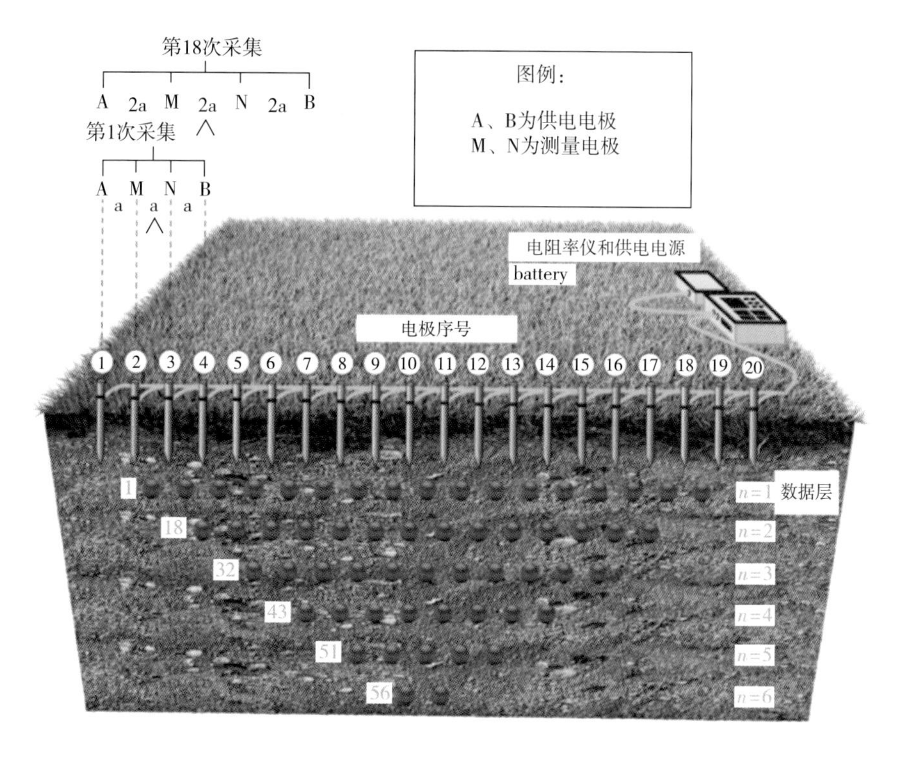

图 1-7　二维高密度电法排列方式及测量系统

高密度电法的基本理论与传统的电阻率法完全相同，所不同的是高密度电法在观测中设置了较高密度的测点，现场测量时，只需将全部电极布置在有一定间隔的测点上，由主机自动控制供电电极和接收电极的变化，完成测量（图 1-7）。在设计和技术实施上，高密度电法测量系统采用先进的自动控制理论和大规模集成电路，使用的电极数量多，而且电极之间可自由组合，这样就可以提取更多的地电信息，使电法勘探能像地震勘探一样使用多次覆盖式的测量方式。

与常规电法相比，高密度电法具有以下优点：

（1）电极布设一次性完成，减少了因电极设置引起的干扰和由此带来的测量误差；

(2) 能有效地进行多种电极排列方式的测量，从而可以获得较丰富的关于地电结构状态的地质信息；

(3) 数据的采集和收录全部实现了自动化或半自动化，不仅采集速度快，还避免了由于人工操作所出现的误差和错误；

(4) 可以实现资料的现场实时处理和脱机处理，大大提高了电阻率法的智能化程度；

(5) 可以实现多参数测量，同时观测电阻率、极化率和自然电位，能获取地下丰富的地电参数，从不同电性角度对地下结构进行刻画。

由此可见，高密度电阻率法是一种成本低、采集效率高、信息丰富、解释方便且勘探能力显著提高的勘探方法。但是，一方面受传导类电法基本原理的限制，现场电极的安装与布设导致高密度电法还不能实现快速检测的目标；另一方面水库、堤坝表面的硬化问题成为电极与大地之间充分耦合的障碍。

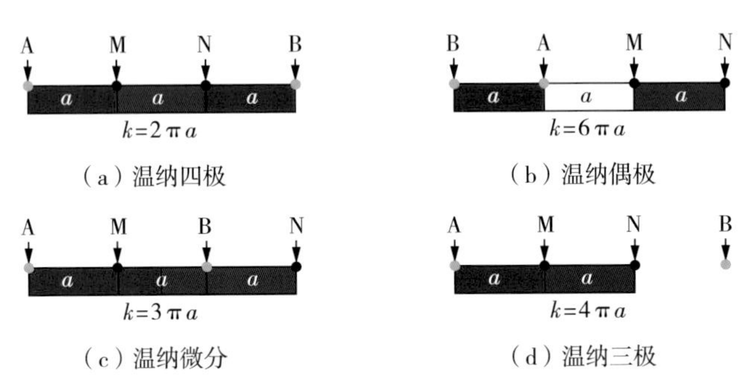

图 1-8 高密度电法常用排列形式和装置系数

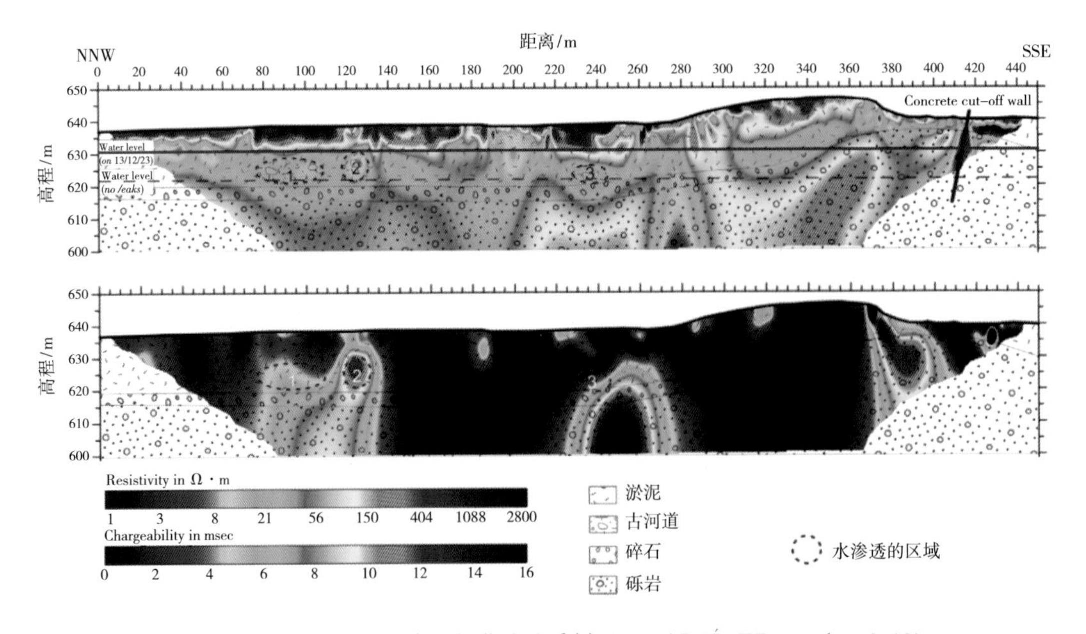

图 1-9 高密度电法和激发极化法地质剖面（MARTÍNEZ, et al., 2018）

为解决电极安装不便的问题，意大利学者研发了一套非商业化的自动电阻率系统（Automated Resistivity Profiling, ARP），并采用该设备进行考古、农业调查等领域电阻率的连续测量，实现了多深度地层电阻率的连续测量，多电极的ARP测试系统（图1-10）由V型结构的四对滚动轮组成，其中最前面的偶极子为供电电极，最大供电电流为10mA，其余3对偶极子作为测量电极且与电流电极的间距分别为0.5m、1.0m、1.7m，电位电极轮子的横向间距依次为0.5m、1.0m、2.0m，电极轮的采样频率为22.7Hz，采样间隔为10cm，并且采用多普勒雷达系统测量距离，差分GPS系统可定位测量信息而实时显示出视电阻率原始数据，在使用中系统的最大测量速度为15km/h；美国Veris Technologies公司设计了一款牵引式土壤探头Veris ®-3100多功能传感器用于测量农田土壤阳离子交换量（The Cation Exchange Capacity，CEC）。该仪器（图1-11）设计了6个重型铁犁电极供在线测量使用，其中两个供电电极相距0.69m，其余4个电压电极采用电位数据，并且位于供电电极之间的测量电极相距0.25m，位于供电电极之外的测量电极相距2.16m，则该系统测量浅、深层深度范围为0～0.3m、0～0.9m；瑞士Proceq公司的Profometer Corrosion是市场上基于半电池原理的最先进的锈蚀分析仪器（图1-12），通过钢筋混凝土的电化学属性来识别活跃的钢筋锈蚀，采用轮式系统提高了工作效率，并可沿着其线性路径连续测量电位，确保测量的最大负值将始终被识别且存储在其关联位置。

非接触电容耦合电阻率法（Non-contacting Capacitively Coupled Resistivity，CCR）是通过同轴线缆或电极板将一定频率的交流电向地下供电，在供电过程中，采用电容性电极采集地表耦合的电位值，以此电位的时空变化来揭示地下结构的分布特征的方法。

（a）现场探测　　（b）基本结构

图1-10　ARP系统的作业图像及结构

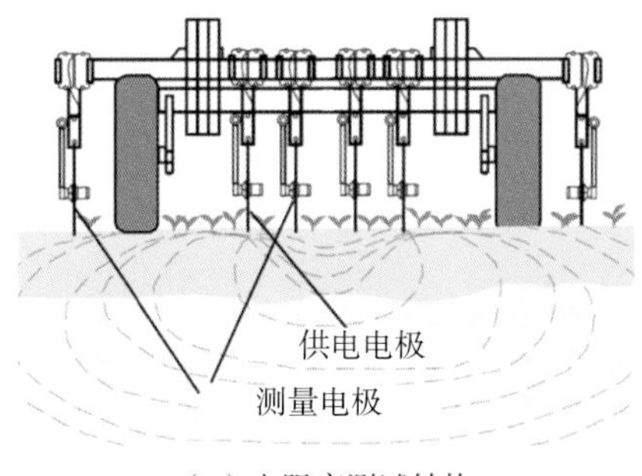

（a）电阻率测试结构

（b）现场检测的组合装置

图1-11　牵引式土壤探头Veris ®-3100系统（NADERI-BOLDAJI M et al.，2014）

图 1-12 Profometer Corrosion 四轮电极检测系统

20 世纪 90 年代，国外在电容耦合理论和技术方面已开展大量的研究工作，尤其是美国 Geometrics 公司生产的 OhmMapper 仪器（图 1-13）和法国 IRIS Instruments 公司生产的 Corim 仪器在冻土层、沙漠、戈壁等高接地电阻区得到广泛应用，同时在地质调

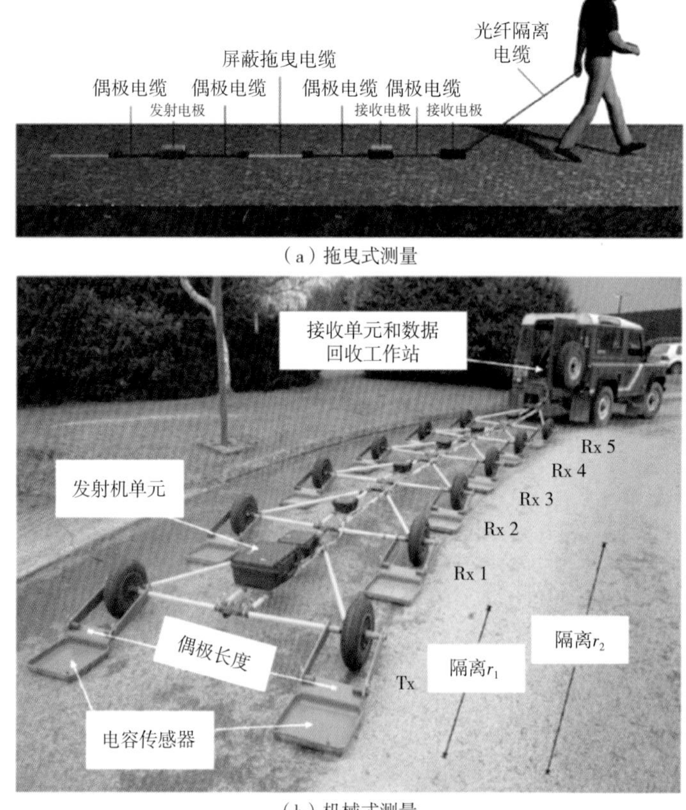

图 1-13 电容耦合系统（同轴线缆、静电四极子）（LOKE M H et al.，2013）

查、农业地质、建筑勘察以及泥炭勘探等快速探测领域也取得较好的效果，适合于大面积的区域探测，可为地质雷达成果提供补充，表 1－5 给出了主要的指标。在国内，2004 年起，中国石油集团东方地球物理勘探有限责任公司引进了 OhmMapper TR1 型电容耦合电阻率仪器，并把设备用于涵洞、隧道以及道路等多个场景的现场试验，得出电容耦合方法在浅层勘探领域有广阔的应用前景的结论（杨云见 等，2009）；2014 年，牛起飞等利用 OhmMapper 仪器监测人工降雨入渗导致非饱和带的含水量变化，时移电阻反演成果反映出渗流带内水的运动规律（NIU Q et al.，2014）。

表 1－5　常见电容耦合电阻率系统性能

仪器名称	OhmMapper	Corim
工作方式	同轴线缆	平板-线电极
发射频率	16.5kHz	12kHz
发射电流	0.125～16mA	—
电极距	1m、2.5m、5m（标准）、10m	—
装置类型	偶极-偶极	偶极-偶极
探测深度	1～20m	5m

2. 自然电场法

自然电场是无须人工供电，观测地下天然存在着的电场。常见的自然电场有两类：一类是区域性，大范围分布的大地电流场和大地电磁场，这是一种低频交变电磁场，其分布特征和地层构造及结晶基底起伏有关；另一类是分布范围限于局部地区的稳定电流场，它的存在往往和某些金属矿床的赋存或地下水的运动有关。土坝渗流是一种特殊的地下水，与它有关的自然电场有扩散吸附电场、氧化还原电场和过滤电场三种形式。

过滤电场也叫渗流电场，当地下水流过多孔（孔壁不导电）的岩土时，在地表上就可以观测到过滤电场。地下水在岩土中流过时将带走部分阳离子，于是上游就会留下多余的负电荷，而下游有多余的正电荷，破坏了正负电荷的平衡，形成了极化电位差。自然电位法就是通过测试过滤电场的电位，确定地下水流向及渗漏通道的位置。根据土坝的特点，可将土坝过滤电场分解为均匀渗流的过滤电场和集中渗流的过滤电场两部分。

1）均匀渗流的过滤电场

对于不透水或弱透水地基上的均质土坝，根据不同坝段土坝均匀渗流产生的过滤电场的特征，可沿横断面分为三带：入渗带、径流带和逸出带。如图 1－14 所示。

（1）入渗带：前坝脚到库水面与前坝坡交点之间为入渗带。在入渗带库水向下渗漏，使得颗粒间孔隙的上方有多余的负离子，下方有多余的正离子，在坝面或水面上测得的自然电位为负值，自然电位曲线平直。

（2）径流带：库水面与前坝坡的交点至浸润线与后坝坡的交点（出渗点）之间为径流带。径流带的自然电位仍为负值，由上游至下游数值逐渐增大（即负值的绝对值逐渐减小)，以出渗点为界，趋近于零。因为坝体填料的质地及其密实程度不尽一致，使得渗透坡降以及土壤电阻率等因素也不尽一致，所以测得的自然电位曲线起伏不平。

(3) 逸出带：渗点至后坝脚为逸出带。库水出逸，过滤作用使颗粒间孔隙的上方聚集了多余的正离子，下方滞留了多余的负离子，使得坝面自然电位为正值。该值由出渗点处的零值，至后坝脚排水系统，逐渐增大到极大值。与径流带相同的因素使测得的自电曲线也起伏不平。对于透水地基上的土坝（均质坝、黏土心墙坝、黏土斜墙坝等)，大部分渗流往往以潜流的形式沿地基流向下游，难以形成明显的逸出带，入渗带前延伸入库区。均匀渗流的自电等位线大致平行于坝轴线，同一种介质中，等位线梯度正比于渗漏强度。

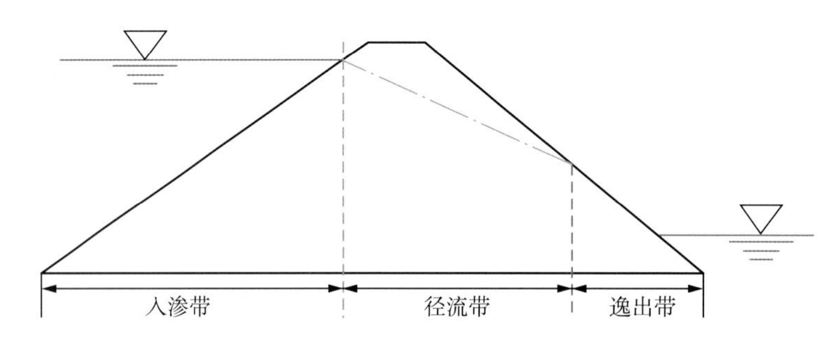

图 1-14　土坝均匀渗流过滤电场的分带

2) 集中渗流的过滤电场

集中渗流和集中渗漏通道系指水利工程的同一部位，着眼于液体时称集中渗流；着眼于固体时称集中渗漏通道。集中渗漏通道（图 1-15）根据自身及其过滤电场的特点，可沿其纵断面分为三部分：入口、通道、出口。

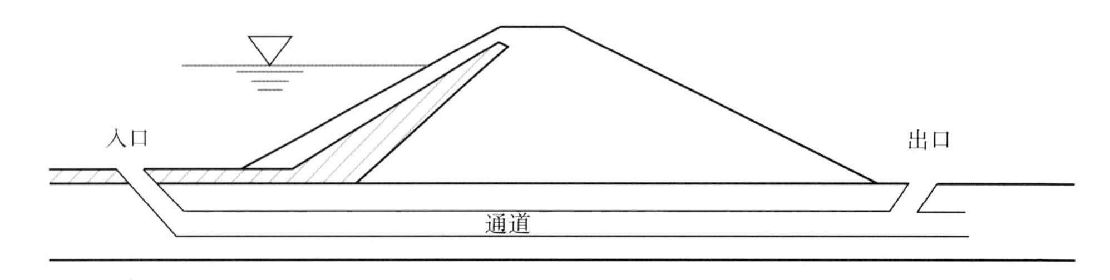

图 1-15　集中渗漏通道

(1) 入口：位于入渗带，一般情况下，在自电曲线上形成较为规则的低阻异常，在自电等位线上形成低值闭合圈。

(2) 通道：经过入渗带和径流带，在入渗带形成较为规则的低值异常，在径流带形成不规则的低值异常，使得自电等位线明显弯曲。

(3) 出口：位于径流带或逸出带。渗流从出口全部逸出地表时，在自电曲线上形成高值异常；部分逸出地表、部分潜流于地下时，究竟呈高值还是低值异常，随两部分渗流的过滤电场场强的相对大小而定；全部潜流于地下时，无法形成出口。渗流大部分或全部逸出的出口，在自电等位线上呈高值闭合圈。但对上述土坝自然电场特性的分析，系指一般规律。当筑坝过程中或渗漏部位因灌浆与回填处理过程中使用了某些特殊材料时，其自然电场会有反常情况出现，则实际测得的是均匀和集中渗流的合成过滤场。图 1-16 是自然电位探测渗漏的成果。

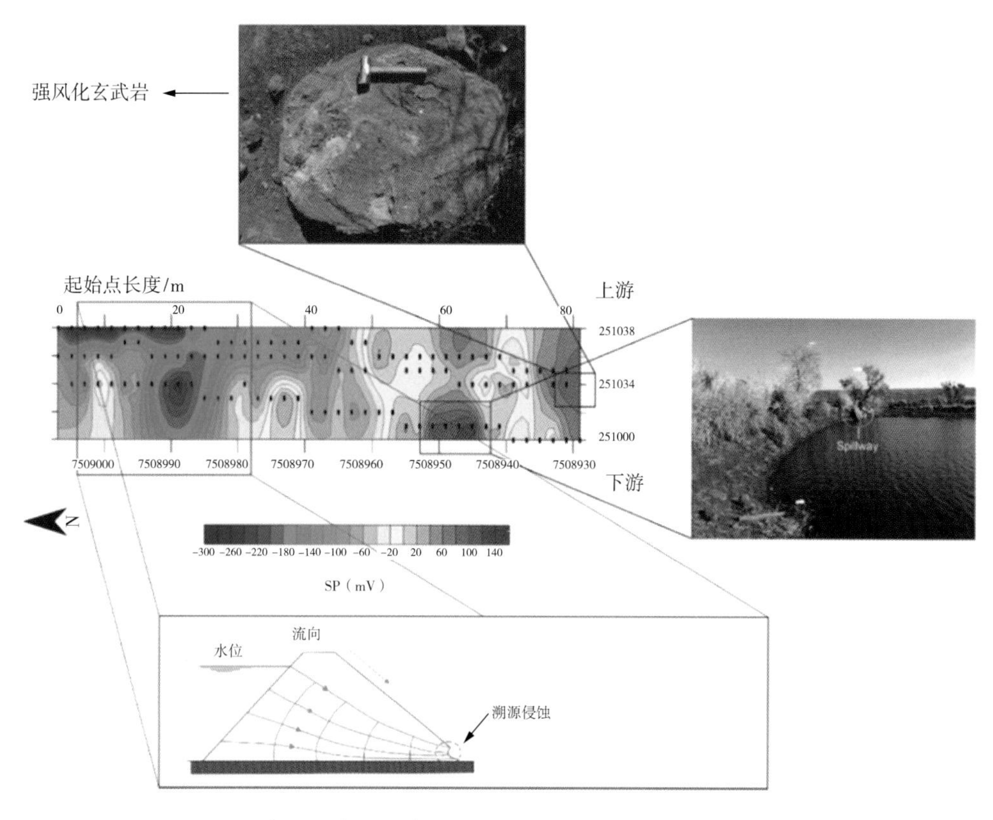

图 1-16 Cordeirópolis 大坝的自然电位及异常点解释图（GUIRELI NETTO L et al.，2020）

3. 充电法

充电法的原理是当某个矿体具有良好的导电性时，将电源的一个电极直接连接到导电体上，而将另一电极置于“无限远”的地方（图 1-17），该良导电体便成为带有积累电荷的充电体（近似等位体），带电等位体的电场与其本身的形状、大小、埋藏深度有关。研究这个充电体在地表的位置及其随距离的变化规律，便可推断这个充电体的形状、走向、位置等。

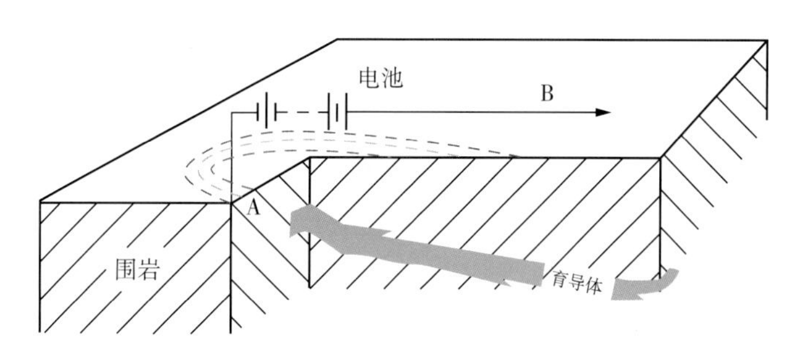

图 1-17 充电法工作原理

充电法的效果在很大程度上取决于导电介质和围岩电性参数的比值、导电介质的产状等。在地电体简单，又能找到露头、埋藏不深（25m 以内），覆盖层厚度与探测对象的大小相当，探测对象与围岩导电率的比值很大，可以判定探测对象的范围和位置。图 1－18 是自然电位探测渗漏的成果。

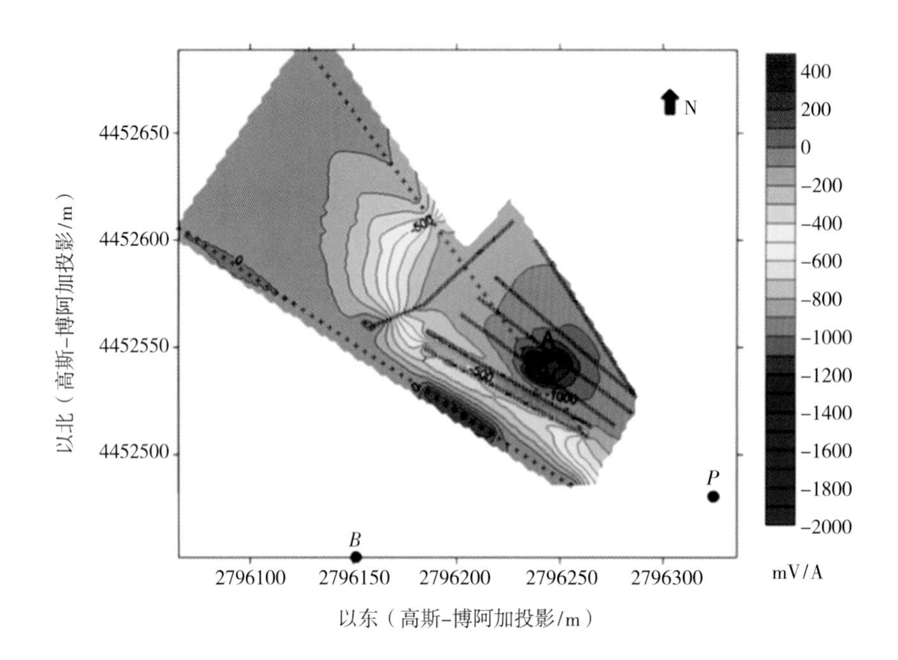

图 1－18 Cordeirópolis 大坝自身电位图及其异常解释（刘康和 等，2009）

4．激发极化法

激发极化法是根据岩（矿）石的激发极化效应来寻找金属和解决水文地质、工程地质等问题的一种电法勘探方法。激发极化效应则是在人工电流场一次场或激发场作用下，具有不同电化学性质的岩石或矿石，由于电化学作用将产生随时间变化的二次电场（激发极化场）。地层中赋水后也会产生激发极化效应，这也是激发极化法找水的地球物理前提。相对于电阻率法而言，激发极化法找水最大的特点是受地形影响较小，对岩溶裂隙水的水位埋深和相对富水带反映都比较直观。目前成功应用的激电参数较多，如表征岩石激发极化的极化率和充电率参数，表征岩石激发极化放电快慢的半衰时和衰减度参数，还有激发比和相对衰减时等综合参数。这些参数的选取与不同地质体和不同的仪器有关。实践表明，极化率（η）、半衰时（T_{H}）、衰减度（D）的测量与判定在地下水勘查中效果明显。图 1－19、图 1－20 给出了激发极化的衰减曲线及堤坝渗漏监测应用成果。

5．伪随机流场法

伪随机流场法是何继善提出的用电流密度场来拟合渗流场检测渗流分布特征的一种方法。该方法的实质是利用特殊波形电流场与渗流场之间在数学形式上的内在联系，从而确立电流场和渗流场分布形态之间的拟合关系，通过检测电流场的分布达到检测

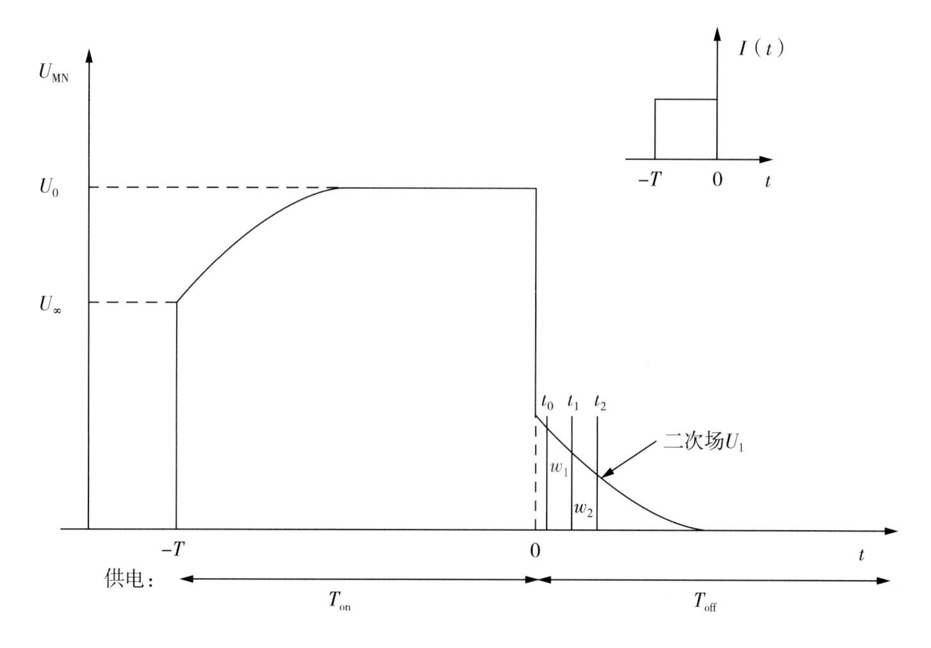

图 1-19 时间域激发极化法电位衰减曲线（ABDULSAMAD F et al.，2019）

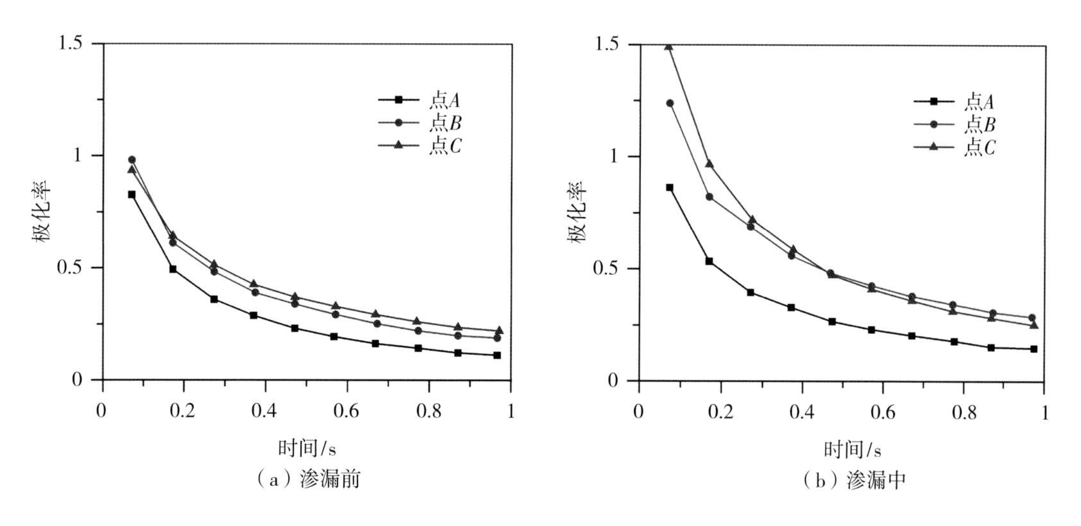

图 1-20 渗漏前后不同监测点的二次场衰减曲线（ABDULSAMAD F et al.，2019）

渗流场的目的。从渗流场与稳定电流场的对比关系表（表 1-6）可知：渗流场的流速势 φ 和电流场的电势 U 的微分控制方程具有相同的表达形式，如果两者具备相同的边界条件，那么渗流场与电流场的分布具有数学一致性。事实上，由于漏水通道的导电性较好，渗流场的边界条件与电流场的边界条件是一致的，通过在检测现场适当布置电流场，用电位差模拟水头差，就可以通过检测电流场的分布达到拟和渗流场分布的目的。

表 1-6 渗流场与稳定电流场的对比关系

定常、无旋渗流场	稳定电流场
流速势 φ	电势 U
水流的连续方程$\nabla\mu=0$	电流密度连续方程$\nabla E=0$
微分控制方程$\nabla^2\varphi=0$	微分控制方程$\nabla^2 U=0$
不透水面$\frac{\partial\varphi}{\partial n}=0$	不透水面$\frac{\partial U}{\partial n}=0$
头水面 $\varphi_1 \mid \Gamma_s=\varphi_2 \mid \Gamma_s$	头水面 $U_1 \mid \Gamma_s=U_2 \mid \Gamma_s$
$\frac{\partial\varphi_1}{\partial n} \mid \Gamma_s=\frac{\partial\varphi_2}{\partial n} \mid \Gamma_s$	$\frac{1}{\rho_1}\frac{\partial U_1}{\partial n} \mid \Gamma_s=\frac{1}{\rho_2}\frac{\partial U_2}{\partial n} \mid \Gamma_s$

一般来说，大坝库水中流场是非常复杂的，各种来源补给库水引起的流场、发电溢洪下泄引起的流场、库底的渗流场等相互作用构成了库水中复杂的流场，并且其强度以及复杂程度远远大于由库水引起的坝基渗流场，同时排水孔中的渗流场也是非常复杂的。从其来源讲，有库水、尾水、深层水以及两岸边坡来水等多种因素，伪随机流场法（图 1-21）通过在库水（或尾水）中分别设置伪随机波形的电流场发射源，使得该电流场在排水孔的分布只与库水（或尾水）引起的渗流场高度相关，通过排水孔中伪随机电流场的分布特征检测其渗流场特征以及与库水（或尾水）的连通关系，该技术具有快速、高效、准确性强的特点。

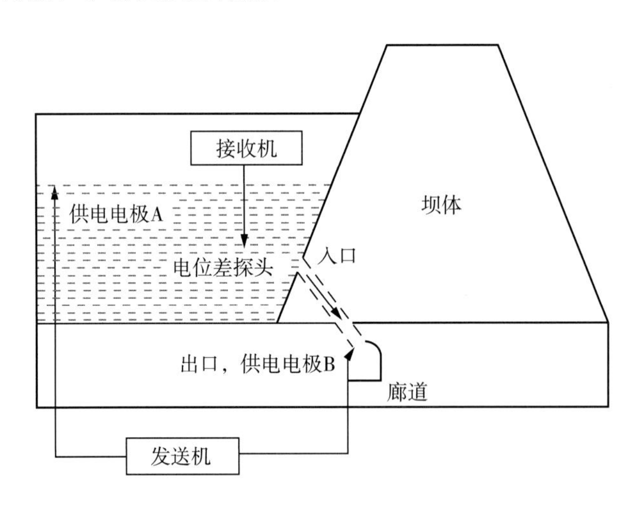

图 1-21 伪随机渗流场工作示意图

如图 1-22 所示为汉寿县阁金口闸 5 号剖面流场法探测结果，展示了 1999 年 7 月 26 日和 7 月 30 日的流场法观测结果。图中尖峰状异常指示漏水的部位。从图上可以看出 7 月 26 日测的流场异常宽而强烈，经过抢救后，到 7 月 30 日流场异常不复存在。

6. 瞬变电磁法

瞬变电磁法属于时间域电磁勘探技术，是通过分析不同测点的电磁感应信号与时间之间的关系，从而得到探测区域内电阻率的空间分布的方法。不同介质反映出的二

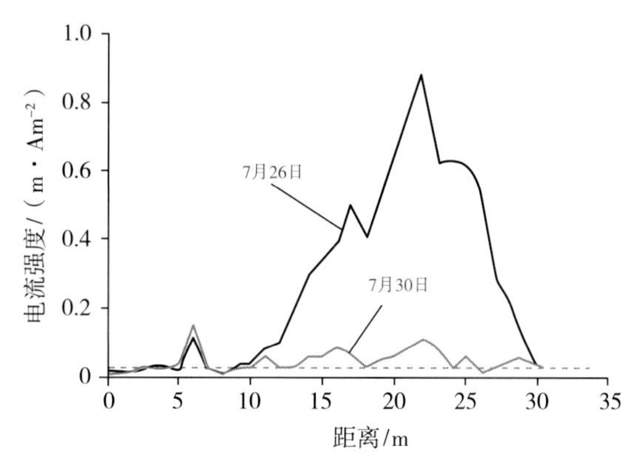

图 1-22 汉寿县阁金口闸 5 号剖面流场法探测结果(汤井田等,2013)

次场瞬间的快慢存在差异,不同时刻变化的斜率也具有不同的特性,利用这种差异性即可推断出地下地质体的分布(图 1-23)。瞬变电磁法具有定位准确、探测深度大、不受地形起伏影响等优点,已经成为一种重要的地球物理勘测方式。

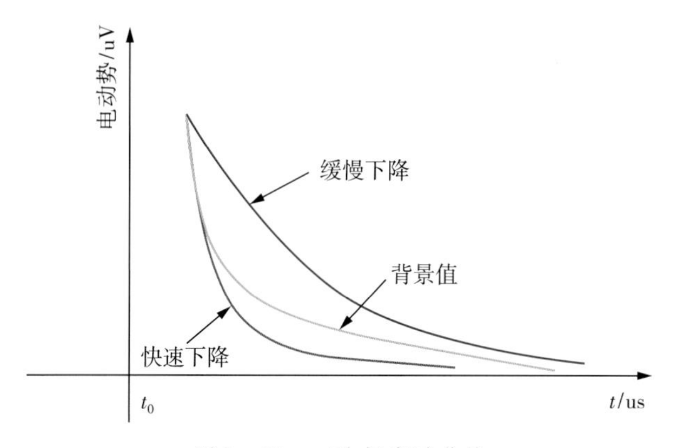

图 1-23 二次场衰减曲线

2021 年 7 月 20 日,郑州市郭家咀水库发生漫坝事故,幸运的是大坝反常出现漫而未溃的现象,郑州市水利建筑勘测设计院对坝体结构的填筑料及瞬变电磁成果进行分析(董永立,2022)。图 1-24 是大坝的瞬变电磁探测结果,从图上可以看出电阻率成层状分布,并且自浅层向深部阻值不断增加,未见明显的低阻异常现象,结合大坝的土料以粉质壤土为主,干密度 1.56～1.75g/cm^3,平均值为 1.66g/cm^3,压缩系数平均值为 0.211MPa^{-1},坝体室内渗透试验平均渗透系数为 4.50×10^{-5}cm/s,从而表明大坝具有较强的稳定性。

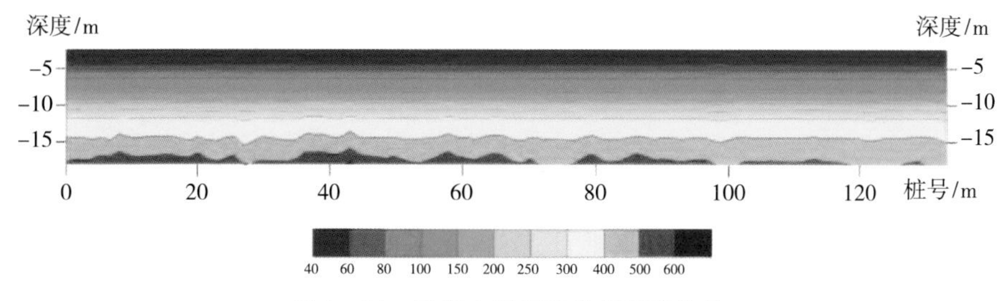

图 1-24 瞬变电磁实测数据反演结果

7. 探地雷达法

探地雷达法是以探查地下不同介质的电磁性质（介电常数、电导率、磁导率）的差异为物理前提的一种射频（0.1～3GHz）电磁技术。GPR发射天线发射的电磁波在地层中传播时，如果遇到电磁性质不同的物体（目标），将发生前向和后向的散射。散射波在多个目标之间以及目标内部还会形成新的散射。向地面传播的散射波将被接收天线接收，随着天线的移动，GPR记录到各测量点处的电磁波信号，经过数学处理和分析后可判断地质分层情况和各层的材质等，同时可以识别地下目标体，具体工作原理如图1-25所示。

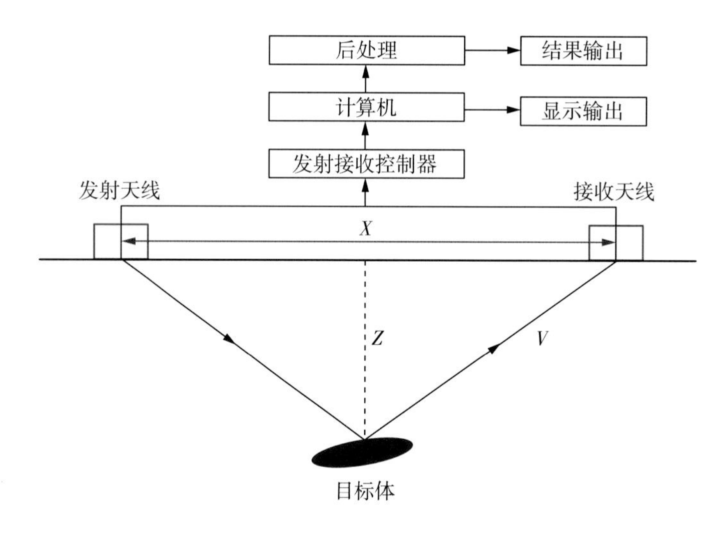

图1-25 探地雷达工作原理

在整个脉冲传播过程中，相邻的两种介质间能否发生反射进而在图像中有所区分的先决条件是其介电常数间是否有差异，这种差异通常用反射系数 P 来衡量，

$$P=\frac{\sqrt{\varepsilon_1}-\sqrt{\varepsilon_2}}{\sqrt{\varepsilon_1}+\sqrt{\varepsilon_2}} \tag{1-1}$$

式中，ε_1 为周围环境介质的介电常数；ε_2 为目标体的介电常数。

反射系数的正负反映了脉冲相位的变化，而数值决定了反射波能量的大小，即该介质层间电性差异的大小。当反射系数越大时，表面两种介质间的电性差异越大，波的反射就越强烈，探测的效果也就越好。

探地雷达方法具有高分辨率、高效率、无损探测和结果直观等优点，黄河水利科学研究院等单位把探地雷达用于水利工程质量检测，图1-26展示了堤段怀疑存在孔洞区域的探地雷达图像。根据探地雷达的工作原理以及以往的探测经验，孔洞上方的雷达波形通常显示为双曲线状的圆弧，圆弧顶中心对应洞中心，圆弧顶深表示孔洞的埋深，同相轴在孔洞处杂乱无规则，也不再连续，因此怀疑在混凝土路面层下存在空洞隐患。其后对探测堤段进行实际开挖，验证了对孔洞隐患推断的正确性。

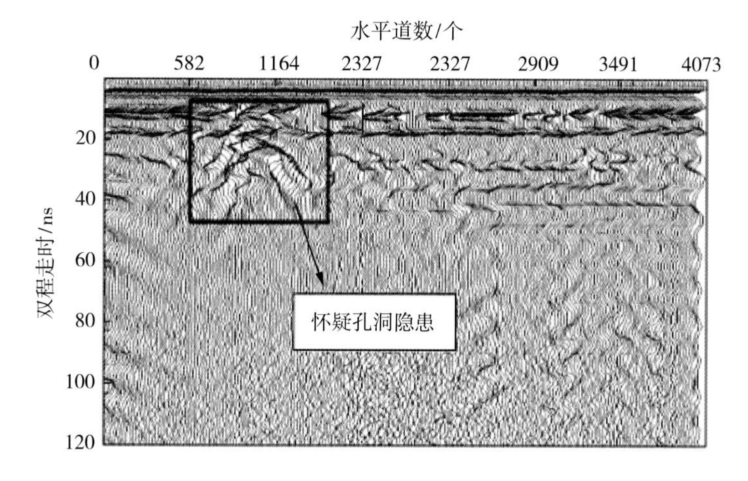

图1-26 堤防孔洞地质雷达图像

8. 地震反射波法

地震勘探是通过观测和研究人工地震（炸药爆炸或锤击激发）产生的地震波在地下的传播规律来解决地质问题的一种地球物理方法，在岩土工程勘察中运用最多的是高频、高分辨率的浅层地震反射波法［频率＜（200～300Hz）］，可以探查与研究深度在100m以内的地质体。

浅层地震反射波法以地下介质间的波阻抗差异为前提，当给地面施加一个冲击力，使介质质点发生弹性振动时，该振动变化以应力波的形式在介质中传播；若应力波在传播过程中遇到波阻抗界面时，应力波就会产生反射（或折射），通过地面的检波器接收该反射波信号，利用浅层地震全程多次反射波的时距曲线方程，经计算机进行数据处理和分析，形成反射波的时距曲线，通过对该曲线特征的分析与研究，可得到地下介质的变化情况，达到勘探目的（图1-27）。

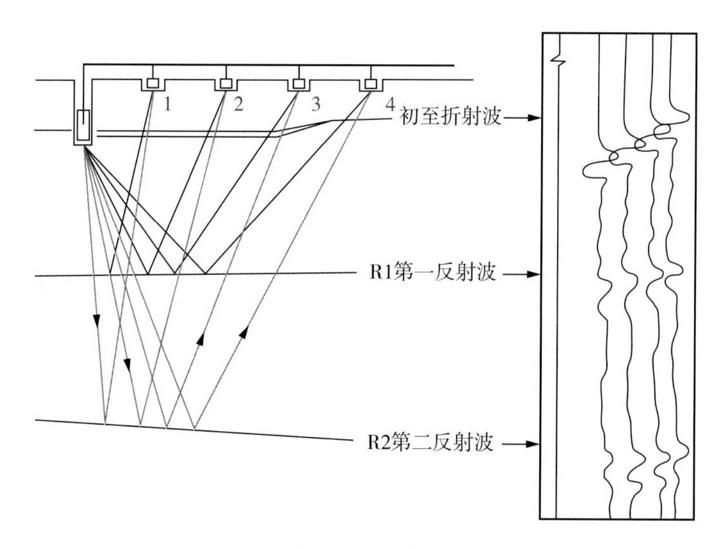

图1-27 浅层地震反射波法示意图

若激发点到地下界面的法线深度为 h，炮检距为 x，波速为 v，界面倾角为 φ，地震反射波的双程旅行时为 t，则时距曲线方程为

$$t=\frac{1}{v}\sqrt{x^2+4hx\sin\varphi+4h^2} \tag{1-2}$$

反射波法适于研究波阻抗大于上面的波阻抗的地层，与沉积地层的沉积层序基本相符。因此，多次覆盖反射波法甚至可以说是目前地震勘探的唯一实用的方法。用于浅层地震勘探的单道自激自收或点组合小排列反射波法，对震源的要求是能输出窄脉冲，高频特性好，有足够的频宽等。此外，还要求震源适应性强，体积小，重量轻，分解性好，便于人力运输等。

（1）锤击震源。优点是安全、方便、廉价，虽然单次激发能量小，但多次激发可使有效信号增强，利于垂直叠加。

（2）小药量炸药震源。在满足勘探深度要求的条件下，药量尽量小一些，或改善激发条件以增强激振效果，对于提高有效反射波的频率是有益的，适于浅层资源勘查工作。

（3）电火花震源。频带宽，高频性能好。但体积大，需配备发电机工作，成本较高。适用于水网地区及注水的钻孔中激发。

（4）叩板震源。这种震源具有良好的方向性，用于横波勘探。可以重复击震，利于多次垂直叠加。

（5）枪弹震源等其他震源。由仿制的震源枪激发实现激振。提高激发能量和激发频率，实现高分辨率地震勘探的目的，是浅层地震反射勘探中的理想震源之一。

图 1-28 给出郯庐断裂带近地表结构和构造特征的浅层地震测线反射波叠加时间剖面及其深度解释结果。

地震映像法（工作原理示意图见图 1-29）以相同的小偏移距逐步移动测点来接收地震波信号，利用各种地震波的运动学和动力学特征，来反演介质的物性参数，获取物性分界面或突变点的一种浅层地震勘探方法。地震映像法主要利用反射波、折射波、面波等多种弹性波作为有效波来进行探测，同样也可以采用一种特定的地震波作为有效波，常用反射波为有效波。在野外用地震映像法采集数据时，采用单点激发，单个检波器进行接收。仪器记录后，激发点和接收点同时向前移动一定的距离（点距），重复上述过程，可以获得一条地震映像的时间剖面。

地震映像法是基于反射波法中的最佳偏移距技术发展起来的，其特点主要在于：

（1）数据采集简单，施工人员需 3 人左右，具有很高的工作效率；

（2）在近震源的面波采集区，锤击震源即可采集到能量较强的弹性波；

（3）小偏移距小距点采集，类似于自激自收，因而采集到的数据信噪比高，其抗干扰能力较强，探测效果较好；

（4）地震映像法的数据处理相对简单，把野外采集的地震波在计算机上进行处理，对反射能量用不同的可变换的颜色显示，可以有效地反映出地下结构及形态。

中国地质科学院岩溶地质研究所等单位为了查明桂林市全州县洛潭水库岩溶渗漏带

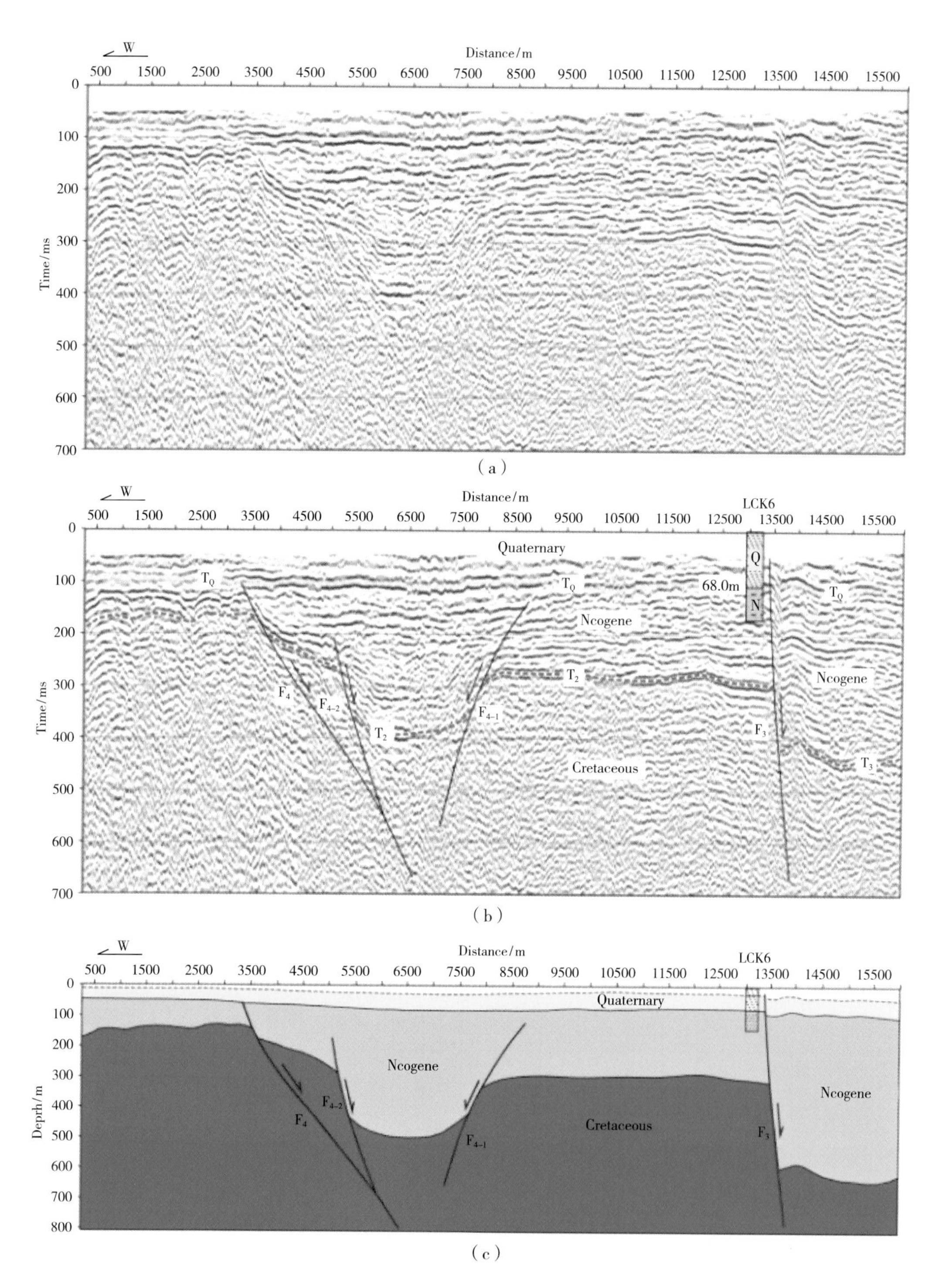

图1-28 浅层地震测线反射波叠加时间剖面（a、b）及其深度解释结果（c）（秦晶晶，2020）

发育的位置，采用地震折射法、地震反射法及微动法等组合的方式确定岩溶渗漏带发育的位置及分布范围（郑智杰，2017）。图1-30为测线地震反射波时间剖面图。从图1-30可知，在测点490～500m段，在波速40ms以后同相轴呈现向下倾斜趋势，推断该区域下

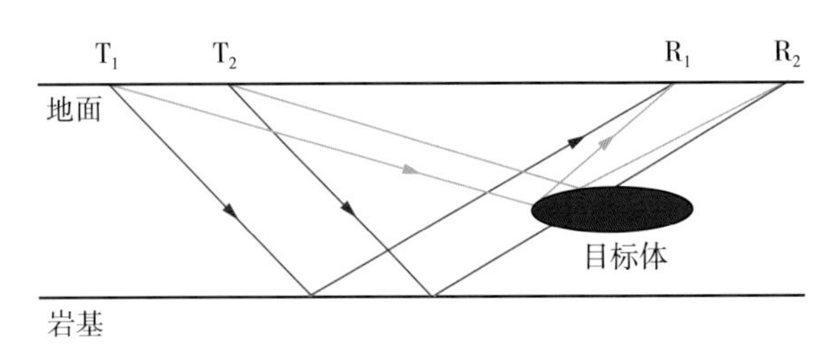

图 1-29　地震映像法的工作原理

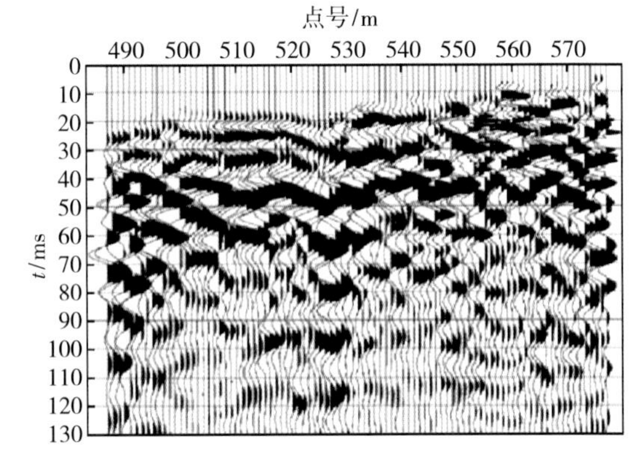

图 1-30　测线地震反射波时间剖面图

方为泥岩或砂质页岩、粉砂岩分布段；在测点 516～534m 段，初至波、反射波及面波同相轴均出现先向下倾斜后向上倾斜的“回转波”，走时先增加后减小，推断该段岩溶渗漏通道发育分布位置；在测点 554～570m 测点段，从初至波、反射波、面波，同相轴均出现错断，且初至同相轴时间变小，结合地震折射速度剖面，推断该区域为岩溶渗漏通道的延伸段。

9. *面波法*

瞬态面波检测方法的地球物理前提是利用地下介质之间的物性差异，通过探测仪器接收人工激发或天然的地球物理场波速在空间或时间上的响应，以达到探测地下介质分布特征的目的。在各向均匀半无限空间弹性介质表面上，当一个圆形基础上下运动时，将由它产生的弹性波入射能量的分配率计算出来，即 P 波占 7%，S 波占 26%，R 波占 67%。也就是说，R 波的能量占全部激振能量的 2/3，因此利用 R 波作为勘探方法，其信噪比会大大提高。

面波能量主要集中在地表下一个波长的范围内，而传播速度代表着半个波长($\lambda_R/2$)范围内介质震动的平均传播速度。因此，一般认为面波法的测试深度为半个波长。设面波的传播速度为 V_R，频率为 f_R，则面波的波长 λ_R与速度及频率有如下关系：

$$\lambda_R = \frac{V_R}{f_R} \tag{1-3}$$

当速度不变时，频率越低，测试深度就越大。面波法是利用面波的运动学特征和动力学特征来进行工程地质勘察的物探方法。面波有三个与被测地层有关的主要特征：

(1) 在分层介质中，面波具有频散特性；

(2) 面波的波长不同，穿透深度也不同；

(3) 面波的传播速度与介质的物理力学性质密切相关。

面波探测方法一般分为瞬态法和稳态法两种。这两种方法的区别在于震源不同。瞬态法是在激震时产生一定频率范围的面波，并以复频波的形式传播的方法；而稳态法是在激震时产生相对单一频率的面波，并以单一频率波的形式传播的方法。瞬态法检测时采用落重法，用25.4kg大锤击震，为了保证激发的质量，采取的措施有：一是激发震源时落锤确保短促有力，避免有回振，而且尽量减小周围环境中的振动影响；二是通过多次信号叠加功能，剔除干扰杂波。瞬态面波法的工作原理如图1-31所示。

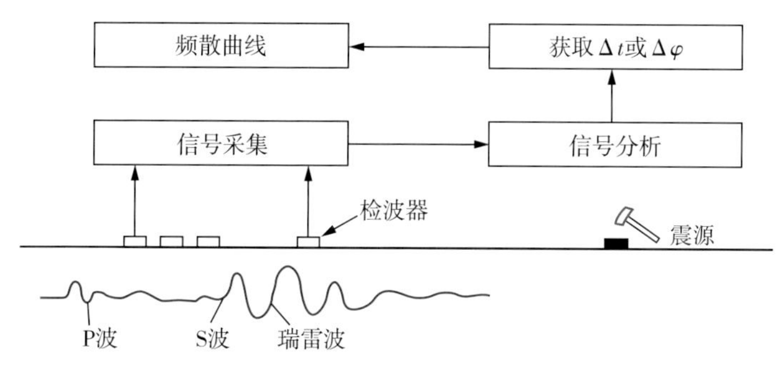

图1-31 瞬态面波法的工作原理

黄河勘测规划设计研究院有限公司以黄河下游某堤防工程的隐患探测为例，综合应用地质雷达法、高密度电法和面波法等综合物探方法进行隐患探测（刘现锋 等，2020）。图1-32是堤防面波探测剖面图，从图中可以看出水平方向起点距大于60m堤段的波速明显变大，相应的密实度较大，推断出该处堤段为新旧土结合处，该处易产生裂缝、不均匀土体或不密实区域等隐患。

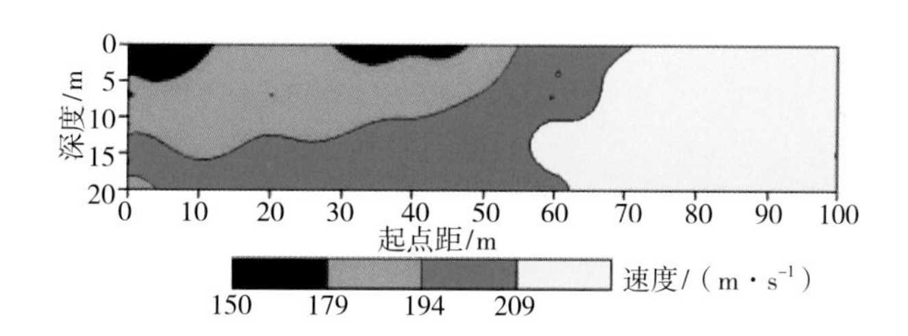

图1-32 堤防面波探测剖面图

天然源面波又称微动，是指地球表面的微弱振动，它是由体波和面波组成的复杂振动，且面波（Reyleigh波和Love波）能量约占总能量的70%以上。由于面波具有频散特性，微动信号具有振幅、频率随时间和空间发生显著变化的特点，但在一定时空范围内仍满足统计稳定性，可用平稳随机过程来描述。与传统地震勘探及地震学中采用射线理论估算地震波传播速度不同，由于微动源的不确定性，微动信号中面波的相速度则通过求取圆形观测阵列中台站间的空间自相关系数获得，而无须考虑微动源的位置及其与观测台站的距离，该方法称之为空间自相关法（SPACS法）。从微动信号的垂直分量中提取瑞雷波频散曲线时，需要观测台站沿圆周布置，且至少在圆周上等间隔布置三个、在圆心布置一个台站组成圆形观测阵列，圆形阵列的半径称为观测半径，决定探测深度。通常情况下，微动台阵的探测深度大约是观测半径的3～5倍，在台阵半径较小的情况下，探测深度为观测半径的10倍以上。实测中往往需采用多重圆形阵列进行组合观测，以形成二维微动剖面观测系统（示意图见图1-33）。

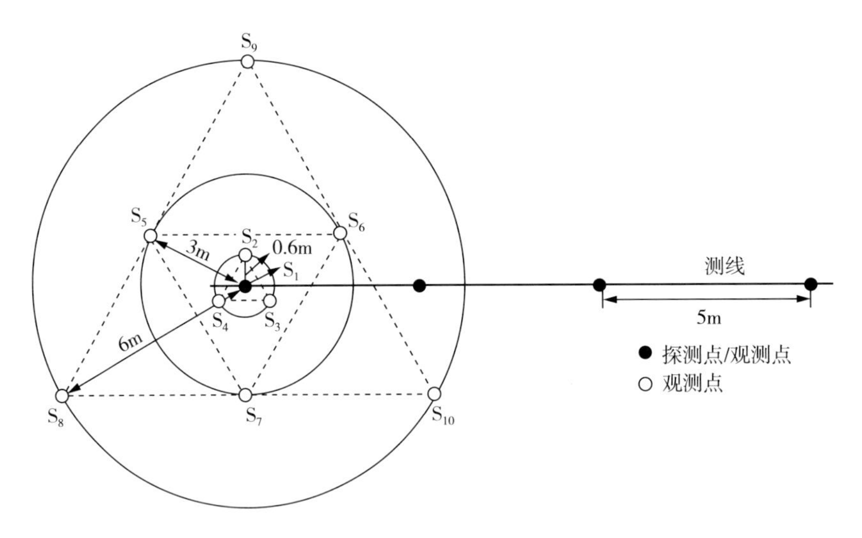

图 1-33 二维微动剖面观测系统示意图

安徽省地球物理地球化学勘查技术院采用微动勘探技术对江苏句容的水库大坝进行渗漏探测（贾慧涛 等，2021），从探测成果图 1-34 上可以看出，深度 0～2.6m 之间推测为未浸水的素填土层，视 S 波速度范围约为 140～200m/s，与大坝水位线位置吻合。迎水面坝体长期浸水冲蚀，介质较稀疏，界面较松散；背水面坝体侵蚀程度较低，界面更清晰；深度−2.6～−12.0m 之间有“U”形速度界面，界面以上推测为浸水的素填土层，视 S 波速度范围约为 200～400m/s，该层中的低速异常区域推测为主要渗漏位置；界面以下推测为坝底基岩层，该层较密实，视 S 波速度范围约为 500～1000m/s。

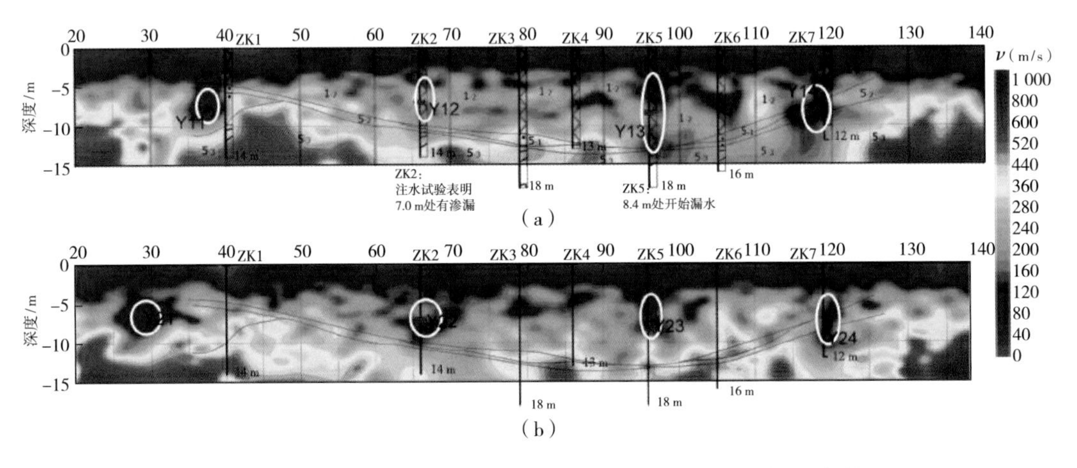

图 1-34 坝顶迎水面（a）和背水面（b）微动视 S 波速度-深度剖面

10. *层析成像法*

CT 是英文 Computerized Tomography 的缩写，意为“计算机层析成像”。它是指在不破坏物体结构的前提下，根据在物体周边所获取的某种物理量（如波速、X 线光强）的一维投影数据，运用一定的数学方法，通过计算机处理，重建物体特定层面上的二维图像以及依据一系列上述二维图像构成三维图像的技术。它可以定量地反映出物体内部材料性质的分布情况和缺陷部位，描绘出平面以至立体（三维）内的结构图像。从信息观点来看，它实质上是依据低维流形上叠加的信息来分辨和提取点上信息的技术。近年来，CT技术被引入大坝安全检测中，将CT技术用于大坝隐患检测上，检测大坝混凝土老化区、坝体渗漏、坝址地质构造及断裂带等，从而形成了大坝CT。从实质上看，大坝CT是地球物理CT的一个分支，是地球物理CT在大坝隐患检测上的应用。与传统的检测方式相比较，大坝CT的优点在于能够经济、无损、快速探测大坝内部较深部位的隐患。根据CT的物理原理分类，可以将大坝CT分为声波CT、电磁波CT和地震波CT三种。

跨孔声波CT层析成像探测是一种地下物探方法，其原理是借助医学界X射线断层扫描的基本手段，通过在井下不同位置进行人工震源的激发和接收，采集弹性波各种震相的运动学（走时、射线路径）和动力学（波形、相位、振幅、频率）资料，并结合其相关物理力学性质，采用射线走时和振幅来重构地下介质的波速衰减系数的场分布，通过像素、色谱、立体网络的综合展示，直观反映探测区域的内部结构。在假设地下介质为均匀、绝对弹性、各向同性介质的前提下，纵波传播速度如下：

$$v_P^2=\frac{E\ (1-\mu)}{\rho\ (1+\mu)\ (1-2u)} \tag{1-4}$$

式中，v_P为纵波传播速度；E为杨氏弹性模量；μ为泊松系数；ρ为密度。

由于不同岩土体的弹性参数不同，纵波的传播速度也不同，岩石风化程度分类的参考指标见表1-7。当某条射线通过目标地质体时，将产生传播时差，在目标地质体的边缘其传播波形也会发生变化。当有多条相互交叉的射线网络时，每条射线都会在其通过目标地质体边缘时产生传播时差，借助多条射线之间的相互约束，可以反演确定目标地质体的边缘在空间的位置情况。

表1-7　岩石风化程度分类的参考指标（钟宇 等，2017）

岩石类别	风化程度	压缩波速度/（m·s^{-1}）	波速比	风化程度
硬质岩石	未风化	＞5000	0.9～1.0	—
	微风化	4000～5000	0.8～0.9	0.9～1.0
	中风化	2000～4000	0.6～0.8	0.8～0.9
	强风化	1000～2000	0.4～0.6	0.4～0.8
	全风化	500～1000	0.2～0.4	＜0.4
	残积土	＜5000	＜0.2	—
软质岩石	未风化	＞4000	0.9～1.0	—
	微风化	3000～4000	0.8～0.9	0.9～1.0
	中风化	1500～3000	0.5～0.8	0.8～0.9
	强风化	700～1500	0.3～0.5	0.3～0.8
	全风化	300～700	0.1～0.3	＜0.4
	残积土	＜300	＜0.1	—

黄欧龙等（2016）采用声波CT技术对混凝土进行质量检测，得出塔柱内混凝土缺陷、密实性以及均匀性等情况。图1－35是绘制出的右塔柱内部混凝土三维展布图，通过展布图可以发现，低速区主要分布在塔柱混凝土体表面一定范围内，并未向其内部延伸，从而说明该塔柱浇筑质量较好，仅在混凝土边角处存在裂缝或不密实情况，建议对部分裂缝进行密封注浆处理。

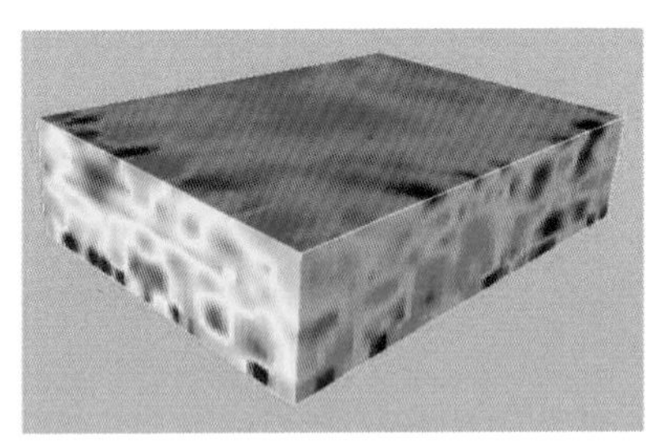

图1－35　右塔柱内部混凝土三维展布图

井间电磁法指的是在两个井孔（坑道）间利用电磁波来进行探测的地球物理方法。测量时，通过在井孔中分别移动发射机和接收机来获取整个研究区域的物性数据，井间电磁法原理图如图1－36所示，井间电磁法结合了常规电磁法和地球物理测井的优势，在保证高分辨率和高精度的基础上，还具有较大的探测深度。

针对不同应用，井间电磁法的研究主要经历了高频、更高频、低频（音频）的发展过程，并出现了各种不同的名称，其对应的方法分别为井间无线电波成像（0.1～35MHz）、跨孔雷达层析成像（10～1000MHz）、井间电磁成像（10～10kHz）。目前这三种方法同时存在，并服务于不同的领域。井间无线电波成像和跨孔雷达层析成像属于高频电磁波方法，电磁波传播以波动为特征，可以用光学射线方法为基础进行反演成像。井间电磁成像属于低频电磁波方法，以扩散为特征，需要从电磁理论出发建立成像算法。国外研究使用的电磁频段向甚高与甚低两极发展，使用很高频率的跨孔雷达层析成像多借用地震勘探中的数据处理方法，使用很低频率的井间电磁成像多采用波场变换的方法成像。

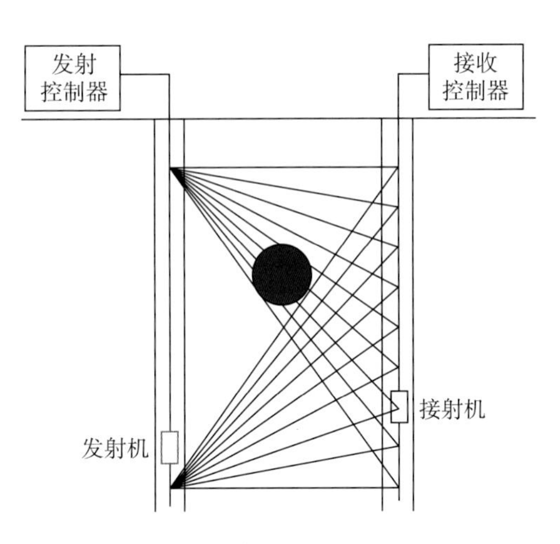

图1－36　井间电磁法原理图

井间电磁成像测井系统是将发射器和接收器分别置于相邻的两口井中，接收器接收由发射器发射并经地层传播的电磁波，由于采用很低的频率，反演后仅获得有关井间地层电阻率的分布信息。

电磁波在射线光学的近似条件下，其观测场强 E 可用下式来描述：

$$E = E_0 f_s f_r R^{-1} \exp\left(-\int \beta \mathrm{d}l\right) \tag{1-5}$$

式中，E_0 为初始辐射场强；R 为电磁波沿直线传播的路径；$\mathrm{d}l$ 为路径积分单元；β 为介质吸收系数；f_s、f_r 分别是发射和接收天线的方向分布函数。

对式(1-5)取对数，整理得

$$A = \int \beta \mathrm{d}l = \frac{\ln E_0 f_s f_r}{\ln RE} \tag{1-6}$$

对式(1-6)离散化，得

$$E = DL \tag{1-7}$$

式中，E 是观测值矩阵；D 是岩体吸收系数矩阵；L 是电磁波射线元矩阵。

上述方程为大型稀疏矩阵方程，目前求解方法主要有最小二乘法、联合迭代重建方法和代数重构方法，通常采用联合迭代重建方法求解。

黄生根等（2018）使用井下无线电波透视仪在武汉地铁8号线南湖标段进行探测试验，试验场区下伏地层主要为素填土、粉质黏土、淤泥质黏土和灰岩。由于地下水对下伏灰岩长期的溶蚀作用，灰岩上部区域裂隙比较发育且裂隙之间彼此连通，裂隙中含有丰富的裂隙水，下部灰岩中有溶洞存在。通过分析图1-37可知，在YRK4128钻孔－20.0m与YRK4127钻孔－23.2m两点连线以上，地层对电磁波吸收系数均在0.5dB/m以上，局部达到0.56dB/m，吸收系数普遍较大，推测此处以上地层较破碎，局部地层孔隙率较大。由模拟结果可知，当电磁波在含有孔隙的介质中传播时，电磁波发生折射、反射和绕射现象；当局部孔隙率明显增大时，电磁波在介质和孔隙边界处折射现象更明显，相应地层对电磁波的吸收系数也明显较大。综上分析推断该连线即基岩面，基岩面以上为破碎的覆盖层。

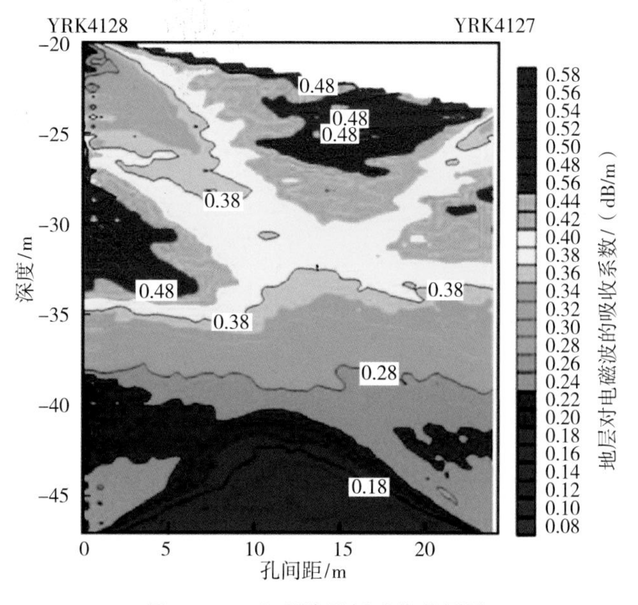

图1-37 电磁波层析成像结果图

地震层析成像自20世纪80年代初被引入应用地球物理领域后，在地震勘探中逐渐得到广泛应用。地震初至层析成像是一种利用地震初至波走时重建地下介质速度结构的地球物理勘探方法，通过初至波层析成像反演可以建立近地表速度模型，对观测到的弹性波各种震相的动力学（波形、振幅、相位、频率）资料和运动学（走时、射线路径）进行分析，进而反演地下介质的结构、速度分布及其弹性参数等重要信息，该方法通常可用于探测规模小、要求精度高的地下介质结构。

不同的岩体弹性参量不相同，传播速度也就不同。当某条射线通过目标地质体时，将产生走时差。但仅仅根据一条波射线所产生的速度差异难以判别异常体的位置，当采用相互交叉的致密射线网络时，就会对异常地质体在空间上产生强有力的约束。地震波层析成像采用一发多收的扇形穿透，经过逐点激发，在被测区域内形成密集的射线交叉网络。在资料处理时，根据射线的稀疏程度及成像精度，将被测区域划分成若干规则的、介质均匀及波速单一的成像单元，再运用弯曲射线追踪反演算法精确地获得异常体的展布形态（跨孔CT射线网格示意图见图1-38）。

王启明等（2019）针对桥梁基础落位区开展弹性波CT探测现场试验，重构该区域三维网格模型并进行取芯验证，在对6组弹性波CT切片进行处理后，得到三维网格重构模型图（图1-39），所重构的三维网格模型共有98496个节点，划分为92169个单元。

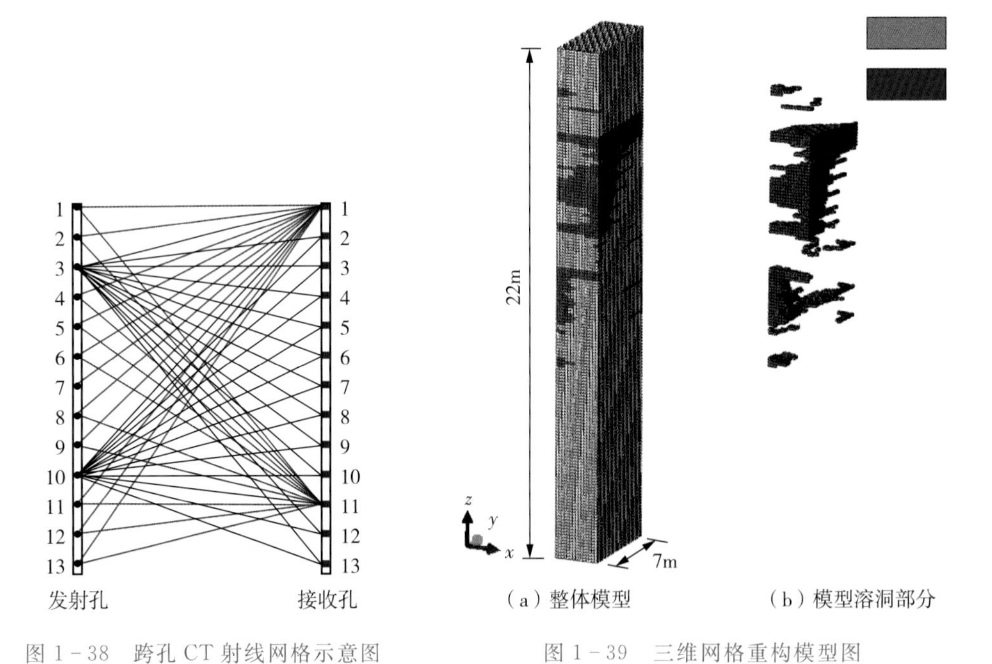

（a）整体模型　（b）模型溶洞部分

图1-38　跨孔CT射线网格示意图

图1-39　三维网格重构模型图

11. 地球物理测井法

目前，国内水文地质勘探中常用的测井方法有电法测井（包括视电阻率法、井液电阻率测井、自然电位测井）、放射性测井（包括自然伽马测井，伽马-伽马测井，中子测井和放射性同位素测井）、声波测井、井温测井、速度流量测井、水位计测井以及井径测井等。此外，成像测井、核磁共振测井主要在石油行业得到了应用，工程、水文行业应用较少。测井方法不仅可以获取钻孔地质剖面的分层特征，还可测量出含水层中的水文地质参数和岩土体的物理力学性质，并且能解决钻孔的井径、井斜等参数问题。

地层的温度通常按照地温梯度有规律地变化，随着油田的开采，储集层的产出、注入或漏失、窜槽以及压裂、堵水等各种改造措施造成温度场的局部异常，通过井温仪测量并记录井眼剖面中温度的异常变化，即可定性判断储集层产出或注入状况。井温测井仪主要采用电阻温度计、PN结温度计和热电偶温度计，电阻温度计优点是精确度高、测温范围大且经济耐用，缺点是由于温度传感器的热平衡时间长，传感器的移动会影响井下原始温度场的分布，无法在高温、高压环境下对井下温度场进行长时间监测。生产测井中井下温度测量采用桥式电路，利用不同金属材料电阻元件的温度系数差异，间接求出温度的变化，即通过桥式电路将温度变化转换成电阻的变化（陈孝霞 等，2012）。

井温引起电阻变化的规律为

$$R_T = R_0 [1 + \alpha (T - T_0)] \tag{1-8}$$

式（1-8）中，R_T 为温度为 T 时的电阻值，Ω；T_0 为仪器的起始点温度，为常数；R_0 为温度为 T_0 时的电阻值，Ω；α 为电阻丝的温度系数，1/℃。

电阻的变化转换成电压信号输出：

$$T = K \frac{\Delta U_{MN}}{I} + T_0 \tag{1-9}$$

式（1-9）中，T 为仪器所测的温度，℃；T_0 为仪器的起始点温度，℃；Δ_{MN} 为 M、N 两点电位差，mV；I 为下井电流强度，A；K 为仪器常数，表示电阻每变化一个单位时温度的变化值。

上式是温度测量的理论方程，测出的曲线也叫梯度井温曲线，即温度随深度的变化曲线。微差井温仪测量的是井轴上一定间距两点间温度变化值，并以较大比例记录显示，能更清楚地反映井内局部温度梯度的变化情况。

电阻率成像测井为地球物理测井工作提供了很多常规测井方法无法完成的有效的测量手段。它在地质构造解释、储集层分析等地质勘查工作中发挥着极其重要的作用，而且存在着很多优点。通过地质规律和地质知识来刻度电阻率成像测井图像，可以区分不同的地质现象，得到正确的地质解释结果。

目前，常见的电阻率成像测井技术主要有全井眼地层微电阻率成像测井技术、阵列感应成像测井技术以及方位电阻率成像测井技术等。测井曲线形态特征要素一般包括幅度、形态、顶底接触关系、光滑程度和齿中线等。

（1）幅度是测井曲线形态的重要特性之一，它反映的是沉积体的粒度、分选性及泥质含量等的变化趋势，并且间接反映了沉积环境的变化。一般情况下，高能环境中沉积物的粒度较粗，视电阻率值较大；而低能环境中沉积物的粒度较细，视电阻率值较小（视电阻率相对值 $\Delta\rho_s$ 与岩石粒度 M_z 散点图见图 1－40）。

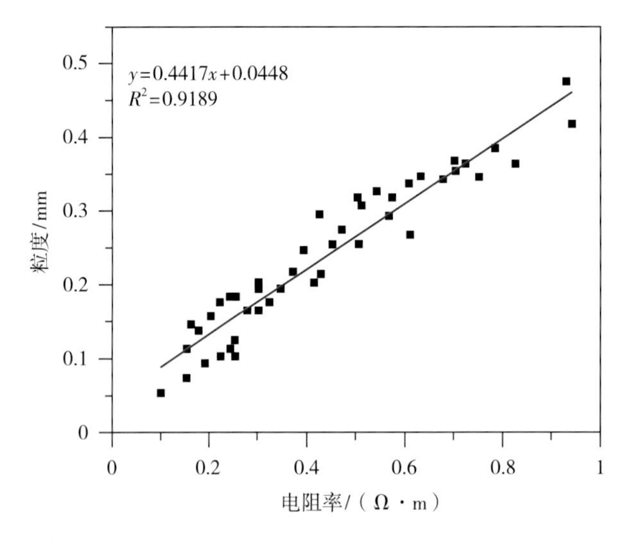

图 1－40 视电阻率相对值 $\Delta\rho_s$ 与岩石粒度 M_z 散点图

（2）测井曲线的形态反映出沉积过程中物源供应与水动力条件等特征。其基本形态有四种：箱形、钟形、漏斗形和菱形（图 1－41）。

（3）顶底接触关系指沉积体之间的顶、底部测井曲线形态，反映的是沉积体沉积初期、末期的物源、水动力条件，一般可分为渐变型和突变型两大类。

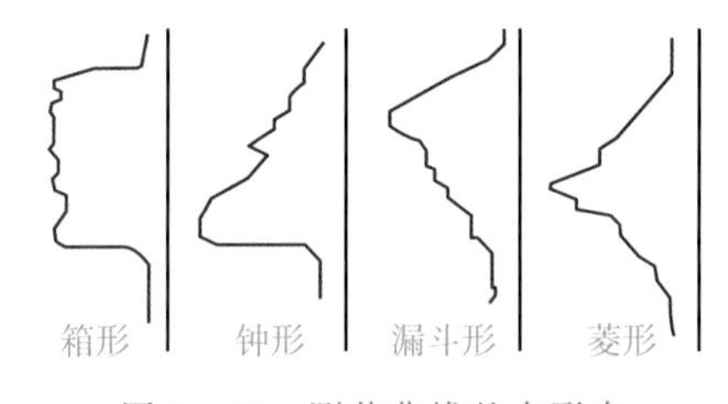

图 1－41 测井曲线基本形态

（4）次级形态反映的是水动力对沉积物改造持续时间的长短。次级形态的发育与否决定了测井曲线的光滑程度，曲线光滑（曲线锯齿少）说明沉积时水动力作用强、持续时间较长；若曲线不光滑（锯齿发育），则说明沉积时水动力作用较弱、持续时间较短。

（5）齿中线主要用于描述齿峰与齿谷间的曲线形态，一般反映的是沉积过程沉积物能量的变化。

数字全景钻孔摄像系统的关键是全景技术（截头的锥面反射镜）和数字技术（数字视频和数字图像）的突破。全景技术实现了 360°钻孔孔壁的二维表示，通过叠加方位信息后形成的平面图像称为全景图像，利用数字技术实现视频图像的数字化，通过全景图像的逆变换算法，还原真实的钻孔孔壁，形成钻孔孔壁的数字柱状图像。钻孔摄像图像能够直观地反映出钻孔内孔壁的地质信息，通过对全孔地质信息的提取和存储，形成完整的信息数据库。图 1－42 所示为数字全景钻孔摄像系统的成像原理示意图。

秦英译等（2007）比较数字钻孔摄像与钻探、电磁波 CT、弹性波声波等其他钻孔测试手段的工程应用效果（钻探、电磁波 CT 和数字钻孔摄像在相邻孔测试结果见

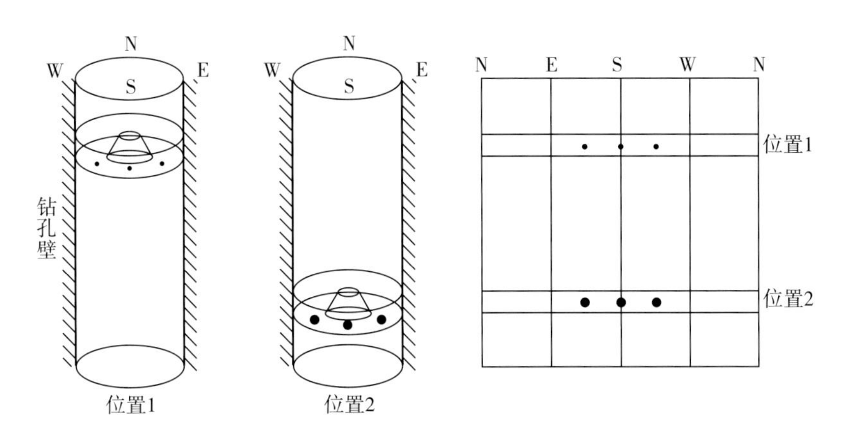

图 1-42 数字全景钻孔摄像系统的成像原理示意图（汪进超 等，2014）

图 1-43），数字钻孔摄像得到的孔壁图像清晰可靠，可为电磁波 CT 剖面异常解译提供图像支持，而 CT 可以为数字钻孔摄像提供孔间延伸情况。数字钻孔摄像提供钻孔孔壁精细结构的图形化描述，如实地反映测试范围内的连续孔壁，既便于钻孔的整体把握，结果的客观性又可验证其他勘测手段的异常段的情况并精确确定发育深度。充分发挥数字钻孔摄像对钻孔观察的高精度和全孔覆盖率特点，利用电磁波 CT 的孔间地层延伸结果，可对钻孔群间的破碎带发育情况进行三维空间的表现和分析。

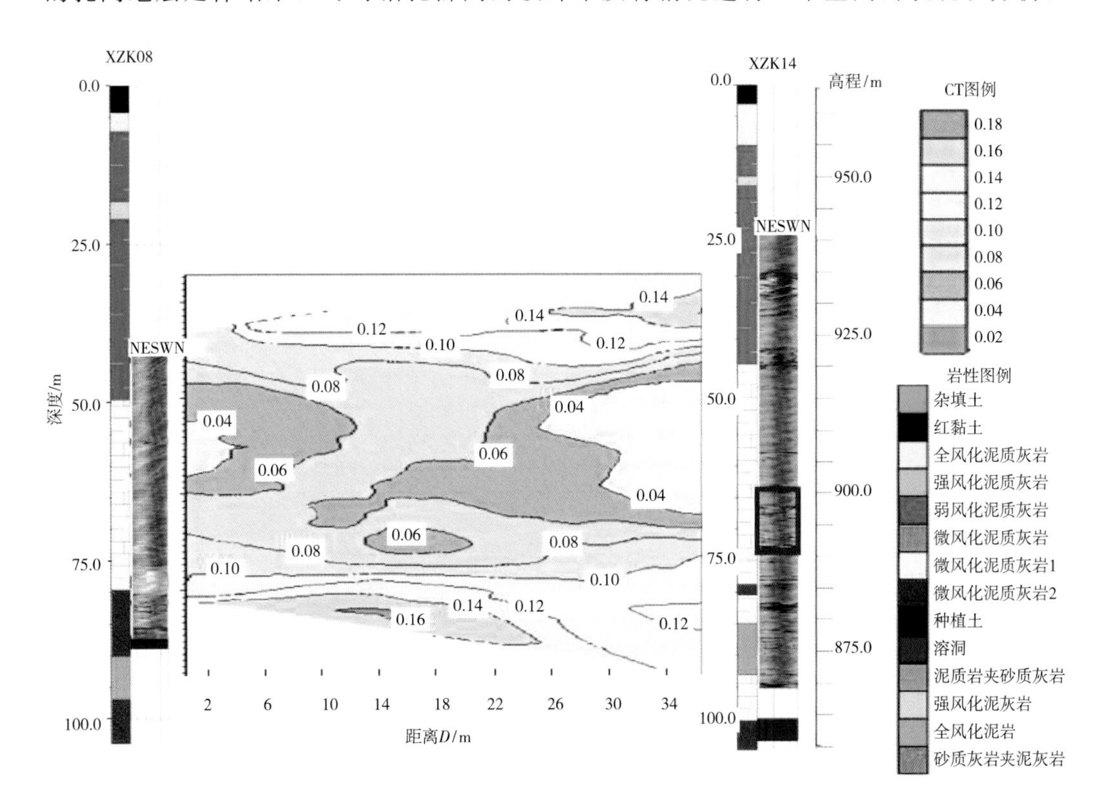

图 1-43 钻探、电磁波 CT 和数字钻孔摄像在相邻孔测试结果

12. 水下摄像法

1）水下光学成像技术

水下光学成像技术主要设备为水下电视，用于对水下人、物、景的摄像及建筑结构的拍摄，提供水下景物的图像。该技术最大特点是水下摄像时的图像状况能及时在水面上的监视器里显示，其过程可以按需要录制下来。其缺点是对能见度要求较高，要有清晰的视场才能保证摄像效果（水下光学摄像典型成果见图 1-44）。

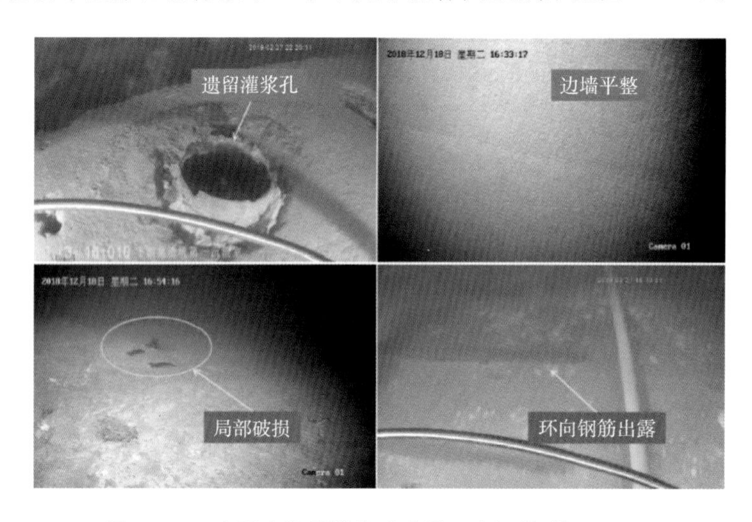

图 1-44　水下光学摄像典型成果（来记桃 等，2021）

2）声呐技术

声呐技术是根据声波在水中以一定的速度（海水 1500m/s，淡水 1400m/s）传播，遇到目标后以声呐回波的形式反射回来的原理进行工作的。声呐系统一般是由发射机、换能器（水听器）、接收机、显示器和控制器等几个部件组成。应用声呐技术开发的较成熟的设备有侧扫声呐、多波束、浅层剖面仪、水声定位以及图像声呐系统等。图 1-45 是 1 号引水隧洞 15+210m 段不同时期混凝土保护层脱落范围变化对比（2018—2019 年）。

3）侧扫声呐

侧扫声呐由随船行进的发射机（拖鱼）产生两束与船行进方向垂直的扇形波束，声波遇到海底后返回的信号被接收放大，由于传送的距离和返回的时间不同，显示的灰度不同。扫描线一条靠着一条有序地排列起来形成一幅记录图像，这样就可以看到水下微地貌的形态、分布的特征和位于水面下的目标，图 1-46 是侧扫的成果图像。

4）多波束测深

多波束测深系统是在回声测深仪的基础上发展起来的，在与航迹垂直的平面内一次能够给出几十个甚至上百个深度，一次测线即可获得一条一定宽度的全覆盖水深条带，所以它能精确快速地测出沿航线一定宽度水下目标的大小、形状和高低变化。在测深的同时，也能给出同侧扫声呐一样但分辨率稍低的地貌图。与目前常规单波束比较，多波束测深具有测深点多、测量迅速快捷、全覆盖等优点。多波束与侧扫声呐在探测水下目标时具有很好的互补性，可以同时应用。图 1-47 是多波速测深成果：天池水深等深线和湖底三维地形图以及天池水深剖面图。

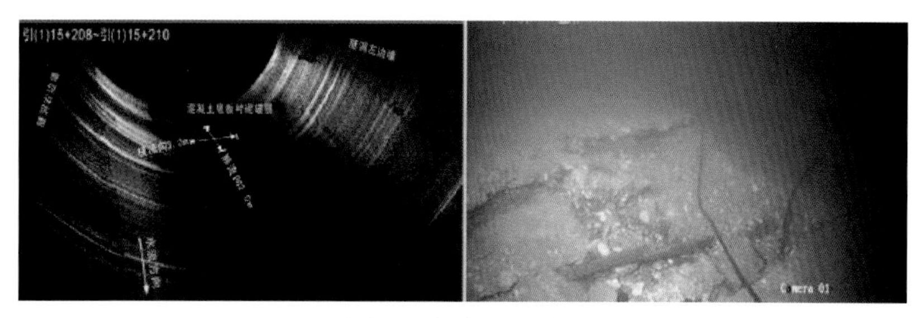

（a）2018年水下检测情况

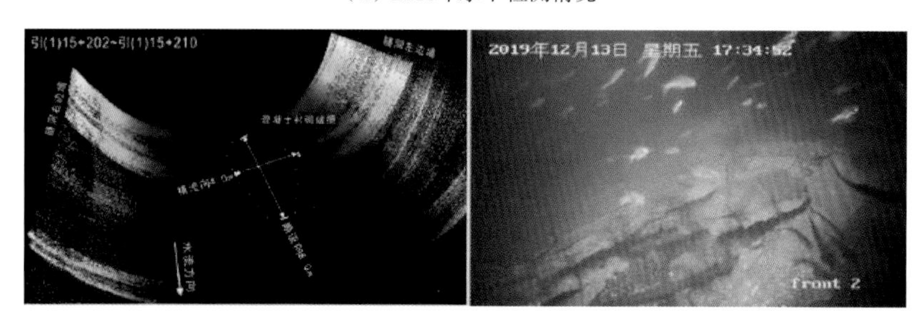

（b）2019年水下检测情况

图1-45　不同时期混凝土保护层脱落范围变化对比（王继敏 等，2021）

（a）方形礁

（b）“十”字形礁

（c）部分礁体倾斜破碎

图1-46　侧扫声呐采集图像（赵刚 等，2020）

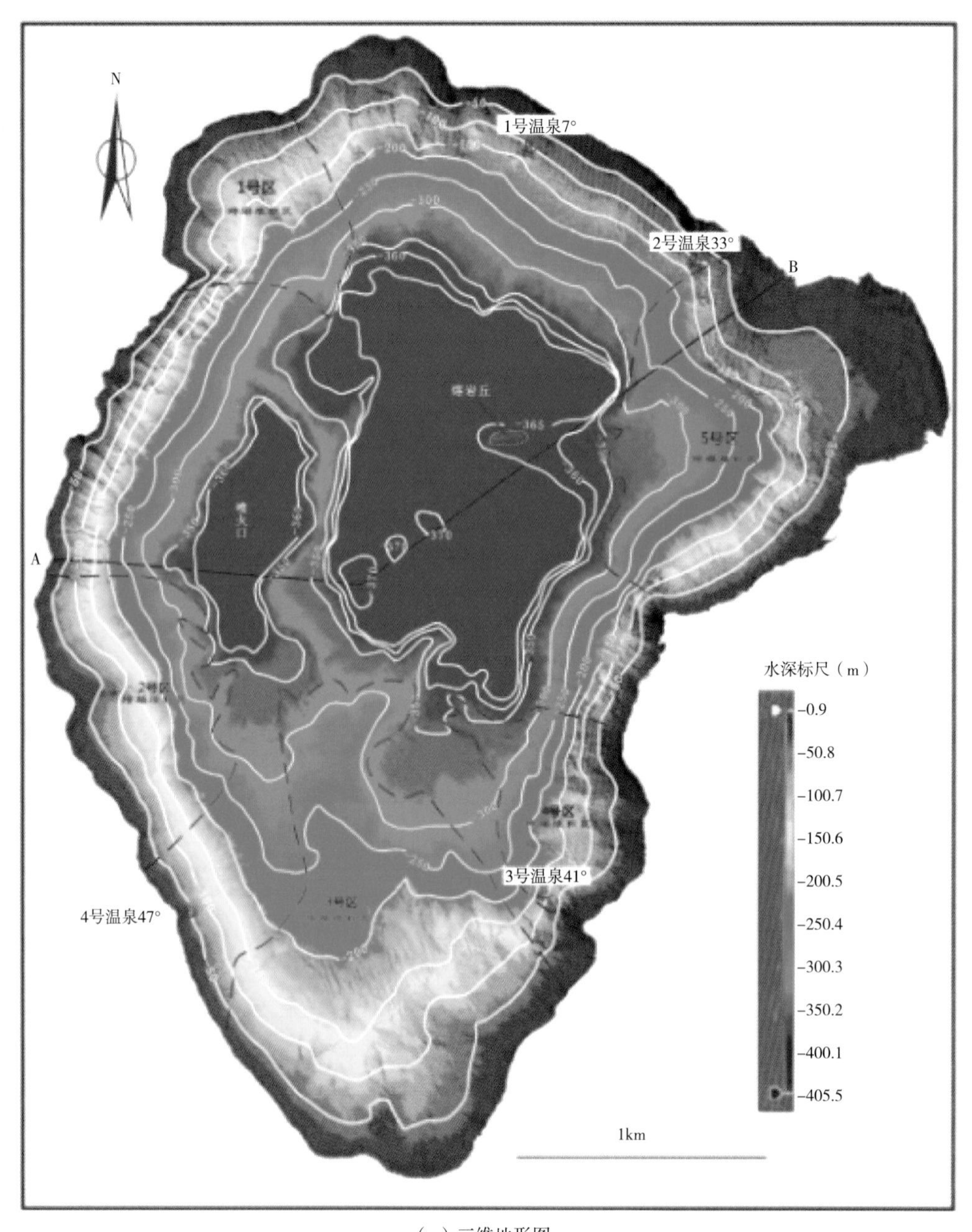

（a）三维地形图

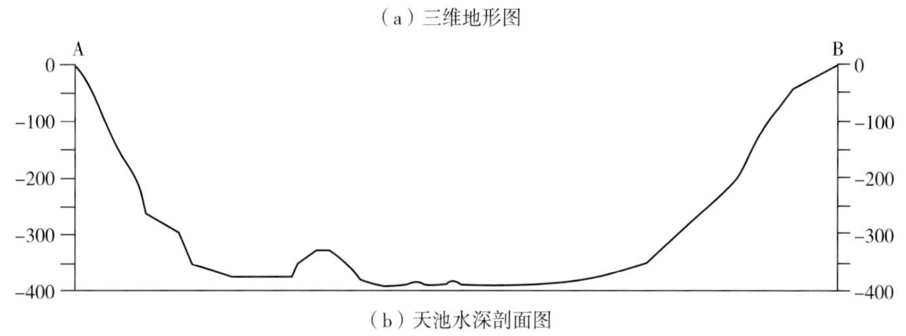

（b）天池水深剖面图

图 1－47　天池水深等深线和湖底三维地形图以及天池水深剖面图（杨清福 等，2018）

5）浅地层剖面仪

主要用于探测海底浅部地层的类型与结构，最大的特点是能够穿透地层，广泛用于地质环境调查、锚地调查、管线路调查、坝基沉积层调查等。图 1-48、图 1-49 是浅地层剖面的测试成果图。

此外，地面核磁共振法、大地电磁法、磁电阻率法、红外热成像、附加质量法、超声横波反射成像技术等方法也在堤坝隐患探查中得到一定的应用及试验，取得了一定的工程应用经验。结合上述多种探测技术手段，当前总计有近 20 种利用不同的物性差异的地球物理探测方法，因此在具体的工程应用中要做到有的放矢，才能解决工程难题。

（1）直流电法、自然电场法、充电法以及电磁法对水较为敏感，因此更适合于堤坝渗漏隐患的探查，特别是瞬变电磁法具有非接触传感的优势，在堤坝长线路的快速普查中具有重要的应用价值，并且适合于硬化路面下方的隐患探测。

（2）地震勘探法、探地雷达法等在堤坝岩土体划分、软弱夹层以及空洞隐患等方面更具有优势，探测成果更加清晰地展现出土石体内部成层性；当前，探地雷达设备采集的数据已经从传统的二维剖面向三维立体方向发展，在工程实践中，采集效率更高、成果更可靠，未来三维地质雷达将在堤坝常态巡检中发挥更大的应用价值。

（3）层析成像法相对于地面勘探手段具有更强的抗干扰能力，并且对异常体的分辨力更高，采用钻孔控制深度能有效解决地面物探方法深度不准的技术难题，但层析成像需结合钻孔联合实施探测，更适合于对隐患体的精细化勘察。

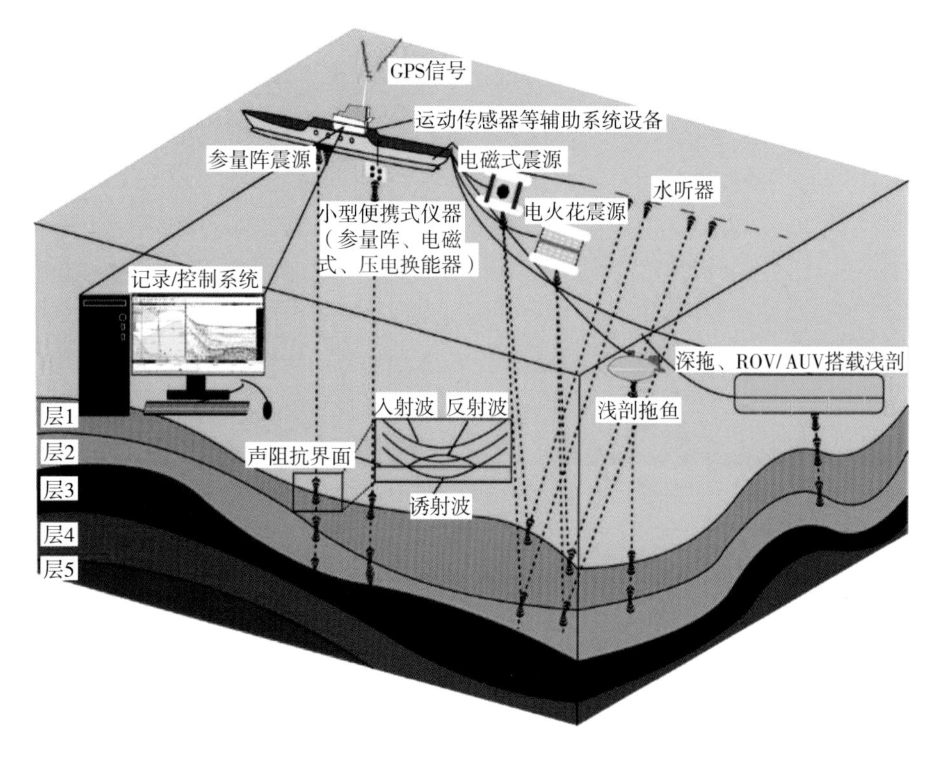

图 1-48　不同浅地层剖面探测系统的组成与工作方式（杨国明 等，2021）

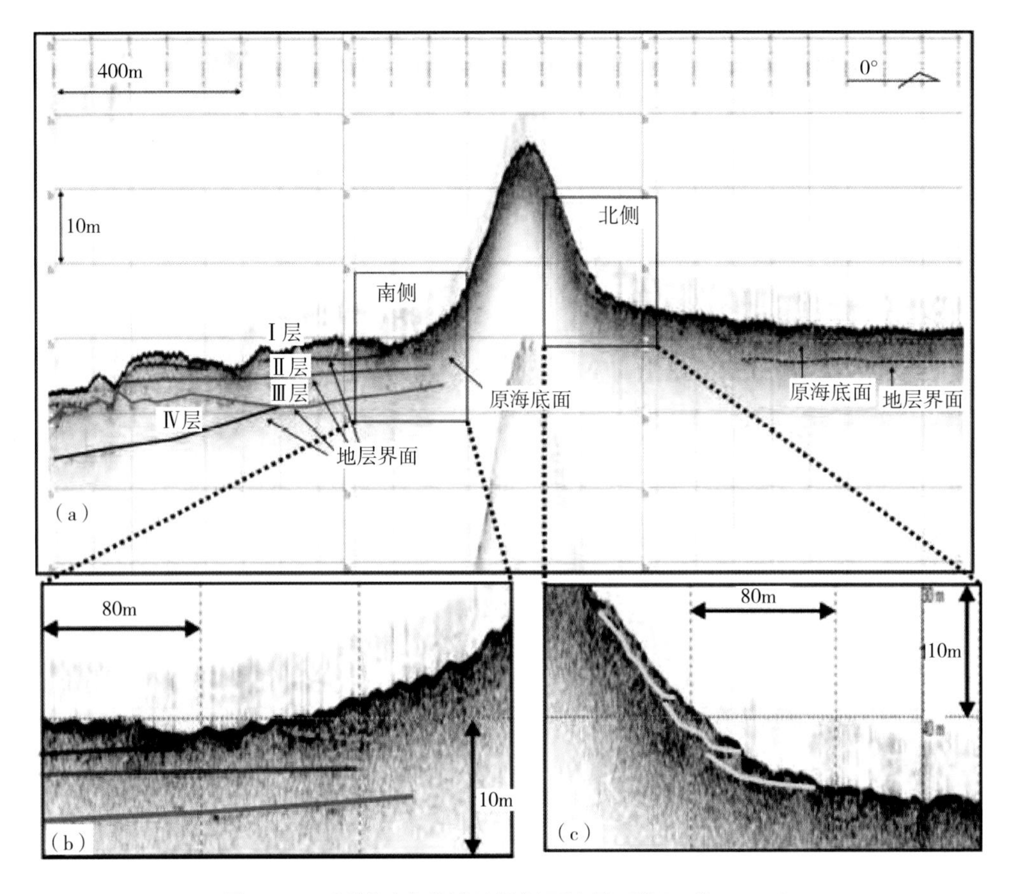

图 1-49 倾倒区声学浅地层剖面特征（陈虹 等，2017）

(a) 为倾倒区完整剖面；(b) 为南侧声学剖面特征；(c) 为北侧声学剖面特征

（4）土石堤坝是人工碾压而成的特殊地质体，在建设的工程中，不同的筑坝材料、筑坝工艺、筑坝时期以及筑坝坝型等都在一定程度上使土石坝存在物性差异。尤其是在运行过程中，在不同的工况下对大坝采用一系列的除险加固方法，从而导致大坝内部的结构、成分以及组合关系较为复杂，常规的单一探测手段在复杂的背景下难以识别出隐患的空间位置特征，故建议在工程隐患探测中应注重加强方法的优化组合。

土石坝渗漏隐患探查地球物理方法

2.1　土石坝基础知识

2.1.1　土石坝工程的特点

土石坝是指由土、石料等当地材料填筑而成的坝，是历史最为悠久的一种坝型，是世界坝工建设中应用最为广泛和发展最快的一种坝型。土石坝得以广泛应用和发展的主要原因如下。

(1) 可以就地、就近取材，节省大量水泥、木材和钢材，减少工地的外线运输量。由于土石坝设计和施工技术的发展，放宽了对筑坝材料的要求，几乎任何土石料均可筑坝。

(2) 能适应各种不同的地形、地质和气候条件。除极少数例外，几乎任何不良地基经处理后均可修建土石坝。特别是在气候恶劣、工程地质条件复杂和地基处于高烈度地震区的情况下，土石坝实际上是唯一可取的坝型。

(3) 大容量、多功能、高效率施工机械的发展，提高了土石坝的压实密度，减小了土石坝的断面，加快了施工进度，降低了造价，促进了高土石坝建设的发展。

(4) 岩土力学理论、试验手段和计算技术的发展，提高了分析计算的水平，加快了设计进度，进一步保障了大坝设计的安全可靠性。

(5) 高边坡、地下工程结构、高速水流消能防冲等土石坝配套工程设计和施工技术的综合发展，对加速土石坝的建设和推广也起到了重要的促进作用。

土石坝按坝高可分为：低坝、中坝和高坝。《碾压式土石坝设计规范》(SL 274—2020) 规定：高度在30m以下的为低坝，高度在30～70m之间的为中坝，高度超过70m的为高坝。土石坝的坝高有两种算法：从坝轴线部位的建基面算至坝顶（不含防浪墙）和从坝体防渗体（不含坝基防渗设施）底部算至坝顶，取两者中的大值。

土石坝按施工方法可分为：碾压式土石坝、冲填式土石坝、水中填土坝和定向爆破土石坝等。应用最广泛的是碾压式土石坝。

按照土料在坝身内的配置和防渗体所用材料的种类，碾压式土石坝可分为以下几种主要类型。

（1）均质坝。坝体主要由一种土料组成，同时起防渗和稳定作用，如图 2－1（a）所示。

（2）土质防渗体分区坝。由相对不透水或弱透水土料构成坝的防渗体，而以透水性较强的土石料组成坝壳或下游支撑体。按防渗体在坝断面中所处的部位不同，土质防渗体分区坝又可进一步区分为黏土心墙坝、黏土斜心墙坝、黏土斜墙坝等，如图 2－1（b）、（c）、（d）所示。坝壳部位除采用一种土石料外，常采用多种土石料分区排列，有多种土质心墙坝和多种土质斜心墙坝，如图 2－1（e）、（f）所示。

（3）非土质材料防渗体坝。以混凝土、沥青混凝土或土工膜作防渗体，坝的其余部分则用土石料进行填筑。防渗体位于坝的上游面时，称为面板坝，如图 2－1（g）所示；位于坝的中央部位时，称为心墙坝，如图 2－1（h）所示；

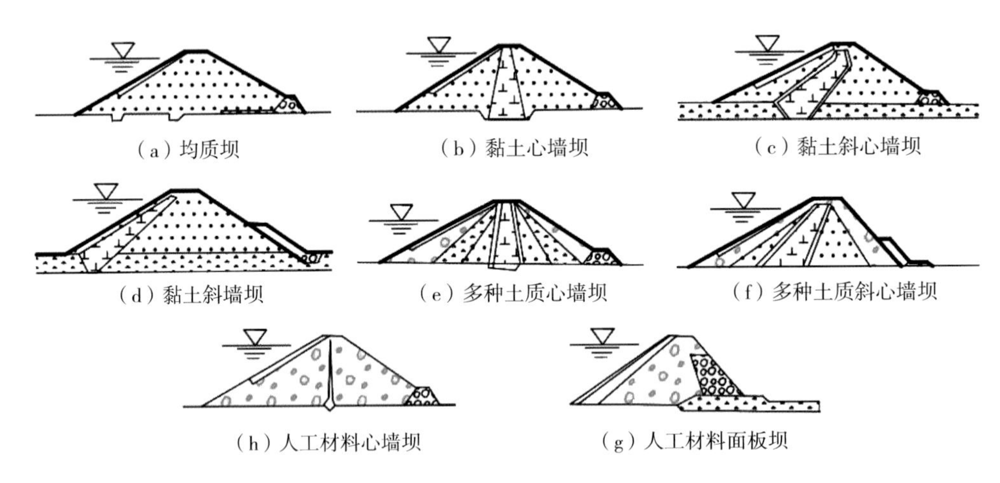

图 2－1　碾压式土石坝类型

2.1.2　土石坝的基本剖面

土石坝的基本剖面根据坝高、坝的等级、坝型、筑坝材料特性、坝基情况以及施工、运行条件等参照现有工程的实践经验初步拟定，然后通过渗流和稳定分析检验，最终确定合理的剖面形状。

1. 坝顶高程

坝顶高程等于水库静水位与坝顶超高之和，应按以下 4 种运用条件计算，取其最大值：

（1）设计洪水位加正常运用条件的坝顶超高；

（2）正常蓄水位加正常运用条件的坝顶超高；

（3）校核洪水位加非常运用条件的坝顶超高；

（4）正常蓄水位加非常运用条件的坝顶超高，再加地震安全加高。

当坝顶上游侧设有防浪墙时，顶超高是指水库静水位与防浪墙顶之间的高差，但在正常运用条件下，坝顶应高出静水位0.5m，在非常运用条件下，坝顶不得低于静水位。

坝顶超高 y 按式（2-1）计算（图2-2），对特殊重要的工程，可取 d 大于此计算值。

$$y=R+e+A \tag{2-1}$$

式中，R 为最大波浪在坝坡上的爬高，单位为m；e 为最大风壅水面高度，单位为m；A 为安全加高，单位为m，根据坝的级别按表2-1选用。式（2-1）中 R 和 e 的计算公式很多，主要都是经验和半经验性的，适用于一定的具体条件，可按《碾压式土石坝设计规范》（SL 274—2020）推荐的公式计算确定。

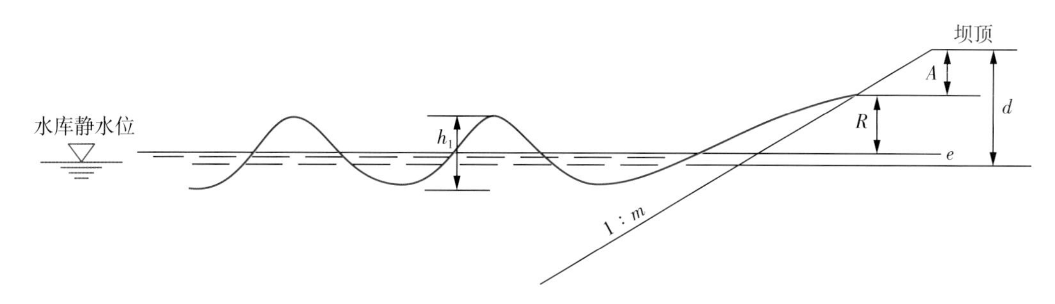

图2-2　坝顶超高计算图

表2-1　土石坝的安全加高 A 值

坝的级别		1	2	3	4，5
正常运行条件		1.5	1.0	0.7	0.5
非常运行条件	山区、丘陵区	0.7	0.5	0.4	0.3
	平原区、滨海区	1.0	0.7	0.5	0.3

设计的坝顶高程是针对坝沉降稳定以后的情况而言的，因此，竣工时的坝顶高程应预留足够的沉降量。根据以往工程经验，土质防渗体分区坝预留沉降量一般为坝高的1%。地震区的土石坝坝顶高程应在正常运行情况的超高上附加地震涌浪高度。根据地震设计烈度和坝前水深情况，地震涌浪高度可取为0.5～1.5m。对库区内可能因地震引起大体积塌岸和滑坡的涌浪高度应进行专门研究。设计地震烈度为Ⅷ度或Ⅸ度时，尚应考虑坝和地基在地震作用下的附加沉降量。

2. 坝顶宽度

坝顶宽度根据运行、施工、构造、交通和地震等方面的要求综合研究后确定。《碾压式土石坝设计规范》（SL 274—2020）规定：高坝顶宽可选为10～15m，中、低坝顶宽可选为5～10m。坝顶宽度必须考虑心墙或斜墙顶部及反滤层布置的需要。在寒冷地区，坝顶还须有足够的厚度，以保护黏性土料防渗体免受冻害。

3. 坝坡

坝坡坡率关系到坝体稳定以及工程量的大小。坝坡坡率的选择一般遵循以下规律。

（1）上游坝坡长期处于饱和状态，加之水库水位有可能快速下降，使坝坡稳定性处于不利地位，故其坡率应比下游坝坡缓，但堆石料上、下游坝坡坡率的差别可比砂土料小。

（2）土质防渗体斜墙坝上游坝坡的稳定受斜墙土料特性的控制，所以斜墙坝的上游坝坡一般较心墙坝缓。而厚心墙坝的下游坝坡，因其稳定性受心墙土料特性的影响，一般较斜墙坝缓。

（3）黏性土料的稳定坝坡为一个曲面，上部坡陡，下部坡缓，所以用黏性土料做成的坝坡，常沿高度分成数段，每段10～30m，从上而下逐段放缓，相邻坡率差值取0.25或0.5。砂土和堆石的稳定坝坡为一个平面，可采用均一坡率。

（4）由粉土、砂、轻壤土修建的均质坝，透水性较大，为了保持渗流稳定，要求适当放缓下游坝坡。

（5）当坝基或坝体土料沿坝轴线分布不一致时，应分段采用不同坡率，在各段间设过渡区，使坝坡缓慢变化。

土石坝的坝坡初选可参照已有工程的实践经验拟定。中、低高度的均质坝，其平均坡率约为1∶3。

当下游坝壳采用堆石时，土质防渗体的心墙坝常用坡率为1∶1.5～1∶2.5，采用土料时，常用1∶2.0～1∶3.0；上游坝壳采用堆石时，常用1∶1.7～1∶2.7，采用土料时，常用1∶2.5～1∶3.5。斜墙坝下游坝坡的坡率可参照上述数值选用，取值宜偏陡；上游坝坡则可适当放缓，石质坝坡放缓0.2，土质坝坡放缓0.5。

采用优质石料分层碾压时，人工材料面板坝上游坝坡坡率一般采用1∶1.4～1∶1.7，按施工要求，沥青混凝土面板坝上游坝坡不宜陡于1∶1.7；良好堆石的下游坝坡可为1∶1.3～1∶1.4，如为卵砾石，可放缓至1∶1.5～1∶1.6，坝高超过110m时，也宜适当放缓。人工材料心墙坝可参照上述数值选用，并且上、下游可采用同一坡率。

当坝基土层的抗剪强度较低，预计坝体难以满足深层抗滑稳定要求时，可采用在坝坡脚处压戗的方法以提高其稳定性。

从土石坝建设的发展情况看，上游坝坡除观测需要外，土质防渗体分区坝和均质坝，已趋向于不设马道或少设马道，非土质防渗材料面板坝上游坝坡则不设马道。根据施工、交通需要，下游坝坡可设置斜马道，其坡度、宽度、转弯半径、弯道加宽和超高等要满足施工车辆的行驶要求。斜马道之间的实际坝坡可局部变陡，但平均坝坡不应陡于设计坝坡。马道宽度按用途确定，一般不小于1.5m。

4. 土石坝的渗流分析

渗流分析的内容包括：确定坝体内浸润线，确定渗流的主要参数——渗流流速与比降，确定渗流量。

渗流分析的目的在于：土中饱水程度不同，土料的抗剪强度等力学特性也相应地发生变化，渗流分析将为坝体内各部分土的饱水状态的划分提供依据；确定对坝坡稳定有较重要影响的渗流作用力；进行坝体防渗布置与土料配置，根据坝体内部的渗流参数与渗流逸出比降，检验土体的渗流稳定性，防止发生管涌和流土，在此基础上确定坝体及坝基中防渗体的尺寸和排水设施的容量和尺寸；确定通过坝和河岸的渗水量损失，并设计排水系统的容层。渗流分析可为坝型初选和坝坡稳定分析打下基础。

在坝与水库失事事故的统计中约有1/4是由于渗流问题引起的，这表明深入研究渗流问题和设计有效的控制渗流措施是十分重要的。

坝体和河岸中的渗流均为无压渗流，有浸润面存在，大多数情况下可看作稳定渗流。但水库水位急降时，则产生不稳定渗流，需要考虑渗流浸润面随时间变化对坝坡稳定性的影响。

土石坝中渗流流速 v 和比降 J 的关系一般符合如下的规律：

$$v=KJ^{1/\beta} \tag{2-2}$$

式中，K 为渗透系数，量纲与流速相同；β 为参量，$\beta=1\sim1.1$ 时为层流，$\beta=2$ 时为紊流，$\beta=1.1\sim1.85$ 时为过渡流态。

注意，式（2-2）中的 v 是指概化至全断面的流速，实际土体孔隙中的流速较此高。

在渗流分析中，一般假定渗流流速和比降的关系符合达西定律，即 $\beta=1$。细粒土（如黏土、砂等），基本满足这一条件。粗粒土（如砂砾石、砾卵石等）只有部分能满足这一条件，当其渗流系数 K 为1～10m/d时，$\beta=1.05\sim1.72$，这时按达西定律计算的结果和实际会有一定出入。堆石体中的渗流，坝基和河岸中裂隙岩体中的渗流，各自遵循不同的规律，均需做专门的研究。

渗透系数通常在一定范围内变化。为保证工程安全，在实际工程中计算渗流量时，应采用土层渗流系数的大值平均值，计算水位降落时的浸润线则采用小值平均值。

土石坝施工时，坝体分层碾压，天然坝基也多由分层沉积形成，因此，渗流计算时，应考虑坝体和坝基渗流系数的各向异性影响。此外，黏性土由于团粒结构的变化以及化学管涌等因素的影响，渗流系数还可能随时间而变化。一般说来，土体中的渗流取决于孔隙大小的变化，从而取决于土石坝中的应力和变形状态，对高坝而言，渗流分析和应力分析是有耦联影响的。

对于宽广河谷中的土石坝，一般采用二维渗流分析即可满足要求。对于狭窄河谷中的高坝和岸边的绕坝渗流，则需进行三维渗流分析。

渗流对土体产生渗流力，从宏观上看，这种渗流力将影响坝的应力和变形形态，应用连续介质力学方法可以进行这种分析。从微观角度看，渗流力作用于无黏性土的颗粒以及黏性土的骨架上，可使其失去平衡，产生以下几种形式的渗流变形。

（1）管涌，指在渗流作用下，土中的细颗粒从骨架孔隙通道中被带走而流失的现象。这主要出现在较疏松的无黏性土中。

（2）流土，指在向上渗流作用下，表层局部土体被顶起或粗细颗粒群发生浮动而流失的现象。前者多发生在表层为黏性土或由其他细粒土组成的土层中，后者多发生在不均匀砂土层中。

（3）接触冲刷，指渗流沿着渗流系数不同的两种土层接触面或建筑物与地基接触面流动时，将细颗粒沿接触面带走的现象。

（4）接触流土，指在渗流系数相差悬殊的两种土层交界面上，由于渗流垂直于层面流动，将渗流系数较小土层中的细颗粒带入渗流系数较大土层中的现象。

前两种渗流变形主要出现在单一土层中，后两种渗流变形则多出现在多种土层中。黏性土的渗流变形形式主要是流土。渗流变形可在小范围内发生，也可发展至大范围，导致坝体沉降、坝坡塌陷或形成集中的渗流通道等，危及坝的安全。

土石坝的防渗设计在于选择好筑坝土料以及坝的防渗结构形式、过渡区和排水反滤等，以防止渗流变形对坝的危害。防渗体用以控制渗流，减小逸出比降和渗流量。过渡区用以实现心墙或斜墙等防渗体与坝壳土料的可靠连接，并防止渗流变形。反滤则是实现坝体、坝基与排水的连接，防止管涌与流土。

2.1.3 筑坝用土石料及填筑标准

就地取材是土石坝的一个主要特点。坝址附近土石料的种类及其工程性质，料场的分布、储量、开采及运输条件等是进行土石坝设计的重要依据。近年来，由于筑坝技术的发展，对筑坝材料的要求已逐渐放宽。原则上讲，一般土石料都可选作碾压式土石坝的筑坝材料。对设计者的要求是选择适宜的坝型，将土石料在坝体内进行适当的配置，以使所选择的坝型和所设计的坝体剖面经济合理、安全可靠和便于施工。

对筑坝土石料提出的一般要求：

(1) 具有与使用目的相适应的工程性质，例如，防渗料具有足够的防渗性能，坝壳料具有较高的强度，反滤料、过渡料、下游坝壳水下部分土石料具有良好的排水性能等；

(2) 土石料的工程性质在长时期内保持稳定，例如，在大气和水的长期作用下不致风化变质，在长期渗流作用下不致因可溶盐溶滤形成集中渗水通道，在高水头作用下有足够的抗渗流稳定性，在地震等循环荷载作用下不会产生过大的孔隙水压力等；

(3) 具有良好的压实性能，例如，防渗体土料的含水率接近最优含水率，无影响压实的超径材料，填土压实后有较高的承载力，有利于施工机械的正常运行等。

防渗体土料的选择原则如下。

(1) 防渗性。渗透系数小于 1×10^{-5}cm/s 即认为满足要求，均质坝或较低的坝可放宽至 1×10^{-4}cm/s。

(2) 抗剪强度。坝体稳定主要取决于坝壳强度，一般防体的强度均能满足要求。斜墙防渗体的强度影响坝坡坡率，比心墙有更高的要求。

(3) 压缩性。与坝壳料的压缩性不宜相差过大。浸水后的压缩性变化也不宜过大，以免蓄水后坝体产生过大的沉降。

(4) 抗渗稳定性。级配较好，在渗流作用下有较高的抗渗流变形能力；有塑性，发生裂缝后有较高的抗冲蚀能力。

(5) 含水率。最好接近最优含水率，以便于压实。含水率过高或过低，需翻晒或加水，增加施工复杂性，延长工期和增加造价。特别在多雨地区，降低含水率十分不易。从降低孔隙水压力的观点出发，希望将含水率控制在最优含水率 0.5%～1%以内。含水率适度、压实的黏性土易出现裂缝，故高坝防渗体顶部有时采用塑性较大和未充分压实的黏性土。

(6) 颗粒级配。小于 0.005mm 的黏粒含量不宜大于 40%，一般以 30%以下为宜。因为黏粒含量大，土料压实性能差，而且对含水率比较敏感。土料中所含最大粒径不应超过铺土厚度的 2/3，以免影响压实。希望颗粒级配良好，级配曲线平缓连续，不均匀系数不小于 5。

(7) 膨胀量及收缩值。膨胀土吸水膨胀、失水收缩比较剧烈，易出现滑坡、地裂、剥落等现象，应有限制地用于低坝。红黏土的天然含水率高，压实干容重低，但其强度较高，防渗性较好，压缩性不太大，可用来筑坝。不过，由于其黏粒含量过高，天然含水率常高出最优含水率很多，施工不便，对这样一些特殊类型的土，要加强研究，并采取适当的工程措施。

(8) 可溶盐及有机质含量。应符合规范要求，有机质含量均质坝不大于 5%，心墙和斜墙不大于 2%；水溶盐含量不大于 3%。

对以上原则应结合料场的实际情况进行综合考虑、比较和选择，因为土料的某些性质常常是互相矛盾的，如在压实功能大体上相近的条件下，土料黏粒含量越高，防渗性能越好，可塑性也好，但强度越低，压缩性越大，施工困难增多。这就有一个权衡和优选的问题。

各种土的工程特性及适用性可参见表 2-2。表中字母 A、B、C 代表优选的顺序，透水性指压密后的透水性，抗剪强度和压缩性均指压密饱和后的性质。

表 2-2　各种土的工程特性及适用性

土的分类及符号		重要工程性质			建坝的适宜性	适合的建坝部位		
		透水性	抗剪强度	压缩性		均质坝	心墙、斜墙	坝壳
砾质土	GW	透水	很好	可不计	最好			A
	GP	很透水	很好	可不计	很好			A
	GM	微透水	很好	可不计	很好	A	A	
	GC	不透水	接近很好	很低	很好	A	A	
砂质土	SW	透水	最好	可不计	最好			A
	SP	透水	很好	很低	好			B
	SM	微透水	很好	低	好	A	B	
	SC	不透水	接近很好	低	很好	A	A	
细粒土	ML，MI	微透水	好	中	好	B	B	
	CL，CI	不透水	好	中	较好	B	B	
	OL	微透水	差	中	差	C	C	
	MH	微透水	较好	高	差	C	C	
	CH	不透水	差	高	差	C	C	
	OH	不透水	差	高	差	C	C	
有机土	P	不透水						

坝壳料的作用及要求如下。

主要用来保持坝体的稳定，应具有比较高的强度。下游坝壳的水下部位以及上游坝壳的水位变动区内则要求具有良好的排水性能。砂、砾石、卵石、漂石、碎石等无黏性土料以及料场开采的石料和由枢纽建筑物中开挖的石渣料，均可用作坝壳料，但应根据其性质配置于坝壳的不同部位。均匀中细砂及粉砂等一般只能用于坝壳的干燥区，若应用于水下部位则应进行论证，并采取必要的工程措施，以避免发生不利的渗流变形和振动液化。

对反滤料、过渡料及排水材料的要求如下。

应采用质地致密坚硬、具有高度抗水性和抗风化能力的中高强度的岩石材料。风化料一般不能用作反滤料。宜尽量利用天然砂砾料筛选，当缺乏天然砂砾料时，亦可人工轧制，但应选用抗水性和抗风化能力强的母岩材料。

对反滤料的要求，除透水性和母岩质量外，还应满足级配要求。根据一般经验，粒径小于0.075mm的颗粒含量影响反滤料的透水性，故不应超过5%。

2.2 土石坝渗漏隐患的特点

近年来，调查发现水库病险主要包括坝体、坝基、坝肩及放水设施的渗漏，坝面开裂、塌陷、滑坡，坝体抗滑稳定不能满足规范要求，大坝防洪标准不够和水库附属设施不满足要求等。究其产生的原因，有的是工程建设质量差，有的是工程年久老化失修，而更加重要的原因在于工程地质问题所引发的病险，大部分与地质因素有关，其中坝体和坝基渗漏是较为常见的病害问题之一。土石坝的渗漏主要有坝基渗漏（图2-3）、坝体渗漏（图2-4）、接触带渗漏（图2-5）。

2.2.1 坝基渗漏问题

土石坝大多数建在第四系松散覆盖层之上，对坝址区的工程地质情况认识不清，在施工中清基不彻底或坝基未做防渗处理以及处置措施失效导致坝基渗透性过大，呈现出中等强度透水，表现为片状渗漏现象；有一部分修建在岩石之上，但岩体风化严重，局部有破碎带、裂隙、夹层和断层等不良地质体，可能导致集中渗漏安全问题；对于碳酸盐地层的水库大坝，由于岩溶通道以溶隙、溶洞等形式连通而导致渗漏量较大，因发生在岩体中相对稳定的部位，对水库大坝的安全影响较小，但长期的渗漏隐患严重影响水库效益。

2.2.2 坝体渗漏问题

在早期进行大坝修建时，对大坝填筑材料的性质及质量认识不足，大部分直接在库区山坡上的残坡积土层中取料，填筑中未充分对填筑料进行筛选，导致填筑料中含有较多的碎石或者强透水散粒体，并且坝壳与防渗体的填筑料未进行差异化填筑，从而导致防渗体的物理力学指标不能满足现行规范的要求。还有一部分大坝在修建过程

图 2-3　大坝的坝基渗漏

中历经多次加固，不同时期的填筑料及填筑质量也具有一定的差异，尤其在新老坝体接触的部位，若处理不善，将会成为渗漏薄弱带而呈现层面散浸现象，严重时出现管涌、流土、塌陷以及滑坡等安全问题，应引起足够的重视。

图 2-4　大坝的坝体渗漏

2.2.3　接触带渗漏问题

水库大坝与坝肩岩体的接触带渗漏问题也是最常见的渗漏形式。在筑坝时，受当时的经济技术条件限制，有相当一部分大坝清基不彻底，未把坝体与坝基之间存在残坡积、冲洪积等全部清理干净，加之后期对该部位的防渗处理措施也不到位，存在绕坝渗漏或接触渗漏现象，并且渗漏水量较大，部分水流经坝体之后会出现浑水现象。

图 2-5　大坝的接触带渗漏

据调查，引起土石坝产生渗漏的主要原因有以下几点。

1. 勘察设计方面

由于当时的技术和经济条件的限制，大部分中低土石坝进行设计、建设之前没有进行水文地质勘测，导致在设计时对当地的水文地质情况不了解，尤其对复杂的气候环境变化下的影响考虑不全，造成设计中的防渗措施不甚合理，在水库建设完成后大坝出现渗漏问题。

2. 施工建设方面

由于土石坝特别是低土石坝施工工艺简单，工程投资较少，加上施工单位的水平良莠不齐，在施工期间如果没有严格按照规范要求进行施工，非常容易产生质量问题，从而导致土石坝发生渗漏。此外，筑坝土料质量不符合规范要求，如含有杂质、透水性大，施工时碾压不密实、压实度无法满足要求等。

3. 输水设施问题

穿坝涵管是水库大坝产生渗漏的常见问题，早期涵管主要以预制混凝土、砌砖、陶瓦管、木管和竹管等为主，历经多年运行，在大坝不均匀沉降、与坝体之间的耦合以及自身材料缺陷等多重因素的作用下，输水涵管引起的大坝失事问题屡见不鲜。

4. 白蚁病害问题

我国南方地区的土石坝填筑料以黏性土、粉质黏土为主，并且含水量较大，适宜的气候和温度为白蚁提供良好的生存环境，因此白蚁隐患问题成为当地的突出病害问题。在汛期，白蚁洞穴成为水库渗漏的通道，从而破坏大坝的安全运行。

5. 管理不完善问题

由于小型水库功能主要以灌溉、供水为主，工程效益较低，从而造成管理经费有限，缺乏专业化的人员从事有关的日常运行维护工作，部分水库缺乏上坝道路、坝脚巡查道路、网络信号以及用电设施等，安全巡查不能够有效保障，可能因人为疏忽导致大坝渗漏或险情的发生。

6. 坝体自身的老化问题

土石坝的本身结构是由土石混合填筑料碾压而成的，材料本身具有老化特性，在长期内外动力作用下将发生自身的老化现象，造成填筑料防渗、抗滑稳定能力降低，产生大坝渗漏隐患现象。

2.3 土石坝渗漏诊断新技术

2.3.1 土石坝渗漏诊断探测技术

土石坝工程的填筑材料为散粒体结构，本质具有渗流的特性。另外，有些大坝历史上进行了多次加高培厚修筑，从而造成坝身堤身不均匀、不连续等问题，为渗漏、流土、管涌等险情发生提供了条件。由于气候变化导致极端天气事件频发，极端暴雨事件频繁出现，超标洪水将促进大坝内部存在的隐患进一步恶化，从而使发生险情的概率显著提高。因此，为确保江河库坝工程安澜，把无损探测及检测技术应用于土石坝工程渗漏隐患的汛前检测、汛中应急以及汛后评估尤为重要，本节主要介绍常用土石坝渗漏诊断的物探探测方法及相关的进展。

1. 高密度电法

近年来，高密度电法的测量系统、采集方法以及成果解译等方面逐渐走向成熟，高密度、大数据、可视化以及短耗时等优势越发显现，在工程勘察、地灾防治、环境评价以及城市地质等领域得到广泛的应用，一定程度上已成为工程物探领域首选的技术手段。

2012年，宋先海等（2012）采用美国AGI公司生产的SuperSting多通道电阻率成像探测系统在大幕山水库进行渗漏探查试验，并对实测资料利用仪器配套的Earth Imager 2D软件进行反演分析，试验结果检验了高密度电法探测土石坝渗漏隐患的有效性和适用性，也指出对于非均匀性较强坝体的检测效果还需要进一步研究；胡雄武等（2012）为改进堤坝电阻率测试技术，提出了并行电法快速检测方法并建立相应的检测系统，通过土石坝三维电阻率的联合反演提升了渗漏通道的识别能力，但也指出受堤坝场地的限制，探测系统难以有效解决绕坝渗漏的难题。高密度电法属于体积勘探，探测精度随目标体的深度、规模、电性差异以及外界噪声等条件的变化而不同，胡雄武等（2018）为降低三极装置数据体非对称性引起的渗漏位置的偏移，提出了三极左右装置数据联合反演的思路。

当前，土石坝中存在渗漏隐患的水库、堤坝高度较低，一般在30m以内，这一定程度上促使高密度电法成为直流电法中应用最频繁的分支。从工程应用效果上来看，高密度电法也的确发挥了重要的作用，但电阻率法技术的分辨率问题一直还未得到解决，为水库大坝精细化诊断及透明化建设带来不少的障碍。

(1) 众所周知，堤坝本身具有特殊的形态结构，与基于半空间的电场传播理论存在明显的差异，由于大坝结构的变化，在不同深度、不同位置影响视电阻率值差异的强度也有所不同。因此，根据大坝的结构特点对视电阻率值的修正成为提高渗漏精准诊断的关键。

(2) 同一时期修建的土石坝工程可能在填筑材料、填筑工艺等方面存在一定的差异，但经多年运行之后，大坝填筑料与水之间建立的平衡相对也具有一定的均一性、渐变性。然而，在水库大坝维护加固中，采用不同的加固方法及材料可能打破大坝本身的均匀性，形成不规则变化的异常体，从而引起大坝内部的电阻率图像上显示非渗漏的畸变异常，为渗漏隐患的解译带来干扰。

(3) 新时期，堤防工程的应急抢险工作对地球物理探测技术提出更高的要求，然而高密度电法采用接触耦合的测量模式，从而限制了高密度电法的应用场景。因此，研发一套能高效、准确、可靠显示探测成果的技术装备将有更广阔的应用前景。

(4) 利用高密度电法监测土石坝渗流状态越来越得到工程技术人员的认可，但实现电阻率断面的智能识别与预警需要对探测数据有更深刻的认识。目前高密度电法不同视电阻率探测成果具有一定的差异性、相关的线性反演计算程序依赖于初始模型以及海量监测数据的综合分析等问题还有待研究。

2. 自然电位法

自然电位法是比较传统有效、无需人工供电的土石坝渗漏探测技术，但在使用过程中存在需要采用不极化电极且工作效率低等问题，通常作为其他方法的辅助手段。陈贻祥等（2018）提出采用水中自然电场法探测库区内库底的岩溶渗漏通道，并结合工程应用提出一些改进建议；周竹生等（2019）提出一种适用于起伏地形的自然电位三维网格剖分方法，并分析了渗流走向、起伏地形对地表自然电位分布的影响。

自然电位可直接感应土石坝内部水体渗漏及流动的异常信息，换句话说，所有的渗漏隐患都一定程度上造成自然电位的变化。但是，自然电位对浅地表的异常响应较大，而对于深度异常的分辨力较差，并且土石坝本身就存在正常的渗流问题，如何判别异常渗漏的幅度与精确识别也是重要课题。随着水库大坝监测设备的不断完善，大坝上的金属材料、高压电缆以及钢筋结构等都会给自然电位数据带来严重的干扰，不极化电极的安装耦合条件、库区的波浪以及自然电场的日变等也影响对渗漏异常微弱信号的判读，上述各种干扰一定程度上影响了自然电位法作为独立的手段在堤坝渗漏隐患探测中的推广应用，因此，建议在应用中应与其他手段进行优化组合。

3. 探地雷达法

探地雷达是地球物理无损检测的重要手段，测试设备轻便，采用车载或机载等移动媒介极大地提高了工作效率，尤其三维雷达的快速发展，具有更快的速度、更高的精度以及更宽的覆盖面，实时的扫描测量可获得地下介质的连续剖面信息，在水利工程隐患探测中具有独特的优势。探地雷达在堤坝渗漏探测中根据电磁波对水的响应以及电磁波在不同介质中的传播特征，从而指示富水带的深度以及大坝内部隐患区的范围、深度等，结合坝脚渗漏情况推断出渗漏薄弱带。在集中渗漏通道处，通道与周围填筑料处于饱和状态，从而与防渗体形成介电常数和电导率明显不同的分界体，当电磁波传播到该区域时，波场发生突出形成绕射现象，表现为波组错断或内部能量较低的反射特征。因此，根据地面不同的位置所接受的电磁波特征从而区分出渗漏通道的位置、深度等信息；对于碾压密实的均质坝而言，雷达波在坝体上反射波较弱，同相轴连续且波形能量衰减平缓，同时在浸润线附近常表现为条带状连续强反射。

2011 年，张伟等（2011）总结了探地雷达在堤坝渗漏、空洞以及裂缝等方面的探测基础及图像特征，根据工程实例也指出了探测深度和数据处理方面需进一步改进；吴学礼等（2017）采用雷达分析程序包研究了 MATGPR 水库坝基空洞隐患的电磁波扩散特征；张扬等（2019）使用 GprMax 2D 软件并结合自行开发的 MATLAB 程序模拟了多种组合隐患，并对堤防不同的隐患进行了实测分析。

当前，地质雷达探测技术已成为堤防、水库大坝隐患探查的标配探测方法，探测分辨率高、移动速度快等优势在工程应用中得到充分体现。但是，在堤坝渗漏探测方面，限于渗漏隐患体体积等因素的影响以及地质雷达的探测原理，还不能把土石坝内部的渗漏隐患直观地显现出来。此外，堤坝路面的不平整一定程度上也造成距离上的误差，建议在短距离、精细化检测中应采用点测模式。

4. 弹性波法

刘润泽等（2013）以时移地震堤坝监测为例，提出时移地震的正演思想、反演模型及非重复性时移地震数据匹配处理的基本思路，并分析了具体监测过程中还需要解决的难题；王远明等（2019）为应对总长度巨大的堤防检测，研发了一套牵引车拖曳、自动激发装置集成的快速数据采集系统，并在佳木斯市汤原县胜利堤防进行试验；王玉涛等（2020）采用钻探、声波测试、孔内电视及压水试验等多种手段评价采空塌陷对红岩河水库渗漏的影响，有力保障了矿井的安全开采。

从以上应用研究成果来看，基于弹性波理论的地震发射波、面波以及声波等都在土石坝渗漏隐患探查中发挥了重要作用，但采用人工施加震源的勘探方法在实践中的工作效率较低，并且大坝填筑材料本身的差异为弹性波勘探带来了虚假信息。

（1）在探测时，瑞雷面波的探测深度较低，而天然面波探测深度较大，但是天然面波在浅部存在一定的盲区。因此，在勘探过程中建议将二者相互结合，从而实现大深度、无盲区地对土石坝的岩土体进行划分。

（2）由于弹性波在渗漏探测中通过岩土体的密度、速度等信息间接推断出渗漏薄弱带，但面波等探测方法在识别岩土体结构方面具有特征的优势，建议把面波与高密度电法联合起来形成综合探测集成技术，通过面波探测出的土石坝边界来约束电阻率数据的反演，从而提高高密度电法的反演精度和深度信息。

（3）随着面板坝、重力坝等坝型的增大，大坝迎水坡水下入水口的检测也将成为不久的将来要解决的重要问题。因此，具有可视化功能的三维成像声呐具有不可比拟的优势。

5. 瞬变电磁法

瞬变电磁法的研究对象为纯二次场的变化，对低阻异常体的信号响应更明显，并且天线平行于坝顶铺设可连续获得全大坝的信号，具有指向性强的优点。随着仪器设备的高度集成化，采用封装、模块化的多匝小线圈可按照约定的步距移动线圈，即可满足大坝高效、轻便化巡测的要求。

孙忠等（2018）采用自主研发的 MiniTEM－Ⅱ型浅层瞬变电磁探测系统对渗漏大坝进行探测，经方案设计、仪器参数选择、施工过程、数据处理与解释、地质资料等严格的环节控制取得较好的效果；2021 年，赵汉金等（2021）考虑到电法对水比较敏感，把并行电法和瞬变电磁方法联合起来用于土石坝隐患的探查，探测成果为水库大坝的定向防渗处理提供靶区。

瞬变电磁具有非接触式的测量模式，并且测得的电阻率数据能直观反映出土石坝内部的渗漏隐患，随着拖曳式线圈技术的发展，未来具有广阔的应用空间。

（1）当前，受土石坝坝顶空间的限制，大多采用多匝小线圈进行工程勘探，但受线圈之间的自感与互感以及仪器设备关断时间的影响，大坝浅部会形成一定的盲区。因此，尽可能把探测的盲区缩小到坝顶与正常蓄水位高差之外是提升瞬变电磁推广应用的关键。

（2）在对瞬变电磁成果解译时，大多数根据视电阻率的断面图来解译，从而造成成果在纵向上分辨力较低，下一步应该加大瞬变电磁反演方面的工作，尤其是针对大坝特殊结构模型的再重构。

6. 示踪监测法

示踪监测法相对于其他物探法对渗漏通道之间的水力联系反映更加直接，通过示踪剂时空的变化能有效确定渗漏通道的走向、位置以及路径等信息。示踪监测法主要包括同位素示踪法、连通性试验、水化学分析等，通过在大坝上游或渗漏入口投入同位素示踪剂、荧光素、食品级颜料或其他对环境无毒害的颜料示踪剂，根据分析渗漏出口的水化学成分（如氯离子，硫酸根离子，重碳酸根离子，钙、镁、钾、钠等离子）的监测数据随时间的变化，以判断水流的连通性及渗漏通道是否存在。

2011 年，王怀胜（2011）以同位素钪 46（^{46}Sc）作为示踪剂，采用放射性同位素示踪剂吸附法检测水库渗漏的原因，有效排除了可疑的渗漏部位；2018 年，田金章等（2018）在前期对水库资料分析、水下声呐以及人工详查的基础之上，采用食品级颜料作为连通试验的示踪剂，查明了面板坝的渗漏破损区；张清华等（2021）以某水库渗漏为例，采用温度和电导率天然示踪剂的大小作为判定渗漏通道的定性依据，利用人工示踪剂确定渗漏的速率与高程，并提出了防渗处理设计方案。

采用电导率、温度等天然示踪剂是示踪试验应用最为广泛的探测手段，具有成本低、效率高、无污染等优点，为诸多水库大坝查明了渗流隐患。但由于天然示踪剂在定量确定渗漏通道的参数及路径方面存在不足，人工示踪剂能有效弥补这方面的不足而得到了工程技术人员的青睐。另外，在使用人工示踪剂作为探测手段前，建议采用其他手段大致确定出渗漏通道的位置及深度，一定程度上能避免示踪剂投放的盲目性。总而言之，示踪试验是确定渗漏通道进、出水口相连通的最佳手段，在土石坝渗漏探测中尤其适合解决土岩结合部的绕坝渗漏问题。

7. 其他方法

多年来，土石坝渗漏问题成为水利行业重要的工程难题，一批批学者、技术人员围绕渗漏隐患探测技术开展大量的理论研究、试验模拟以及工程应用的研究工作，因此许多新的技术方法都不断被研发和引进到渗漏探测领域，从而提升了探测技术。

胡盛斌等（2020）提出了以时差法测量的声呐渗流矢量法，利用研制的声呐渗流测量仪对基坑防渗墙进行探测，揭示防渗墙三维空间渗流场的分布规律。

国家大坝安全工程技术研究中心、长江勘测规划设计研究院等单位针对水库大坝渗漏隐患水深大、点分散、流速小、隐蔽性强的特点，提出了视声一体化深水渗漏探测技术，具体是以水下声呐探测技术优先确定渗漏异常区，再采用水下机器人高清示踪定位入渗点的位置，为大坝深水渗漏检测提供成套技术（田金章 等，2018）。

徐磊等（2021）采用磁电阻率法对平原水库渗漏探测，通过地下电流分布模型推测出水库的渗漏示意图，可快速、无损、高效地三维可视化展示渗漏通道的分布，但在检测过程中点的定位信息要求较高。

王玉磊等（2020）设计基于无人机携带红外热像仪的大坝渗漏巡检系统，为高效率地发现小型水库坝体早期非稳定渗漏提供了手段。

光纤具有耐高温、抗腐蚀、抗高温的优势，可实现分布式或准分布式对堤坝内部电压、电流、温度、应变、湿度、加速度、位移等参量的感测。董海洲等（2013）利用热平衡理论及坝体周围岩土体温度变化与集中渗漏流速关系建立数学物理模型，定量分析出渗漏区的渗漏位置、渗漏半径、渗漏流速等参数。

2.3.2　土石坝渗漏诊断探测技术面临问题

从2.3.1小节可知，土石坝隐患探测方法、技术以及装备日益丰富，为渗漏探查提供了强大的技术支撑，尤其是新方法还在不断地吸收、引进以及试验之中。同时，相关技术人员也加大力度把传统技术拓展到新的应用场合，并注重综合物探的合理利用以缓解多解性的问题，可以说为保障土石坝安全运行起到重要作用。但是，随着土石坝长期服役老化问题的加剧，管理人员对渗漏探测的精度、速度提出更高的要求，从而对当前行业技术提出新的挑战。

（1）土石坝渗漏隐患探测方法种类很多，但大多数直接从地矿、煤田、交通等行业直接移植而来，基本上局限于工程应用，很少考虑土石坝的特点而进行有关理论、技术以及仪器设备方面的改进，一定程度上限制了探测精度的提升。

（2）水库大坝渗漏诊断的目的是服务于除险加固方案的设计及施工，但当前查漏与堵漏工作被人为隔离开来，导致二者信息不能相互反馈，因此把探测与处理集成一体形成专项技术对土石坝诊治能起到事半功倍的效果。

（3）直流电法是渗漏探测最有效的方法，但高密度电法分装置采集的效率较低，因此采用全通道数据的同步采集将大大提高工作效率、数据量，为土石坝渗漏隐患的深度解译提供丰富的地电信息。另外，改进传导类电法的接触方式，实现拖曳式连续测量也是重要的技术难点。

(4) 土石坝渗漏隐患的产生、发展以及恶化是动态运动的过程，地球物理的探测工作只是针对特有时间点静态采集数据的状态，并不能预测、预判隐患的发展态势。为了加强数字水库的智能化管理，开展基于地球物理原理的隐患全时空演化过程是精准诊断及评价土石坝的主流发展趋势。

2.4 并行电法探查技术

从上节的水库大坝渗漏探测方法可以看出，当前的探测手段与工程实践的要求还存在一定的差距，为此安徽理工大学与浙江省水利河口研究院联合将并行电法技术应用于土石坝的渗漏诊断中，经过十余年的不断研发与应用，解决了许多工程难题。

2.4.1 基本原理

并行电法仪器的数据采集方式采用的是一种拟地震的采集方式，电法勘探的信号产生主要是通过供电电极 A、B 向大地供电，而地震勘探主要是单点激震，针对这种情况，网络并行电法仪器主要采用单极供电（AM 法）与偶极子供电（ABM 法）这两种方式来进行数据采集与处理。

并行电法勘探建立在高密度电法勘探设备的基础上，它不但能完成传统电法的各种测量，而且能极大地提高野外勘探的效率与采集海量数据。并行电法仪的起点是传统高密度电法勘探，并行、海量、高效数据采集与处理是该系统的核心。一般的高密度电法仪在传统电法仪的基础上加上了单片机电极转换控制系统，通过多芯电缆与电极的连接来构成，整套系统只有一个 A/D 转换器，导致其只能串行采样，要实行并行采样就必须使每一电极都配备 A/D 转换器，而能自动采样的电极相当于智能电极，智能电极通过网络协议与主机保持实时联系，在接受供电状态命令时电极采样部分断开，让电极处于供电状态，否则一直工作在电压采样状态，并通过通讯线实时地将测量数据送回主机。通过供电与测量的时序关系对自然电场、一次场、二次场电压数据（图 2-6）及电流数据自动采样，采样过程没有空闲电极出现。智能电极与网络系统结合，实现并行电法勘探，实现拟地震式勘探数据采集，优化采集方式，节约数据采集时间，提高效率，从而大大降低电法数据的采集成本。

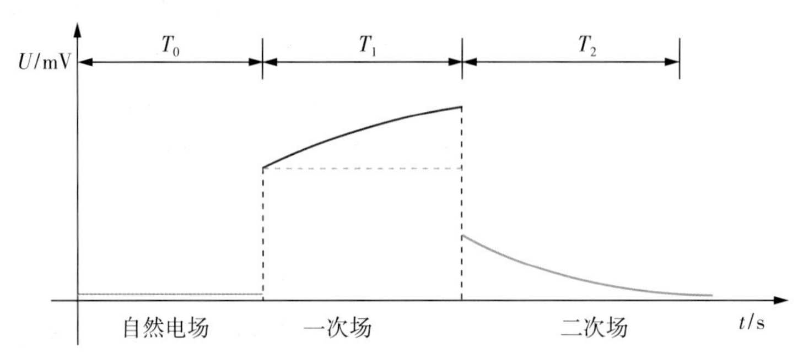

图 2-6 单个电极采集的电位时间序列图

并行电法测试技术在位场数据采集方面与常规高密度电法相比具有以下优势：

(1) 与传统串行采集方式相比，其测试效率提高了 $n-1$ 倍，数据量为常规高密度电法的1365倍（$n=64$），具有“超高密度”数据特点；

(2) 在进行现场布置时，可以将供电负极B置于库内水位下且分别布置在坝左、坝中和坝右侧三处进行测试，测试时电场穿透整个堤坝，其采集数据所含信息丰富、覆盖全面；

(3) 测试时两次倒转供电电极顺序（仪器自动程控），获取左、右全场观测数据，实现电法测线双向互换测量，减小数据误差；

(4) 位场数据同步并行采集，避免了高密度电法数据采集受不同观测时间的干扰；

(5) 采用多次覆盖式测量，利用供电电极和测量电极之间的互换测量，极大地丰富了地电信息，实现高分辨、全透视测量，海量的数据体为跨孔、孔地以及立体化成像提供可靠性的基础数据。

在电阻率反演方面，并行电法测试技术与常规高密度电阻率法相比具有以下优势：

(1) 并行电阻率反演采用电位差数据直接反演，反演拟合精度高，避免了高密度电法观测数据受装置（如二极、三极或四极装置）方式的限制；

(2) 位场观测数据海量，所含信息丰富，反演后分辨能力提高；

(3) 采用多测线联合立体电阻率反演，更加符合电场真实的传播规律，减弱了高密度电法测试的体积效应，进一步降低测试异常区的空间不确定性。

从以上可看出，由于并行电法技术是一种实时全电场观测技术，是在高密度电法技术之上的最新一代电法数据采集与处理技术，其特色是在供电的同时获得所有电极的自然电场、一次场、二次场的全部数据，将电阻率法和激电法合二为一，改变了目前电法勘探的采集模式，使其工作效率提高，压制噪声能力增强，同步完成高密度电法的多种装置数据采集；由于采用并行电法技术，在数据采集时具有同步性和瞬时性，使得到的电性图像瞬态真实，大大提高了视电阻率的时间分辨率，使电法监测成为现实。

2.4.2　地电场法测试系统布置

1. 测试系统

水库渗漏测试时采用并行电法系统，主要包括并行电法测试主机和采集箱、电法测试线缆及配套的铜电极等。目前，所采用的NPEI-DHZI-1型网络并行电法仪器系统最多可设置64个电极通道，可以一次性采集二极、三极、四极在内的装置类型的数据，通过数据的解编处理后可以获得温纳二极、温纳三极、温纳四极、温纳偶极、温纳微分的数据，极大地减小了现场的数据采集时间。同时，现场测线的不同布置方式可以实现坝体的数据三维反演，更为直观地分析坝体内的隐患状态。图2-7为NPEI-DHZI-1型网络并行电法测试系统的照片。

并行电法仪电源/控制模块是电法仪器主机的外置适配器，内置微型计算机，全触控操作。电源/控制模块随机安装有电法采集与分析软件，通过软件设置仪器的工作参数、控制仪器采样及回收、存储数据、显示采样波形等，并为仪器提供工作电源。电源/控制模块内置高性能锂电池，方便用户户外使用。

图 2-7 NPEI-DHZI-1 型网络并行电法测试系统

1）主要技术指标

（1）电源/控制模块输入电源

交流电源：220V±10%，50Hz±2%，250VA。

直流电源：输入电压范围 9～18V，最大输入电流 15A。

（2）电源/控制模块输出电源

电法仪工作电源：输出电压范围 9～17V，最大输出电流 4A。

发射电压：输出电压 0V、24V、48V、72V、96V 分档切换，最大输出电流 125mA。

内置锂电池组，锂电池标称值：14.8V、30000mAH。

充电时间：10 小时。

2）系统主要特点

（1）并行、同步、高效率全电场数据采集系统；

（2）远程控制、无人值守的自动监测系统；

（3）信噪可视化数据波形文件，去噪能力强；

（4）内置 DSP 芯片，大量数据处理在底层进行，提高了数据通信、处理、可视化效率；

（5）实现四维电法数据的采集，可动态监测探测区域内的电阻率与激化率变化，便于研究探测对象的电性变化规律；

（6）低功耗设计，高信噪比、小电压、大测深。

2. 测线布置

面向黏性土填筑的土石坝，此种环境为电极测线的布置提供便利，采集的数据质量好，便于后续处理。并行电法测线电极数量可根据坝长和勘探目的任意选择，无穷远线可充分利用大坝下游坝脚区域的有利地势合理布置。

一般将测线沿坝顶轴线、坝坡进行纵向布置，以了解测线电性剖面异常的延续性。

如果需对绕坝进行测试，要将测线延长至两边山坡，使得测线覆盖探测目标区进行数据采集。

电法探测异常体的三个因素：异常体大小，距电极的距离，电阻率的反差。针对水库渗漏探测，一般要求库水位较高，渗漏点具有一定渗流量，此时探测效果较好；坝长与坝高较为适中，两坝头山体不宜太陡峭；坝体表面无硬化层，如水泥沥青路面、坝坡块石护坡等。

3. 采集方式

坝体测试采用并行电法的AM和ABM两种方式进行数据采集。

AM法工作模式：恒流时间采用0.5s，采用时间间隔为50ms，供电方式一般采用单正法。采样时间为96s。可对采集数据进行温纳二极、温纳三极等装置数据处理。

ABM法工作模式：恒流时间采用0.2s，采用时间间隔为100ms，供电方式单正法。采样时间为1209s。可对采集数据进行温纳四极、温纳微分、温纳偶极等装置处理。

其中，AM法观测系统所测量的电位场为单点电源场，该方式布置与常规二极法相同。布置时采用1根无穷远极（∞）B极，1根公共电极N，提供参照标准电位，如果将公共电极N放置在距测线无穷远处，则此时探测的AM法数据可以提取二极和三极装置的数据格式；如果将公共电极N放置在测线的附近，则此时所测得的数据包含所有的三极装置需要的数据内容，如果需要某种装置格式的数据，只需将AM数据按照一定的电极排列方式进行抽取即可。当测线任一电极（电极A）供电时，其余电极（电极M）同时在采集电位。对AM法采集数据，一次测量，可以进行二、三极装置的高密度电法反演和高分辨地电阻率法反演，可实现高密度电法勘探中的温纳二极法、温纳三极A、温纳三极B（图2-8为AM法解编后电极电位分布及数据采集图）。

其中，ABM法采集数据所反映的是偶极子供电情况，为一对电流电极A、B供电，1根无穷远线作为公共N极，提供参照标准电位。数据采集时，先将1、2号电极作为A、B极，其余电极分别测量电位，然后A极不变，B极逐一向后移动，直至移动到最后一个电极，这样，1号电极作为A极的测试结束；然后将2号电极作为A极的起始电极，B极依次从3号电极直至最后一个电极，这样测量完每次的供电数据后，A极向后移动一次，直至移动到最后倒数第二个电极，此时B极为最后一个电极。这样，整个ABM数据测试完成，此时的ABM数据包含了所有的四极装置所需的数据内容，即一次测量可实现高密度电法中的各类四极排列装置（ABM法解编后电极电位分布及数据采集图见图2-9），大大提高了采集效率。另外，由于测量电极同时采集电位，电极所测得的数据具有同步性，减小了采集系统误差。

4. 大坝测试监测系统

在大坝探测测试基础上，通过对传统电法测试仪器设备及数据通信系统的改进，实现对坝体断面电性参数的实时测试与动态控制，提高对坝体渗漏等地质问题的判断能力。

监测是利用小极距电法测试装置对坝体渗漏等工程地质问题进行精细探测与监控的一种技术系统。通过在坝体埋设48～64根金属电极，利用数据采集器定时采集坝体介质电场参数，结合电阻率参数的分布与改变，综合分析坝体内部结构特征及其变化规律，为渗漏位置判断提供依据。所形成的一套电场数据采集与分析系统，可控制整

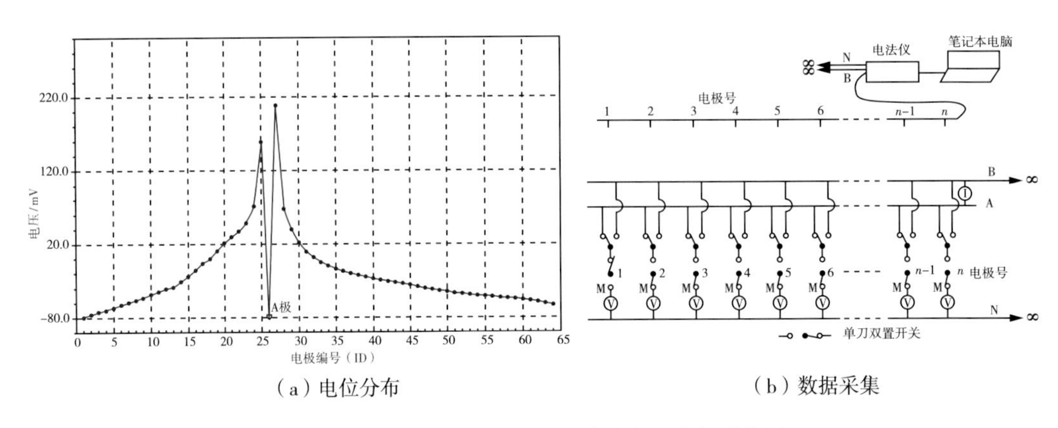

（a）电位分布　　（b）数据采集

图 2-8　AM 法解编后电极电位分布及数据采集图

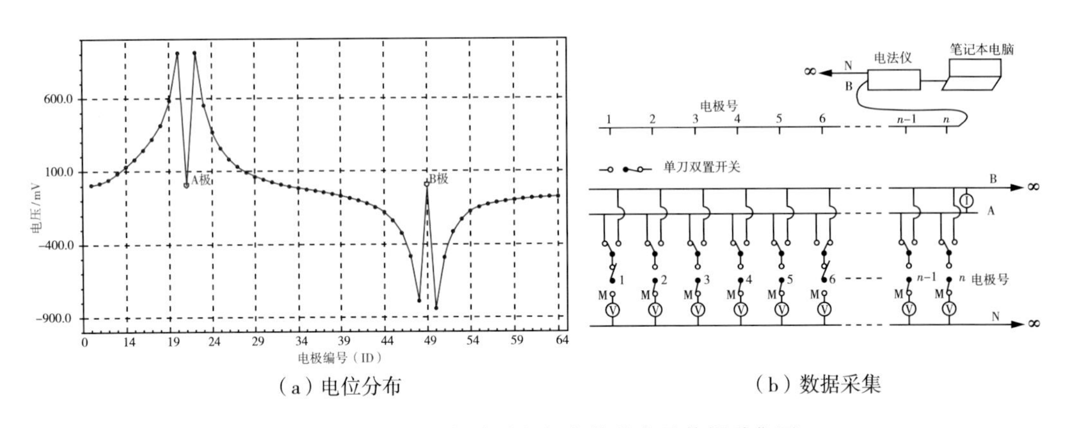

（a）电位分布　　（b）数据采集

图 2-9　ABM 法解编后电极电位分布及数据采集图

个坝体的相应位置，预报断面中各个异常位置和特征。

坝体渗漏电法精细测试与监控装置示意图如图 2-10 所示，布设坝体测试电极及电缆，设定相应的采集方式及参数，进行偶极供电方式的数据采集和远程数据传输，实现对数据的及时回收，再根据自电场特征、电阻率特征分析异常位置，提供进一步勘探和处理技术参数。针对要解决的水库渗漏隐患问题，测试监测技术系统包括以下几个部分。

（1）电极测试探头预设。根据坝体现场条件，选择合适的电极间距，通常为 0.5～2m。电极为特制的铜棒，长度为 0.2～0.5m，直径为 0.1m 左右，保证接地良好。由坝体长度确定电极布设个数，目前可达到 64 个，其最小控制深度达 20m。将电极预埋至坝顶土体中并保护，以便多次测量。将电极连接电缆置入材料沟中引至数据采集站，便于电缆保护与长期使用。

（2）电场数据采集与传输装置。数据采集器实现对坝体电场数据的手动或自动采集，根据设定的偶极供电方式，采集供电时间为 0.2s，采样间隔为 100ms 的 ABM、AM 数据，获得坝体布设电极的自然电场、供电后电场特征参数。数据采集器可以根据需要设定为手动采集，即根据现场条件采集瞬时电性参数；也可以根据现场条件对数据进行自动采集，即可按设定时间完成每天的数据采集，通常用于对坝体电场的监控，能对不同状态电极电场进行控制与测量，实现实时预控。

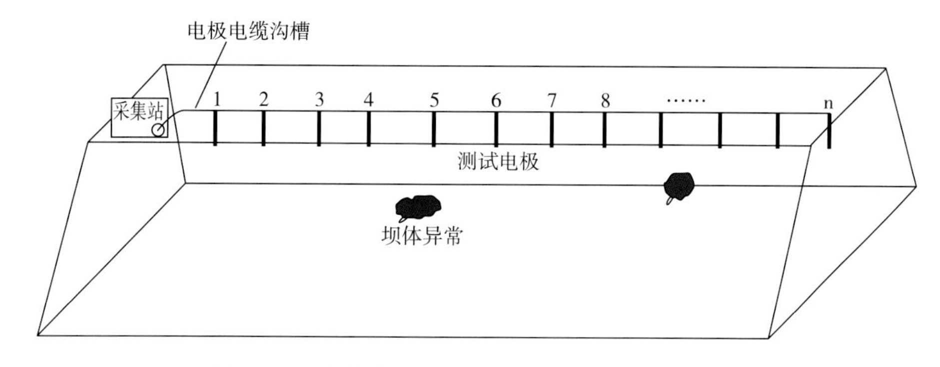

图 2-10　坝体渗漏电法精细测试与监控装置示意图

（3）电法数据存储与传输装置。单次测量后电性参数可以直接存储于采集器中，也可以通过无线通信方式对数据进行传输，便于室内监控站实时获得每天的测试电场参数，及时分析大坝渗漏等工程地质问题。

（4）电性参数处理与评价。对采集数据进行多装置参数联合反演，获得测试断面电阻率分布图。结合坝体填筑防渗黏性土层电性条件及获得的电阻率剖面特征，对探测坝体断面地质条件进行分析与判断。土石介质通常具有背景电阻率特征，当出现低于或高于背景电阻率特征的区域，表明其结构、构造或者电性参数发生变化，因此通过测试与分析坝体断面的低电阻或高电阻率区域对异常区域进行判断，为管理单位提供技术处理的依据。

2.4.3　成果处理与解译手段

1. 并行电法数据对常规高密度电法不同装置的数据提取

将测得的并行电法结果 AM、ABM 数据分别进行解编，解编后得到不同电极供电时其余电极所测得的电位大小，可以根据不同装置电极排列形式的不同，分别抽取出该装置所需要的供电电极及测试电极的电位信息，这样就可以得到各种装置的高密度测试数据。

二极法装置数据的提取：现场布置测线时，需放置两个无穷远极，一个作为 B 极，另一个作为公共电极 N，对于每个测试点的电阻率计算公式为 $\rho_s^{AM}=K_{AM}U_M/I$，这样进行数据提取时只需依次取两个电极间隔分别为 1 个、2 个、3 个……的电极组合的电位信息，与 A 极的电流值的比值，即可得到空间某一记录点的电阻率值。

温纳三极法装置数据的提取：温纳三极装置包括两种装置，即温纳-A 和温纳-B，其装置特点是，AM＝MN 或 MN＝NB；进行温纳-A 装置的数据提取时，电极号从小到大，分别提取出 A 极右边间隔为 1 个、2 个、3 个……的 3 个电极组合的电位信息，这 3 个电极分别代表 A、M、N 电极，这样就组成了 A 装置的数据的电位提取；进行 w-B 装置的数据提取时，电极号从大到小，分别提取出 B 极左边间隔为 1 个、2 个、3 个……的 3 个电极组合电位，这 3 个电极分别代表 M、N、B 电极，这样就组成了 B 装置的数据的电位提取。再根据电阻率计算公式，求出每个测量点的视电阻率值。

温纳微分装置的数据提取：温纳微分装置的特点是 AM＝MB＝BN，A 极按电极号从小到大的顺序，依次提取出间隔分别为1个、2个、3个……的4个电极组合的电位信息，这4个电极按顺序分别代表A、M、B、N电极，这样就得到了温纳微分装置空间测量点的电位信息，带入装置系数，即可得出空间测量点的视电阻率信息。

温纳偶极装置的数据提取：温纳偶极装置的特点是，AB=BM=MN，A极按电极号从小到大的顺序，依次提取出间隔分别为1个、2个、3个……的4个电极组合的电位信息，这4个电极按顺序分别代表A、B、M、N电极，这样就得到了温纳偶极装置的空间测量点的电位信息，带入装置系数即可计算出该点的视电阻率值。

温纳四极装置的数据提取：温纳四极装置特点是，AM=MN=NB，A极按电极号从小到大的顺序，依次提取出间隔分别为1个、2个、3个……的4个电极组合的电位信息，这4个电极按顺序分别代表A、M、N、B电极，这样就得到了温纳四极装置的空间测量点的电位信息，带入装置系数即可计算出该点的视电阻率值。

2. 并行电法的数据处理

并行电法数据的视电阻率成图处理类似于常规高密度电法的微分装置视电阻率剖面成图，由于并行电法采集的数据中包含所有电极排列形式的数据内容，因此我们可以直接将解编后的所有数据带入计算进行反演处理，这样的数据体包含了常规高密度电法中所有装置形式的数据。即并行电法数据处理已经摆脱了装置效应的影响，甚至可以说抛开了传统电法装置的概念，其数据量是常规高密度电阻率法的1000多倍，从反演效果上来说，反演精度大幅度提高，图像可信度增强。具体反演计算采用电流、电压数据体联合反演的步骤，把所有的电流/电压数据体带入反演，更丰富、全面的数据体提高了电法反演的精度。

3. 并行电法数据的反演方法

反演问题向来是地球物理勘探中最核心、最普遍的问题，其最主要的目的是根据地面上观测到的信号推测地下地质异常体的有关物理参数。超高密度激电法的反演过程是建立在正演的基础上，其原理是根据野外采集的数据或正演模拟得到的数据建立一个初始的电阻率预测模型，并针对该模型进行正演计算，得到与之对应的预测数据，计算预测数据与实测数据之间的均方根误差，如果误差满足要求，则建立的模型就近似符合地下介质真实的电阻率分布，否则修正模型参数，再次进行正演直到认为修正后的模型符合实际的情况。根据正演计算预测出地质模型的理论视电阻率分布，将其与观测值在最小二乘法下构造一个误差函数进行比较，并通过不断地修正模型参数使误差函数取得极小值，这样修正后的模型参数就是地下地质体的真实参数。

地球物理反演是在地球物理学中利用地球表面所观测到的物理现象推测地球内部介质物理状态的空间变化及其物性结构的一种方法。为重建反演图像，将实测电位值$\boldsymbol{d}_{obs}$与正演理论值$\boldsymbol{g}(\boldsymbol{m})$进行拟合，其目标函数为

$$S(\boldsymbol{m}) = [\boldsymbol{d}_{obs} - \boldsymbol{g}(\boldsymbol{m})]^{T} \boldsymbol{W}_{d} [\boldsymbol{d}_{obs} - \boldsymbol{g}(\boldsymbol{m})] \tag{2-3}$$

式中，$\boldsymbol{m}$为电阻率参数矩阵；$\boldsymbol{W}_d$为权系数矩阵。

由于位场数据量大，不利于反演数据的收敛，因此反演时需多次修改模型参数m，其修改关系为

$$(\boldsymbol{J}^{T}\boldsymbol{W}_{d}\boldsymbol{J}+\lambda\boldsymbol{I})\ \Delta m=\boldsymbol{J}^{T}\boldsymbol{W}_{d}\ [\boldsymbol{d}_{obs}-\boldsymbol{g}\ (\boldsymbol{m})] \tag{2-4}$$

式中，$\boldsymbol{J}$ 为 Jacobi 矩阵；λ 为阻尼因子。并利用相对均方根误差 RMS 来权衡反演最优化模型的终止条件。

传统的高密度数据反演采用的数据是空间测量点的视电阻率值，得到的是单条测线的视电阻率剖面。这样，参与计算的数据点少，得到的反演结果不够精确；而并行电法数据在反演时包含了一种装置所有的电极排列形式，数据量更大，采用的数据是供电电极及测量电极计算出来的电位信息，能突出现场地质体内电性的分布情况，使得到的反演剖面更加精确；同时在布置现场测线时，可以沿坝顶、背水坡及坝脚位置布置测线，这样可以用多测线联合进行三维数据反演，得到坝体内电性特征的三维显示图像，可以更好地追踪坝体内渗漏通道的位置及形态，同时可以进行三维数据图像的切片显示，得到的剖面图比视电阻率剖面图像更加真实可信。

4. 数据处理辅助软件

目前，Res2Dinv 软件是高密度电法数据处理的主要工具，但并行电法最终得到的数据体为电流、电极以及电极序列的组合体，海量的数据处理可规避常规的视电阻率计算，因此在对并行电法数据处理时主要采用更便捷的 Earth Imager 2D 软件。

Earth Imager 2D 反演程序提供了 3 种反演方法，其中包括阻尼最小二乘法反演、圆滑模型反演、抗噪声反演，可以根据数据的质量选择不同的反演方法得到最好的反演效果，在进行数据反演时要进行反演参数的初始设置，选择一个反演方法，设置数据噪声标准，反演的迭代次数、圆滑系数、最大均方根误差等参数，以保证得到较好的反演效果。并行电法反演过程如图 2-11～图 2-20，先利用水库渗漏探测成像软件对原始信息进行解编、处理以及导出反演格式文件，再利用 Earth Imager 2D 反演软件导入反演文件，通过设置反演数据过滤、正演计算以及反演分析等参数，经不断的迭代处理得到反演结果图。

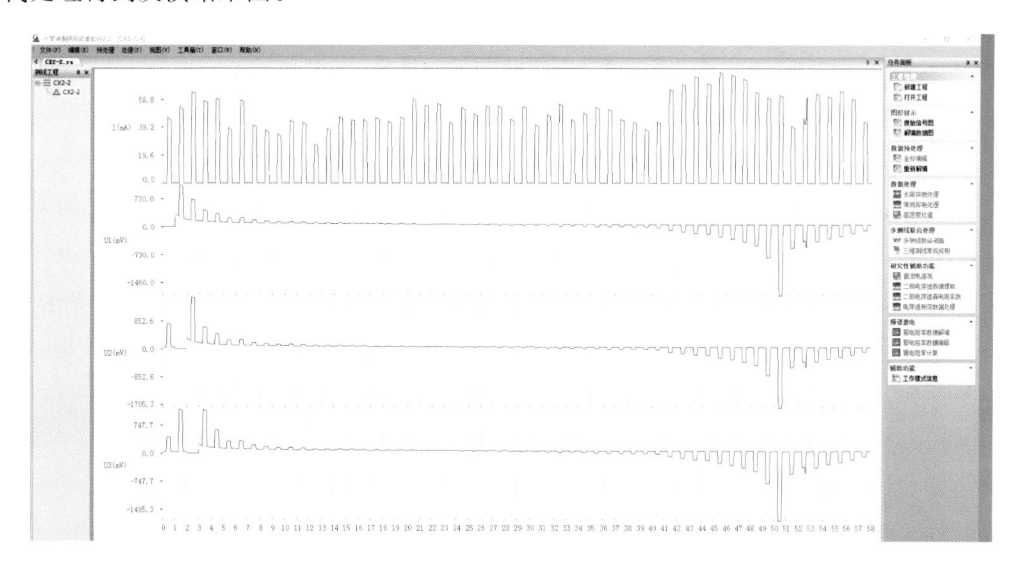

图 2-11　AM 法原始信号显示

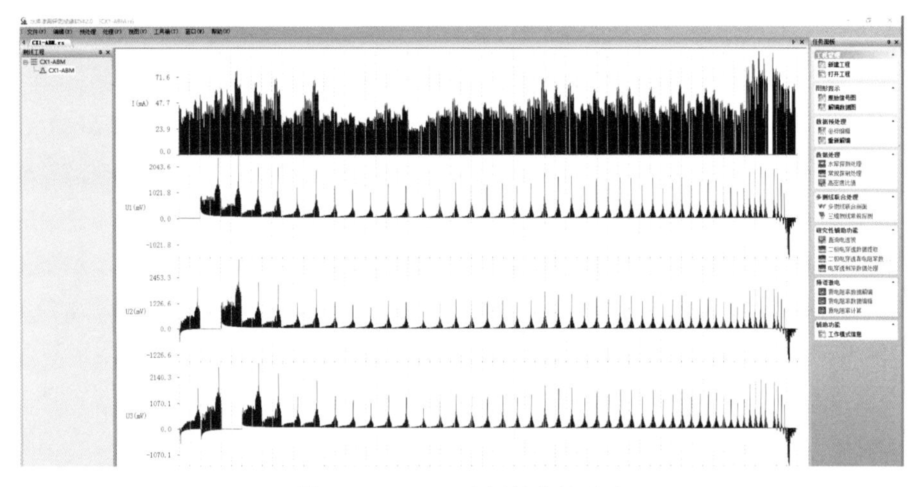

图 2-12　ABM 法原始信号显示

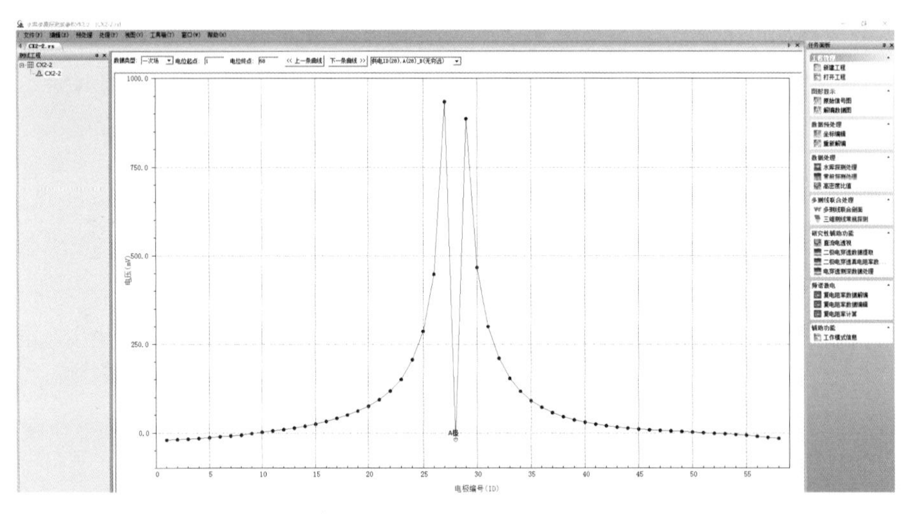

图 2-13　AM 法数据解编处理

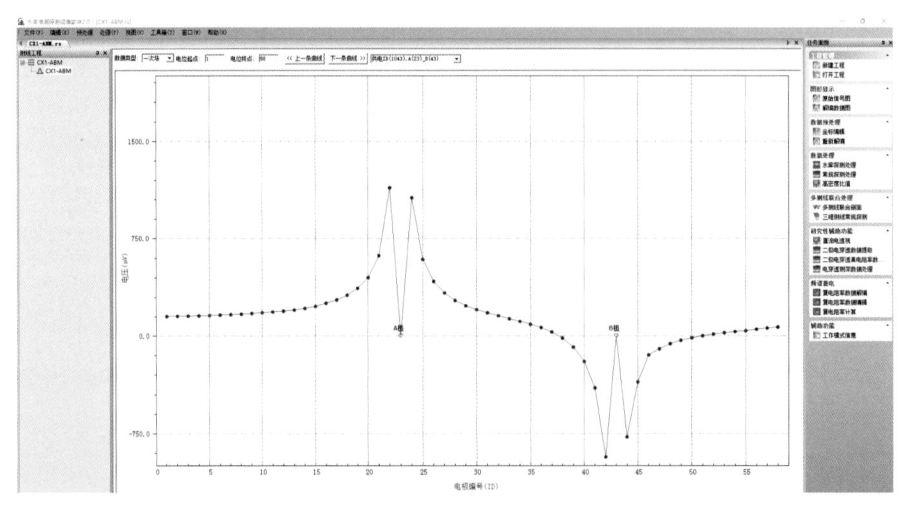

图 2-14　ABM 法数据解编处理

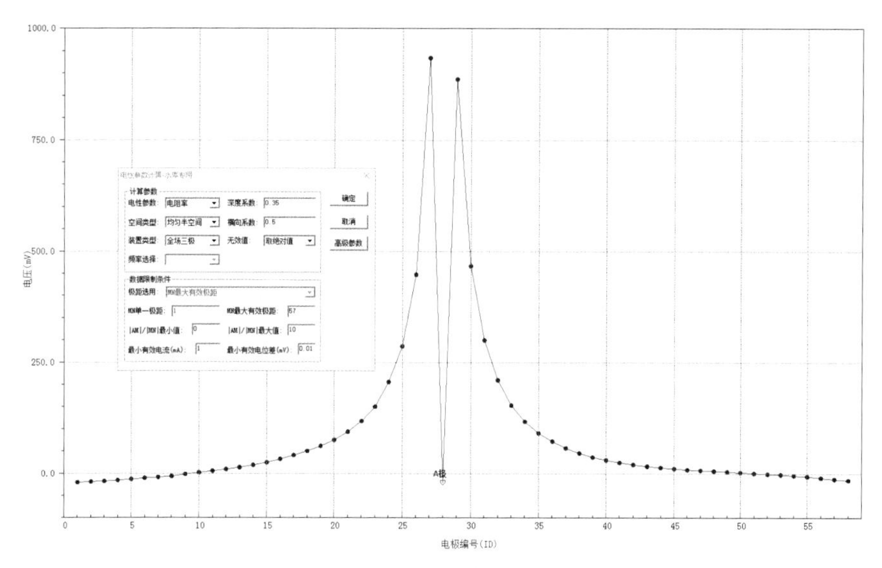

图 2-15　AM 法数据处理格式

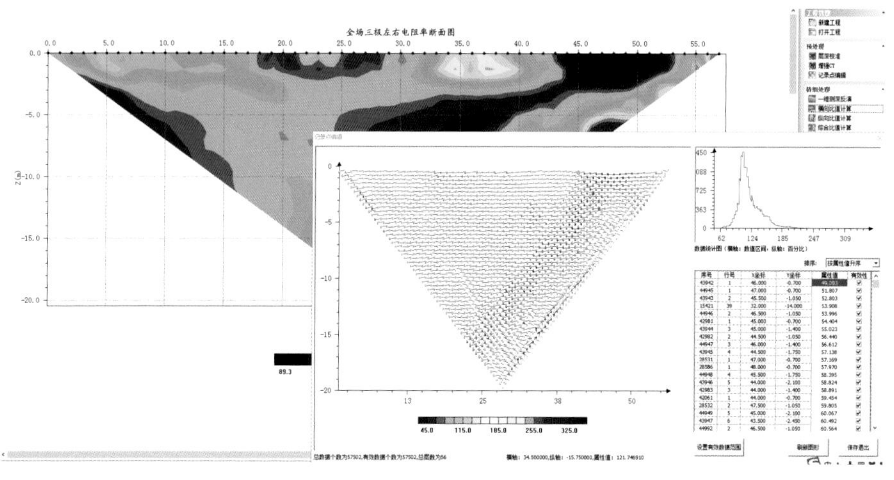

图 2-16　AM 法反演数据体

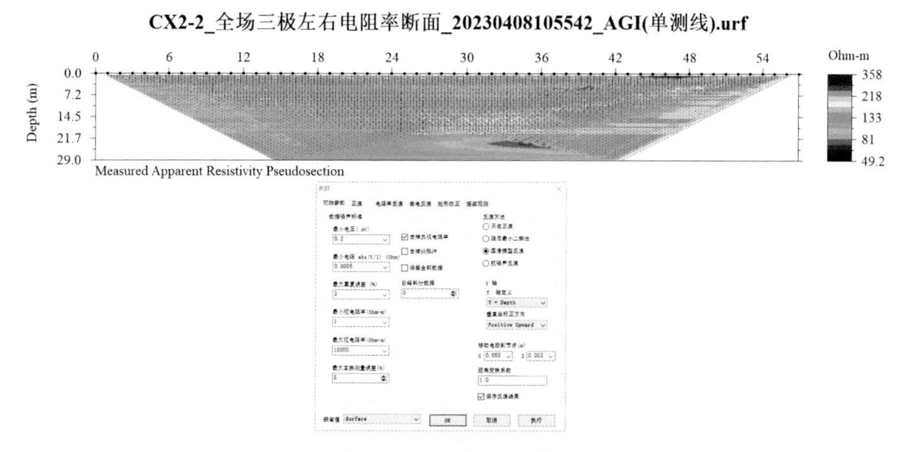

图 2-17　初始参数设置

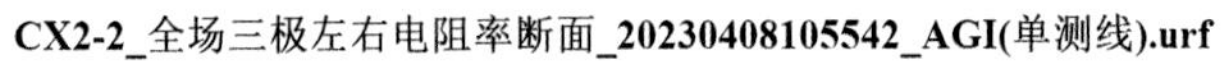

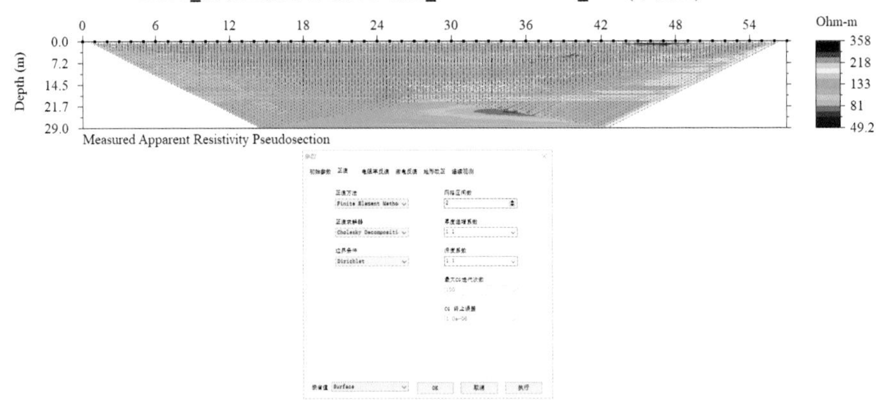

图 2-18　正演计算参数

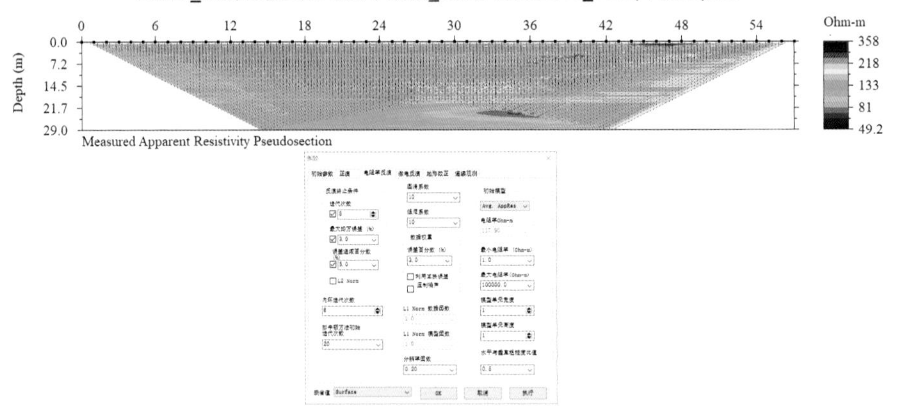

图 2-19　反演计算参数

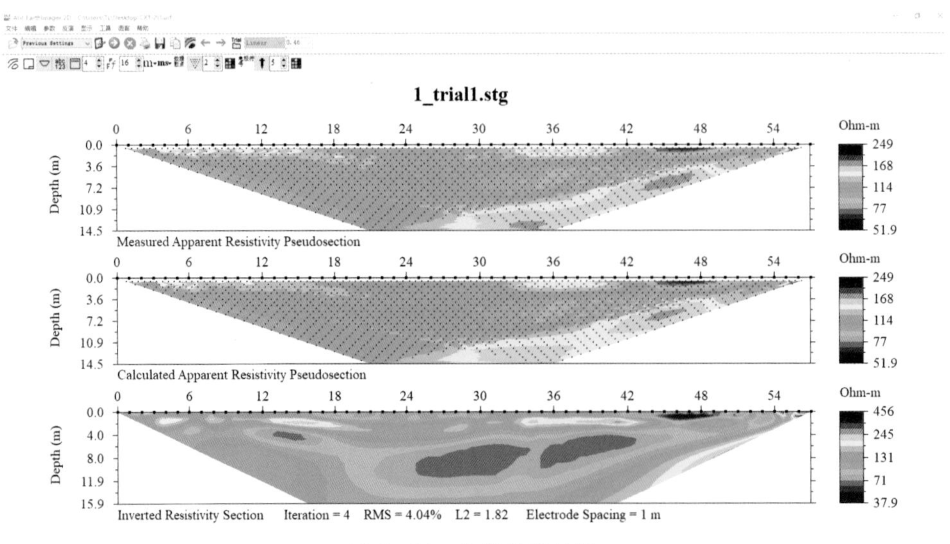

图 2-20　反演计算结果

土石坝渗漏数值模拟与模型试验

3.1　数值模拟

通过构建坝体与坝基介质条件，结合电性参数特征，利用数值模拟手段可通过正演和反演计算获得不同地质异常体的响应特征，为现场探测提供分析与解释依据。正演是根据地电模型和场源分布求解位场分布规律的过程，是反演计算和数据处理的基础。在电阻率法探测中，正演的主要任务是计算在限定电阻率分布情况的地层模型上方观测得到的视电阻率。

与其他的地球物理数值模拟的方法类似，在电阻率法正演数值模拟的方法中，最常用的方法有四种，即有限差分法、边界单元法、有限元法（Finite Element Method）和积分方程法。本文主要采用有限元法进行地电场的正演求解。

3.1.1　有限元法

在地中存在电流的任意一点上，电流密度矢量 $\boldsymbol{j}$ 与电场强度矢量 $\boldsymbol{E}$ 在数量上成正比，比例系数为该点岩石的电导率，这就是欧姆定律的微分形式。

即

$$\boldsymbol{j}=\sigma\boldsymbol{E}=\frac{\boldsymbol{E}}{\rho}=-\sigma\,\nabla\boldsymbol{U} \tag{3-1}$$

式中，$\boldsymbol{j}$ 是电流密度矢量；σ 是介质的电导率；$\boldsymbol{E}$ 是电场强度矢量。

稳定电流场中电流是连续的，即在任何一个闭合面内，无正电荷或负电荷的不断积累。即稳定电流场中，源点除外的任何一点处电流密度的散度均等于零。其微分形式为

$$\mathrm{div}\boldsymbol{j}=0 \tag{3-2}$$

稳定电流场在空间的分布是稳定的，即不随时间而改变，它与静电场一样均为势场。在稳定电流场中任一点 M 处的点电位 U，等于将单位正电荷从 M 点移到无限远处，电场力所做的功。电场强度与电位有关系：

$$\boldsymbol{E}=-\operatorname{grad}\boldsymbol{U} \tag{3-3}$$

从稳定电流场所满足的基本实验定律出发，把式(3－1)、式(3－2)代入式(3－3)中：

基本微分方程：$$\frac{\partial}{\partial x}\left(\sigma\frac{\partial \boldsymbol{U}}{\partial x}\right)+\frac{\partial}{\partial y}\left(\sigma\frac{\partial \boldsymbol{U}}{\partial y}\right)+\frac{\partial}{\partial z}\left(\sigma\frac{\partial \boldsymbol{U}}{\partial z}\right)=\frac{\partial q}{\partial t}=\operatorname{div}\left(\frac{1}{\rho}\operatorname{grad}\boldsymbol{U}\right) \tag{3-4}$$

对于均匀介质，导电率 σ 为常数，变成泊松方程：

$$\nabla^2\boldsymbol{U}=-\frac{I}{\sigma}\sigma(x-x_0)\sigma(y-y_0)\sigma(z-z_0) \tag{3-5}$$

若在无源空间，变为拉普拉斯方程：$\nabla^2\boldsymbol{U}=0$

上述方程概括了稳定电流场所满足的基本实验定律，反映了稳定电流场的内在规律性。解该方程实际上就是寻找一个和该方程所描述的物理过程诸因素有关的场函数。

电阻率法的正演问题，即求解稳定点源电流场的边值问题，因电阻率(ρ)分布已知，我们先在求解区域内，建立相应的微分方程和边界条件，然后确立未知的电位函数 $U(x, y, z)$ 或其变换函数 $V(x, \lambda, z)$，使其在已知电导率 σ 分布的求解区域内，满足相应的微分方程和边界条件。有限单元法是从位、场所满足的偏微分方程出发，根据微分方程的解与泛函极小问题的等价性，将微分方程和其边界条件转化为相应泛函的变分问题的方法。对于点源二维地电条件，所求解的稳定电流场的边值问题如下。

(1) 第一边界条件：在其余边界 Γ_2 上，为第一类边界条件，可设 $u|_{\Gamma_2\to\infty}=0$。

(2) 第二边界条件：在地面边界 Γ_1 上应满足第二类边界条件 $\frac{\partial u}{\partial n}|_{\Gamma_1}=0$。

(3) 第三边界条件：对均匀半空间点源二维问题，地中任一点电位的变化总有下面的一般形式：

$$u(x, y, z)=\frac{c}{\sqrt{x^2+y^2+z^2}}=\frac{c}{r} \tag{3-6}$$

式中，c 为常数，并设电源点放在坐标原点；r 为点源到计算点的径向距离。因此有

$$\frac{\partial u}{\partial n}=-\frac{c}{r^2}\vec{r}\cdot\vec{n}=-\frac{u}{r}\cos\theta \tag{3-7}$$

式中，θ 为 $\vec{r}$ 和边界外法线 $\vec{n}$ 之间的夹角。上式也可变为

$$\frac{\partial u}{\partial n}+\beta\frac{u}{r}=0 \tag{3-8}$$

式中，$\beta=\cos\theta$。

对于二维点电源问题，介质的电阻率是二维分布的，而场源是三维的。为使问题简化，通常把三维问题通过傅氏变换化为二维问题。即 $\delta(x, y, z)=\delta(x, z)$，对(3－4)式进行傅氏变换，可得

$$\frac{\partial}{\partial x}\left[\sigma(x,z)\frac{\partial v(\lambda,x,z)}{\partial x}\right]+\frac{\partial}{\partial z}\left[\sigma(x,z)\frac{\partial v(\lambda,x,z)}{\partial z}\right]-\lambda^{2}\sigma(x,z)v(\lambda,x,z)=f' \tag{3-9}$$

式中，$f'=-\frac{1}{2}I\cdot\delta(x-x_A)\cdot\delta(z-z_A)$；$v(\lambda,x,z)$称为傅氏电位。

分别对若干个给定的波数λ值求解方程式(3－9)，计算出傅氏电位$v(\lambda,x,z)$后，再进行傅氏反变换，即可计算出所求的电位

$$u(x,y,z)=\frac{2}{\pi}\int_{0}^{\infty}v(\lambda,x,z)\cos(\lambda y)\mathrm{d}y \tag{3-10}$$

与二维偏微分方程边值问题等价的变分问题为

$$J(v)=\iint_{\Omega}\left\{\sigma\left[\left(\frac{\partial v}{\partial x}\right)^{2}+\left(\frac{\partial v}{\partial z}\right)^{2}+\lambda^{2}v^{2}\right]+2fv\right\}\mathrm{d}s+\int_{\Gamma_2}\sigma\eta v^{2}\mathrm{d}l=\text{极值} \tag{3-11}$$

求解变分方程式(3－11)，就是要找出一个傅氏电位的空间坐标函数$v(\lambda,x,z)$，以使泛函$J(v)$最小。求出傅氏电位$v(\lambda,x,z)$后，利用傅氏反变换，即可求出电位函数$u(x,y,z)$。对于高密度电法来说，通常$y=0$，求出主剖面上的电位$u(x,z)$，再利用公式(3－12)可计算出装置的视电阻率。

$$\rho_{s}=K\frac{\Delta U_{MN}}{I} \tag{3-12}$$

有限元法的特点和优点如下。

(1) 把二次泛函的极值问题等价于求解一组多元线性方程组。这是一种从部分到整体的方法，可使分析过程大为简化。

(2) 对于连续的离散，在矩形网格中对对称三角网格剖分，比较灵活，能较好地逼近不规则的地面和电性异常体；且易于按需要加密和放稀剖面网格，有利于以较少的计算量达到较高的计算精度。

(3) 利用有限元法分析场问题，只要剖分处理得当，求解精度就较高。

(4) 有限元法可以成功地用于处理多种介质和非均匀连续介质问题，其他数值方法较难处理这类问题，有限元法却能很简单地经过简单的办法处理——只要对不同的单元规定不同的性质即可。多种介质和非均匀介质是物探场域的基本特征，因此有限元法的这个优点对物探来说是难得的。

(5) 约束处理后的有限元方程系数阵是正定的，保证了解的存在唯一性，而且系数阵是稀疏的，可大大减少计算量和简化计算过程。

(6) 但有限元法不太适用于电性边界有限而位场域无限的情况，即使只需对地面上个别点进行处理。

求解位场值时，它也必须同时对所有内域结点上的位场值求解一个阶数等于结点数的联立方程组，尽管方程组的系数矩阵是对称而稀疏的，但计算量仍是相当庞大的。存在着一个随着计算精度要求不断提高，数值求解的收敛性急剧变差的问题。

(7) 解出各个节点值后，其区域内部值的计算较易。其方法很有规则，易于在计算机上实现。

3.1.2 大坝渗漏数值模拟

针对土石坝可能存在的渗漏隐患问题，构建几种典型的大坝数值模型，通过电阻率法正演模拟，可以分析其响应特征。同时对电法测试过程中不同装置的响应特征进行对比，便于现场测试时有效数据的选择与利用。

本次渗漏测试的数值模拟主要是在 Earth Imager 2D 软件平台上进行，首先进行了大坝浸润线测试，然后通过构建不同条件下水库大坝渗漏的数值模型，如不同尺寸核心渗漏模型、水平渗漏通道模型、竖直渗漏通道模型、复杂地质体渗漏通道模型、坝基渗漏通道模型、坝肩接触带渗漏通道模型等，测试电法不同装置的灵敏度，其中模型的电阻率和实验材料与通过土工试验得出的电阻率接近（背景电阻率取值 100Ω·m，低阻异常取值 40Ω·m，高阻异常取值 500Ω·m）。

1. 建模方法和过程

本次选择 Earth Imager 2D 软件平台上的有限元法进行正演模拟，先要建立地电模型，给出层参数初始值。将探测范围划分为若干网格，设置网格区间数为 2，厚度递增系数为 1.05，深度系数为 2.2，使用混合边界条件进行求解，然后再在正演得出的电性分布结果的基础上进行数据的反演，并与所设置的模型的吻合效果对比。

在进行正演模拟时先要产生二维的命令文件，设置电极数、电极坐标、平均电阻率值、供电电流等参数，图 3-1 为二维命令文件的操作界面。

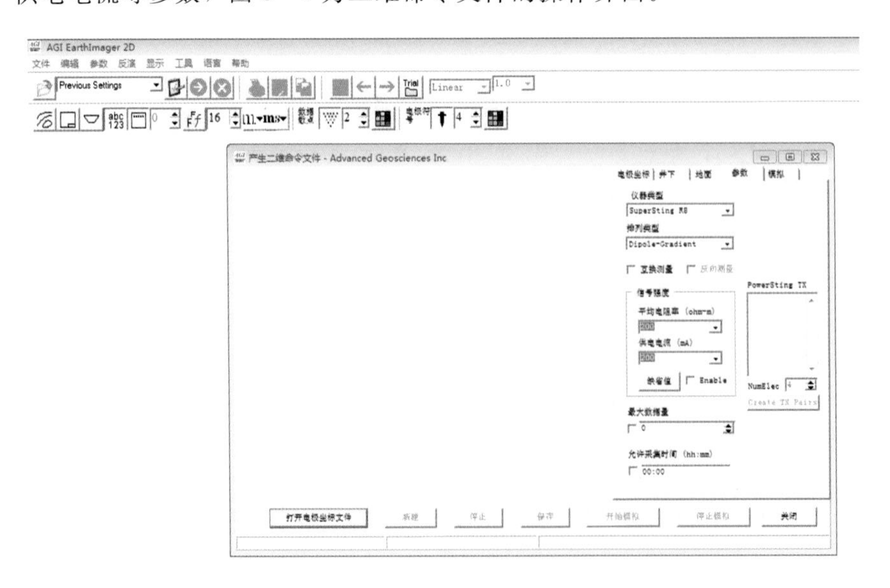

图 3-1 二维命令文件的操作界面

在软件文件菜单里将设置好的二维命令文件导入，得到一个网格图形，在此网格图形里可以设置不同的电阻率值，然后任意填充相应电阻率值参数（图 3-2），来模拟相应的探测模型。

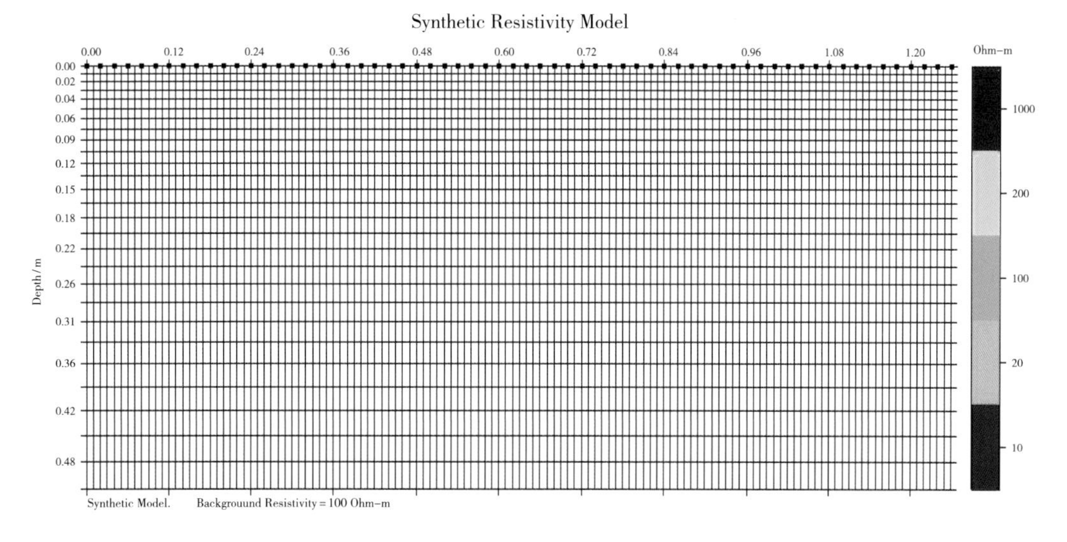

图 3-2　填充电阻率值网格图

在设定好水平渗漏通道、核心渗漏通道等模型后，点击工具栏里的正演模拟即可进行数据模型的正演计算，如果选择勘探设计即是在正演模拟的基础上对正演数据进行反演，得到反演结果。由此可以根据获得的反演剖面与构建异常特征进行对比分析，讨论异常探测的有效性等。

2. 大坝浸润线模拟

水库蓄水后，坝体内部产生渗流后在坝体一定深度以下形成浸润线，这为水库渗漏检测提供基础。根据图 3-3（a）建立两层模型结构，其中下层电阻率值为 40Ω·m，上层为未浸水土介质，电阻率值取 100Ω·m，两层总厚度为 0.495m，上层厚度为 0.295m。通过正演模拟，进一步获得不同装置的反演结果，如图 3-3（b）、（c）所示。由图 3-3 可以看出，两种装置对坝体浸水现象均有反应，且不同装置特点稍有差异。总体来说，AM 装置在成层介质条件下其反演收敛性好，剖面中上、下层分界特征明显且归位效果好。

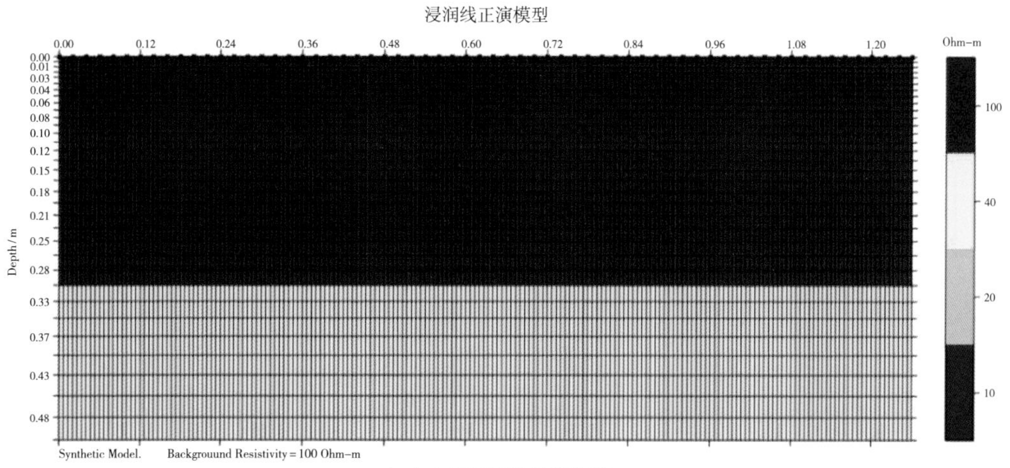

（a）大坝浸润线模拟模型

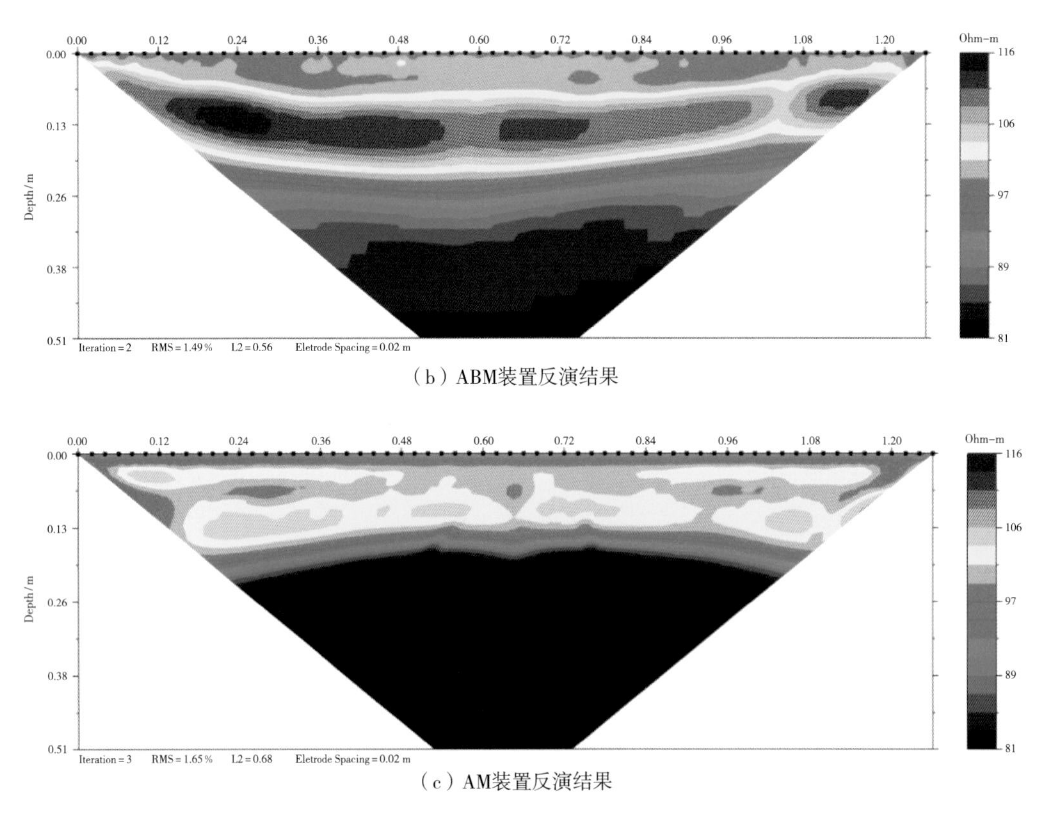

（b）ABM装置反演结果

（c）AM装置反演结果

图 3-3 浸润线模拟结果

3. 小尺寸核心渗漏通道模拟

对于坝体中经常出现局部渗漏现象，现在坝体中间构建低阻异常区，形成探测模型，对异常分辨特征进行模拟。将坝体作为单一层状介质，其厚度为 0.495m，中间设置 6cm 宽度异常体。通过正演模拟，进一步获得不同装置的反演剖面［图 3-4（b）、（c）］。通过对比发现，两种方法在模拟过程中对中心低阻异常区均有反应，AM 装置剖面中低阻异常区归位性相对较好，但异常区域反演电阻率值与背景值相差较小。

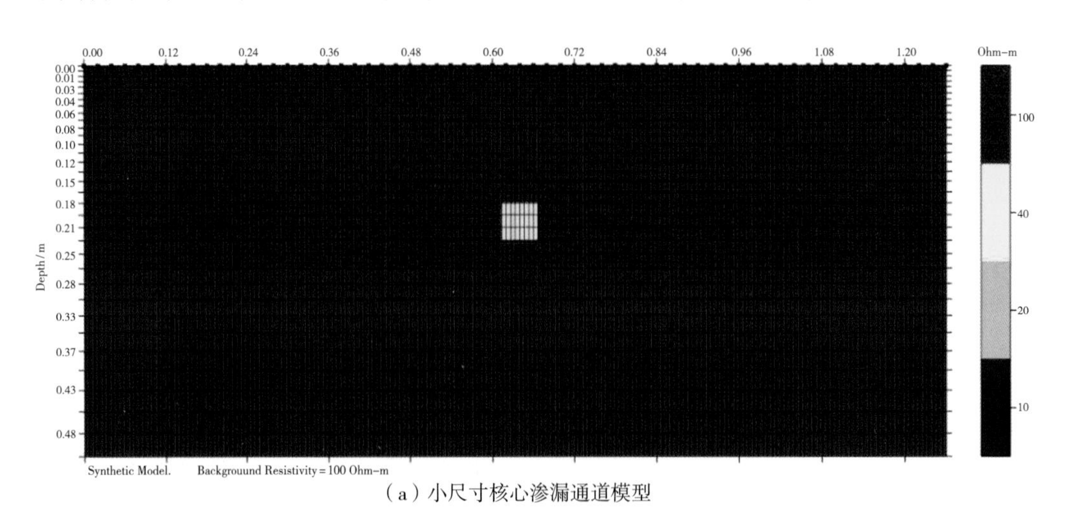

（a）小尺寸核心渗漏通道模型

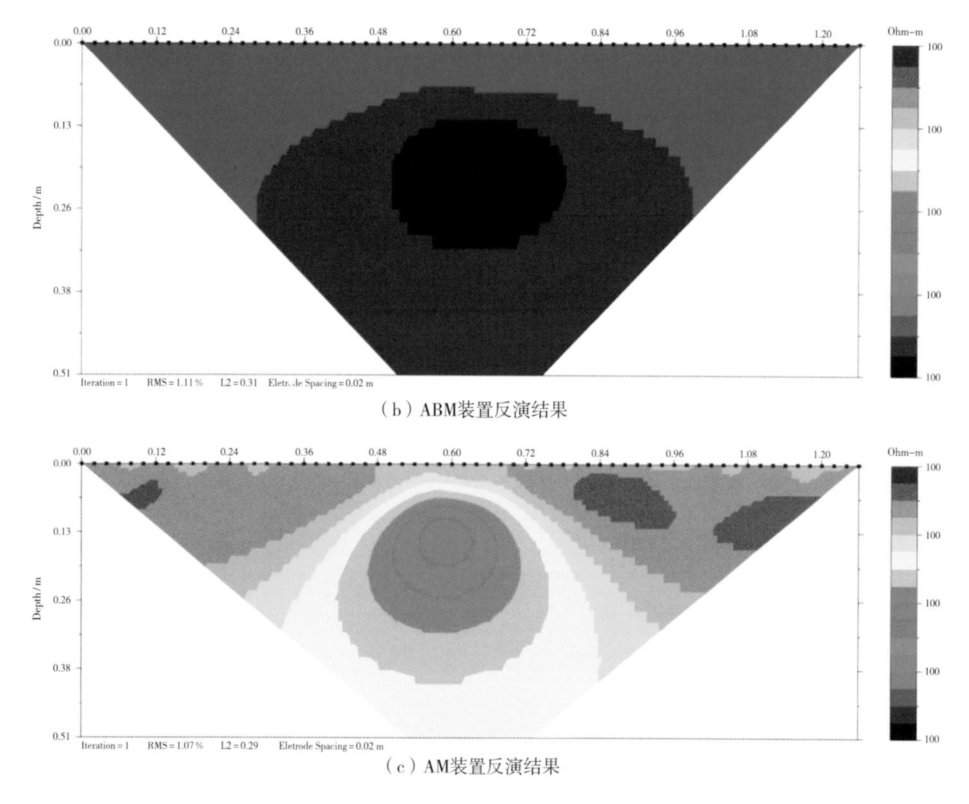

(b) ABM装置反演结果

(c) AM装置反演结果

图3-4 小尺寸核心渗漏通道模拟结果

4. 大尺寸核心渗漏通道模拟

针对核心渗漏模型，本书模拟了不同尺寸的低阻异常体的特征，设置的渗漏模型通道相比小渗漏通道尺寸增大一倍，其中将异常体处电阻率设置为40Ω·m。图3-5为大尺寸核心渗漏通道的模拟结果图。通过对比发现，两种方法模拟中对中心低阻异常区均有反应，其中AM装置剖面中低阻异常区归位性较好，其电阻率差值比小尺寸模型稍有增加，但异常区域反演电阻率值与背景值相差仍较小。

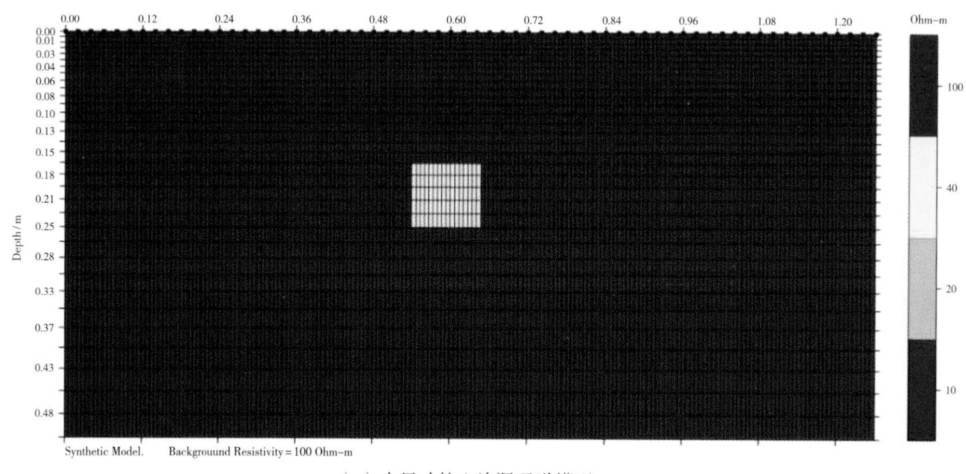

(a) 大尺寸核心渗漏通道模型

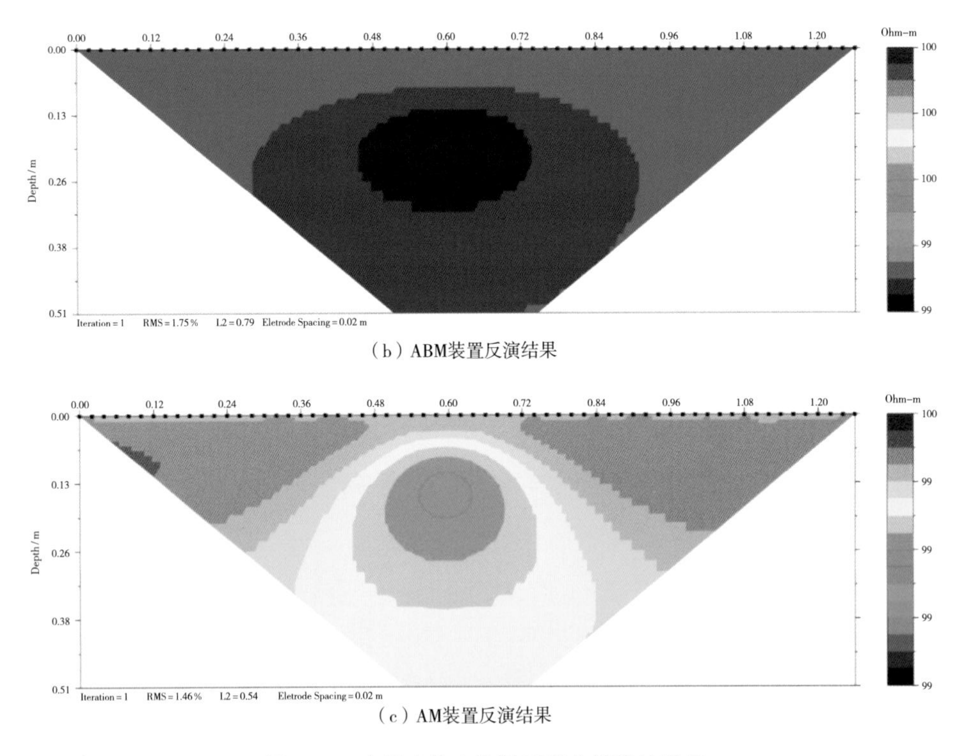

（b）ABM装置反演结果

（c）AM装置反演结果

图 3-5 大尺寸核心渗漏通道的模拟结果图

5. 水平渗漏通道模拟

水库大坝一般分层填筑，在填筑过程中可能产生局部的层状、线性的不密实层，导致水库运行过程中产生水平向渗漏通道，通过对这种模型进行室内数值模拟，检测其对此渗漏模型的探测效果。将坝体作为单一层状介质，其厚度为 0.52m，中间设置长为 0.2m、厚度为 2cm 的渗漏通道，通过正演模拟获得不同装置的反演结果，如图 3-6（b）、（c）所示。由图 3-6 模拟结果看出，两种方法在模拟过程中对水平渗漏通道低阻异常区均有反应，但反演图形与实际设置模型的形状有差异，体积效应明显。相对来说 AM 装置剖面中低阻异常区归位性较好。

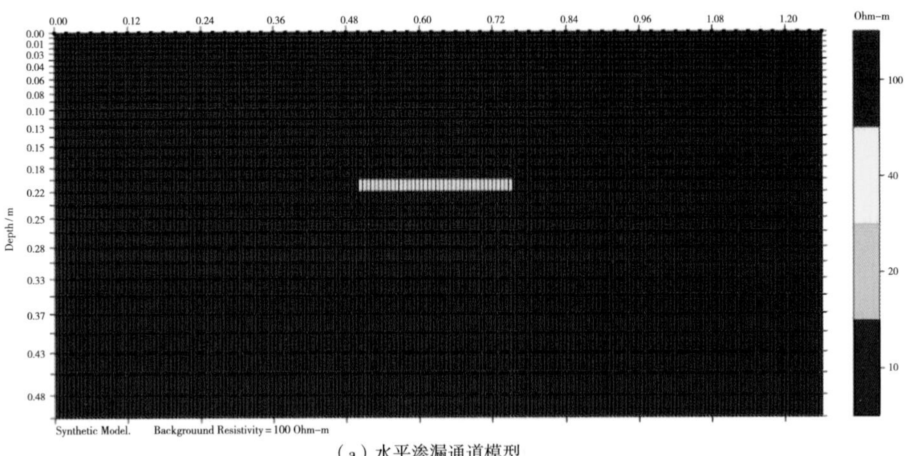

（a）水平渗漏通道模型

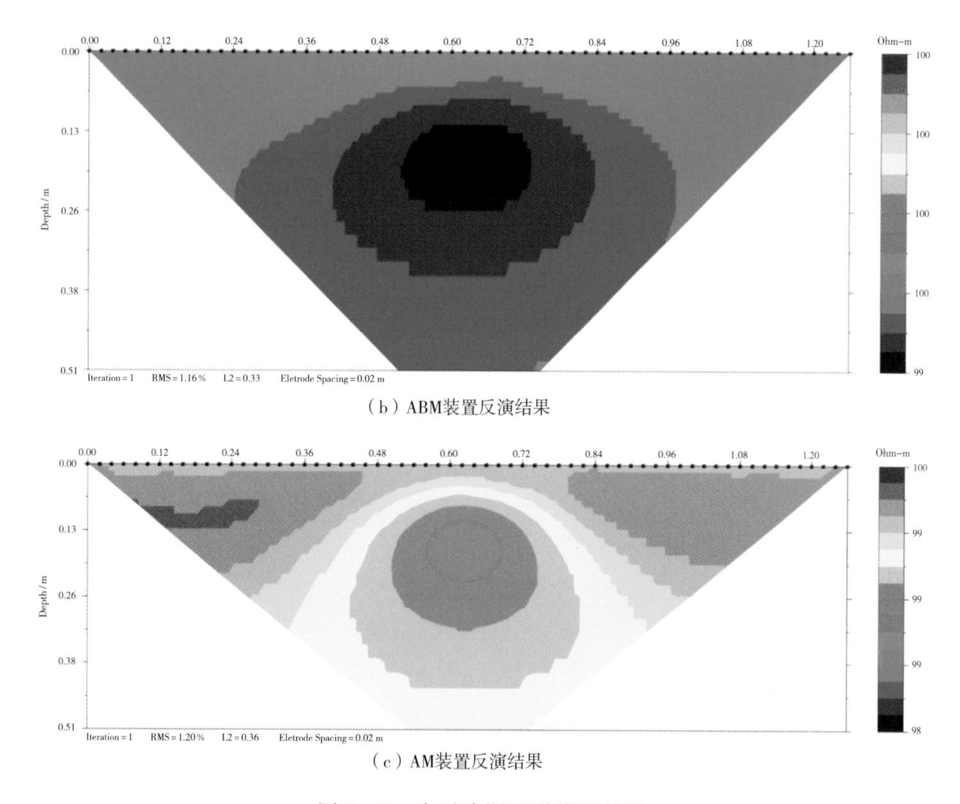

（b）ABM装置反演结果

（c）AM装置反演结果

图 3-6　水平渗漏通道模拟结果

6. 竖直渗漏通道模拟

大坝坝体局部的不均匀沉降或心墙的拱效应，易在坝体内部产生竖向裂缝，出现竖直通道渗漏。对于此类渗漏模型来说，可将坝体看成单一层状介质，厚度为0.495m，中间设置高为0.2m、厚度为2cm的渗漏通道，通过正演模拟获得不同装置的反演结果，如图3-7（b）、（c）所示。通过对比发现，两种方法在模拟过程中对中心低阻异常区均有反应，但反演图形与实际设置模型的形状有差异，体积效应明显。相对来说AM装置剖面中低阻异常区归位性较好。

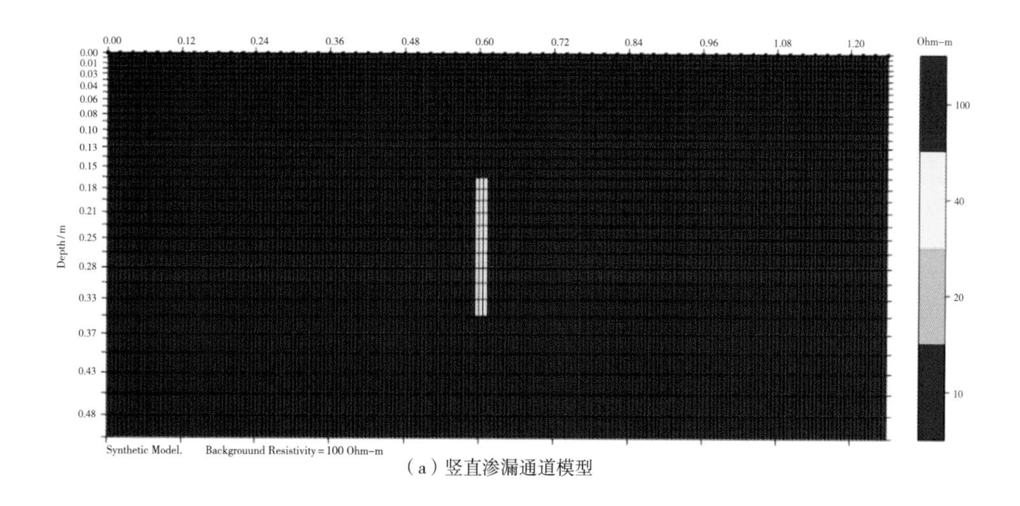

（a）竖直渗漏通道模型

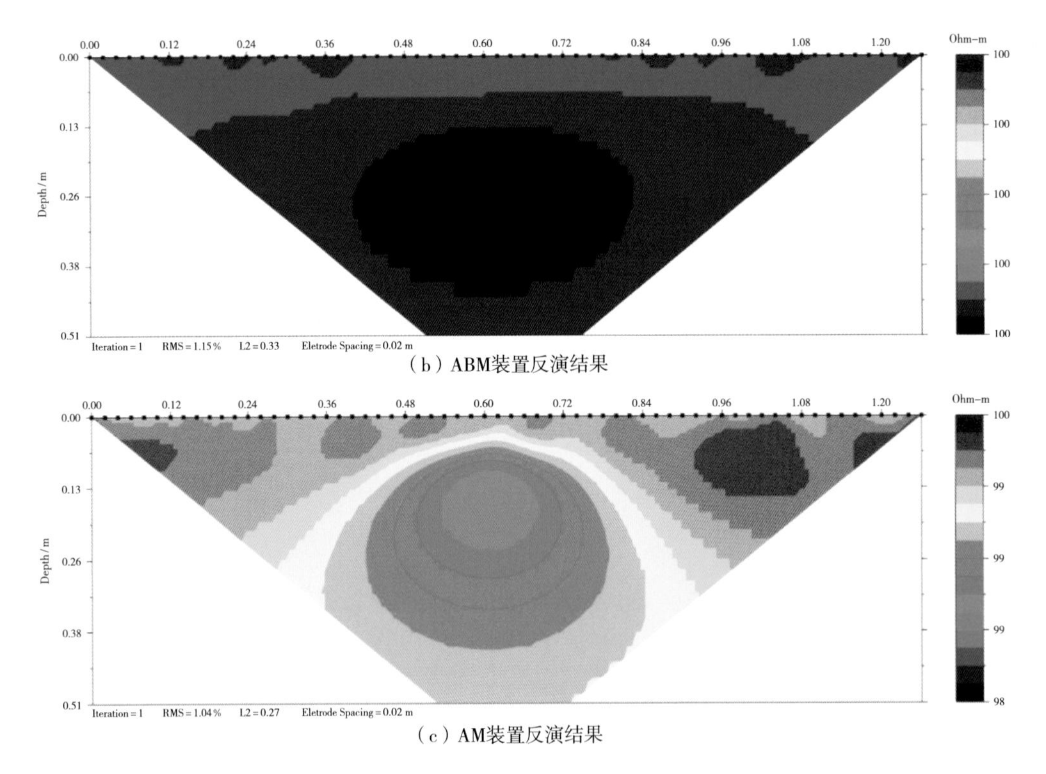

（b）ABM装置反演结果

（c）AM装置反演结果

图 3-7 竖直渗漏通道模拟结果

7. 复杂地质体渗漏通道模拟

由于实际坝体填筑料的不均匀性或填筑质量的差异，坝体中可能存在局部相对高阻及低阻，通过设置低阻与高阻的组合模型来模拟低阻渗漏情况。将坝体看成单一的层状介质，厚度为0.52m，分别在左、右坝段设置大小相同，宽度为6cm的高低阻异常体，通过正演模拟，得到不同装置的反演结果，如图3-8（b）、（c）所示。通过对比发现，两种方法模拟高低阻组合异常区均有反应，ABM装置剖面中异常区特征明显，反演结果更接近设置模型。

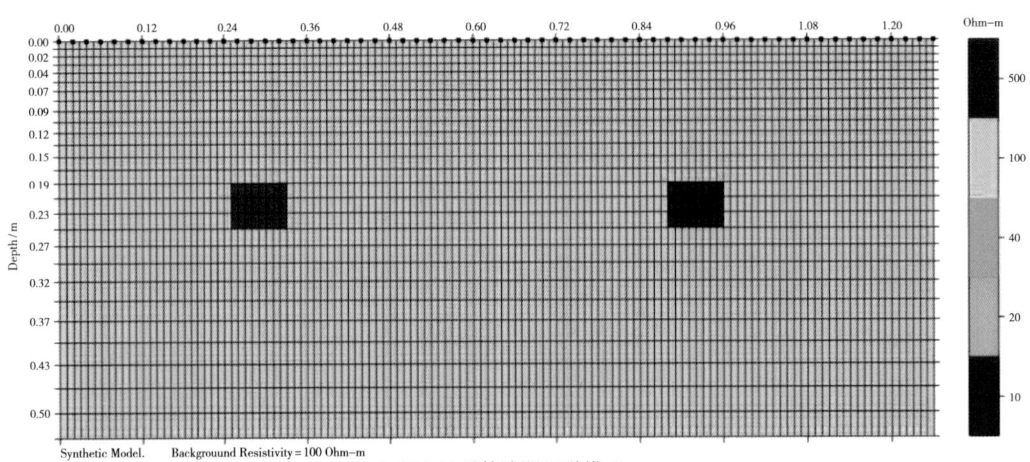

（a）复杂地质体渗漏通道模型

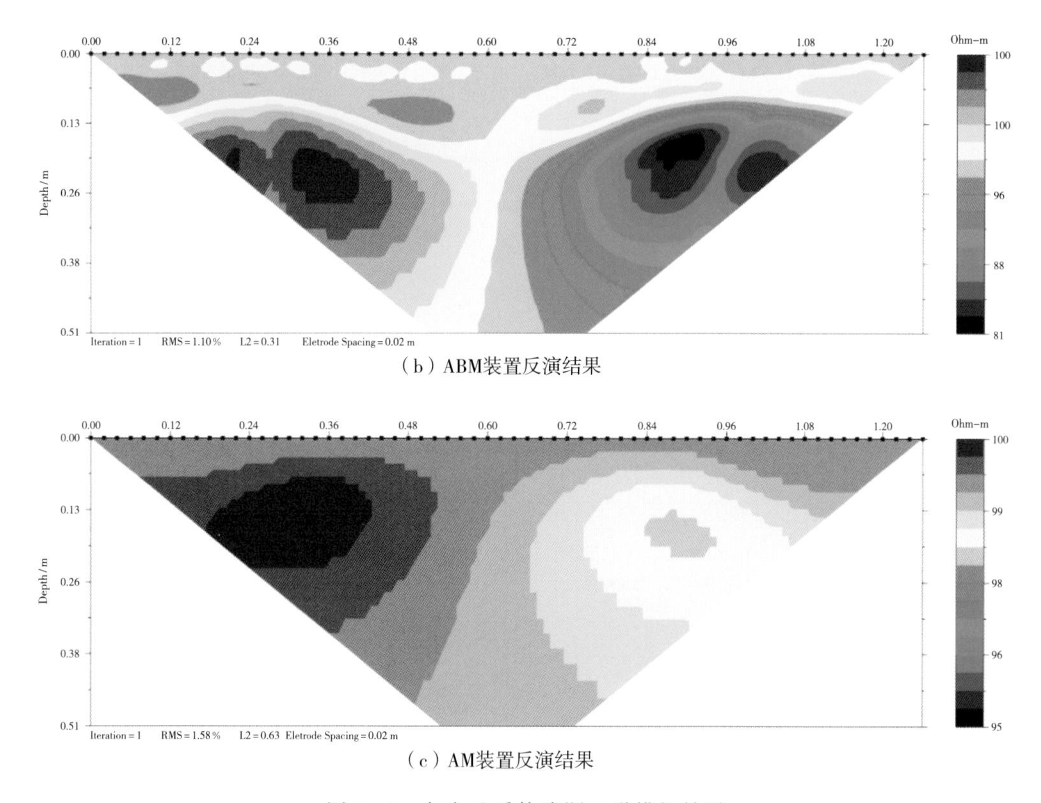

（b）ABM装置反演结果

（c）AM装置反演结果

图3-8　复杂地质体渗漏通道模拟结果

8. 坝基渗漏通道模拟

水库坝体与坝基岩体接触带的防渗措施不到位时，也容易发生接触带渗漏。现通过在坝肩或坝基构建低阻异常区，形成探测模型，对异常分辨特征进行模拟。研究中将坝体作为单一层状介质，其厚度为0.495m，在坝基中设置一定大小的异常体。通过正演模拟，进一步获得不同装置的反演结果，如图3-9（b）、（c）所示。通过对比发现，两种方法模拟AM装置剖面中低阻异常区有反应，但反演结果与设置模型有差异，ABM装置对该模型基本没有反应。

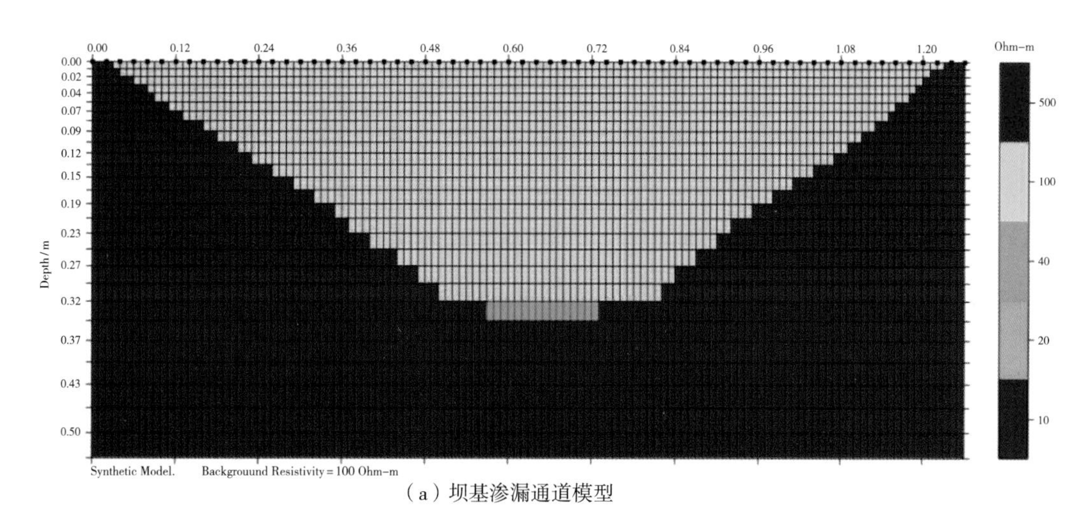

（a）坝基渗漏通道模型

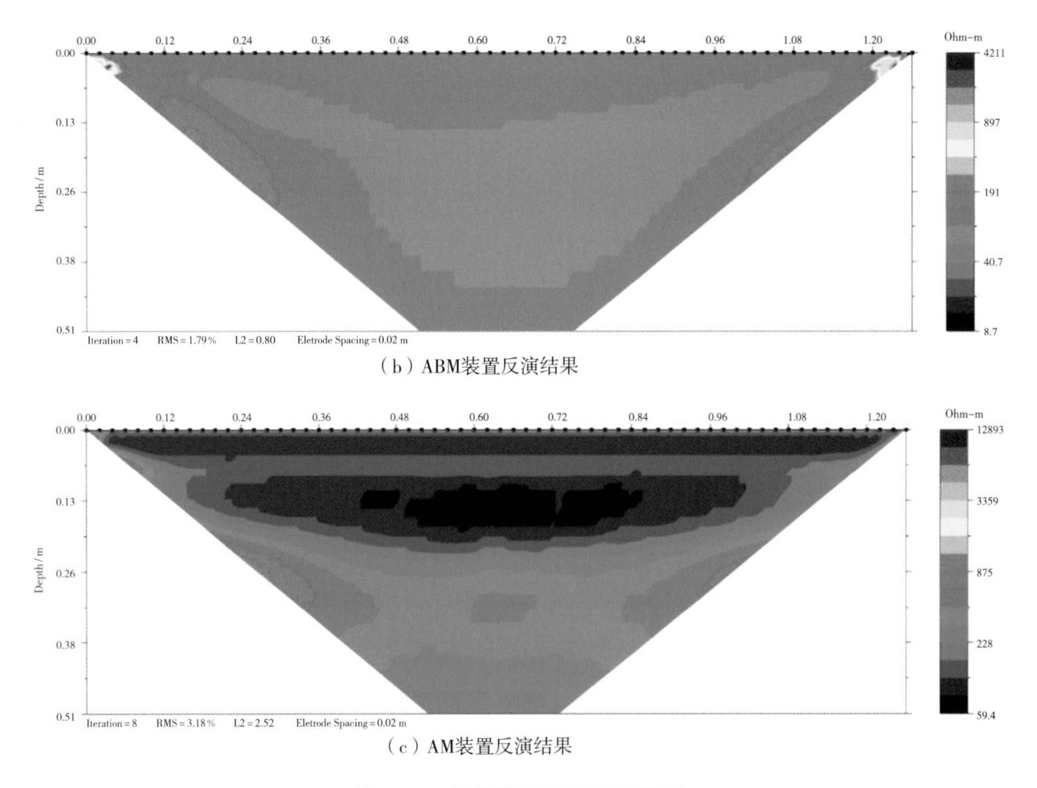

（b）ABM装置反演结果

（c）AM装置反演结果

图 3-9 坝基渗漏通道模拟结果

9. 坝肩接触带渗漏通道模拟

水库大坝坝体与坝肩岩体接触带是容易产生渗漏异常的位置之一，现通过在坝肩构建低阻异常区，形成探测模型，对异常分辨特征进行模拟。将坝体作为单一层状介质，其厚度为0.495m，坝肩设置一定大小的异常体。通过正演模拟，进一步获得不同装置的反演结果，如图3-10（b）、（c）所示。通过对比发现，两种方法在模拟过程中对坝肩低阻异常区反应较差，可能与岸坡的坡比有关，建议在工程应用中测线时应尽可能向两岸延伸。

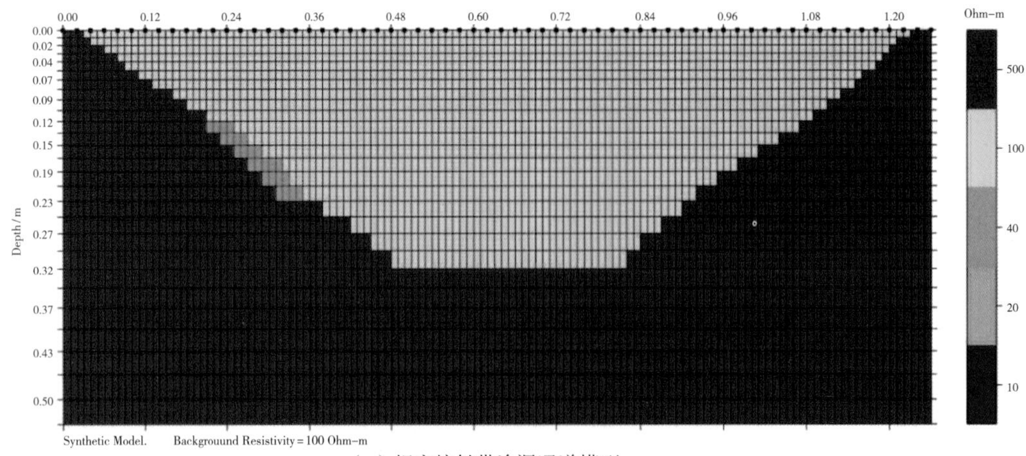

（a）坝肩接触带渗漏通道模型

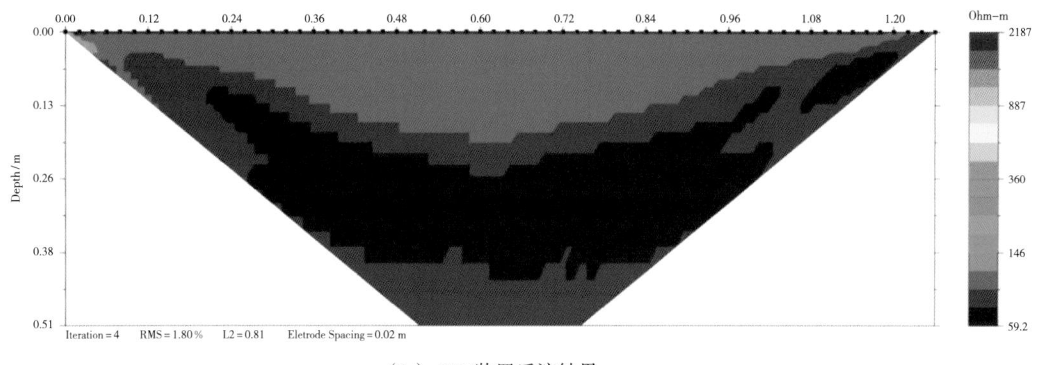

（b）ABM装置反演结果

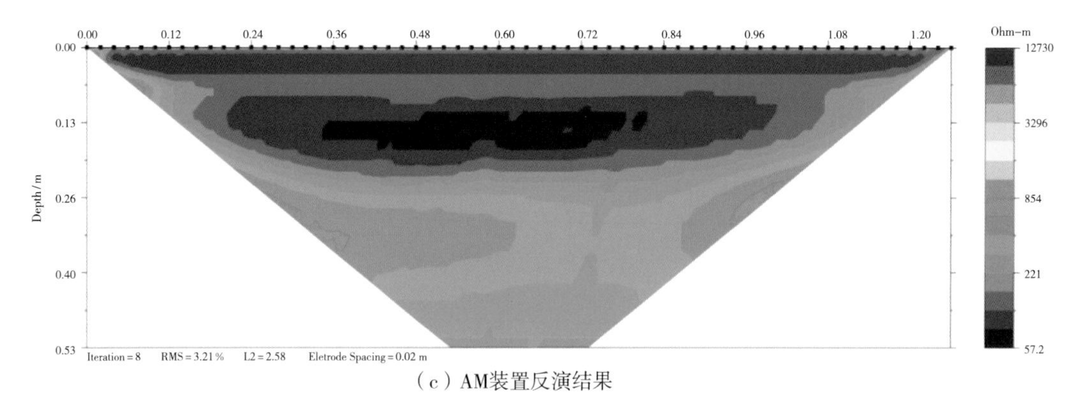

（c）AM装置反演结果

图 3－10　坝肩接触带渗漏通道模拟结果

3.2　物理模型试验

3.2.1　物理模型搭建

为了讨论测试方法的有效性，现通过室内物理模拟方式进行电法测试。小型水库大坝系统的搭建是通过有机玻璃制成的水槽来完成的，可实现坝体构筑、蓄放水控制等，图 3－11 为水槽整体结构图。水槽整体高度为 0.6m，内部空间长 1.3m，宽度为

图 3－11　水槽整体结构图

0.8m。水槽有机玻璃厚3cm，四壁无开口，仅在其中两个短侧面留设有放水口及相关配套管件，在两个长侧面壁设4个卡槽，卡槽深度为5mm，宽度是3～5mm，用以安插大坝坝坡防护玻璃坝体。水槽下部安装有滑动轮，便于移动。

水库坝体利用黏土填筑，坝体设计长度为1.3m，高度为0.5m，坝体坡角设置为60°。通过对黏土进行适当压实后填筑构建模型，图3-12为室内模拟模型及其布置图片。

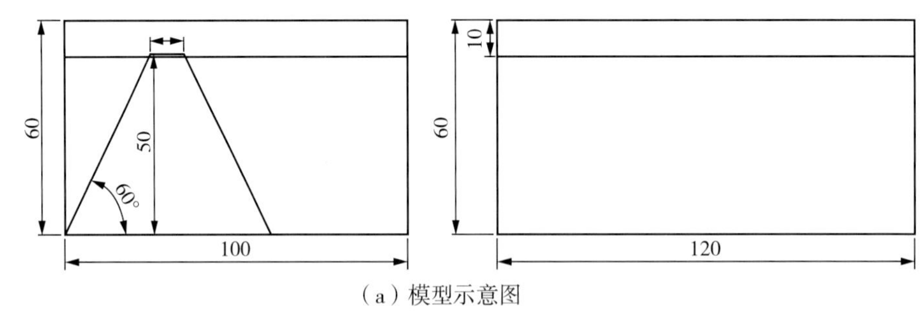

（a）模型示意图

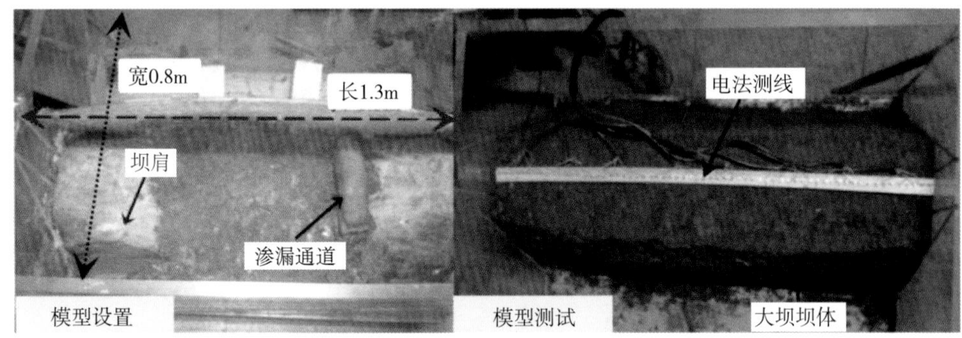

（b）实物照片

图3-12 室内模拟模型及其布置图片

室内土坝填筑模型采用黏土介质，考虑实际坝体填土介质的非均匀性，在室内实验的黏土内掺杂了20%的细砂。一般由于土石坝受施工质量影响，运行过程中，坝体内形成不同形态的渗漏形式，导致水平或竖向的条带状或集中渗漏。模型试验时针对不同地质条件下的异常渗漏进行模拟，共设置5种不同的渗漏病害状态，分别是不同深度的核心渗漏通道模型、水平和竖直条带渗漏通道模型，以及不同阻值的渗漏形式模型。图3-13为土石坝渗漏模型布置剖面图。

（1）核心渗漏通道模型制作。用长条的纱布制成一个直径为8cm的通道，在通道内填上粒径较大、质地比较干的黏土体，在进行坝体填筑时，将装好的长布袋放置在坝体合适位置，注意在填筑过程中不要将布袋压实，避免降低其透水能力。

（2）水平和竖向的渗漏条带制作。在进行坝体填筑时，在到达预定位置时，留设一定宽度的通道，具体尺寸见图3-13（单位：cm），在进行坝体压实过程中注意保护渗漏通道不被压实，避免通道透水不畅。

（3）在进行复杂地质体模型制作时步骤同核心渗漏通道的制作一样，只是设置两个渗漏通道有所区别。

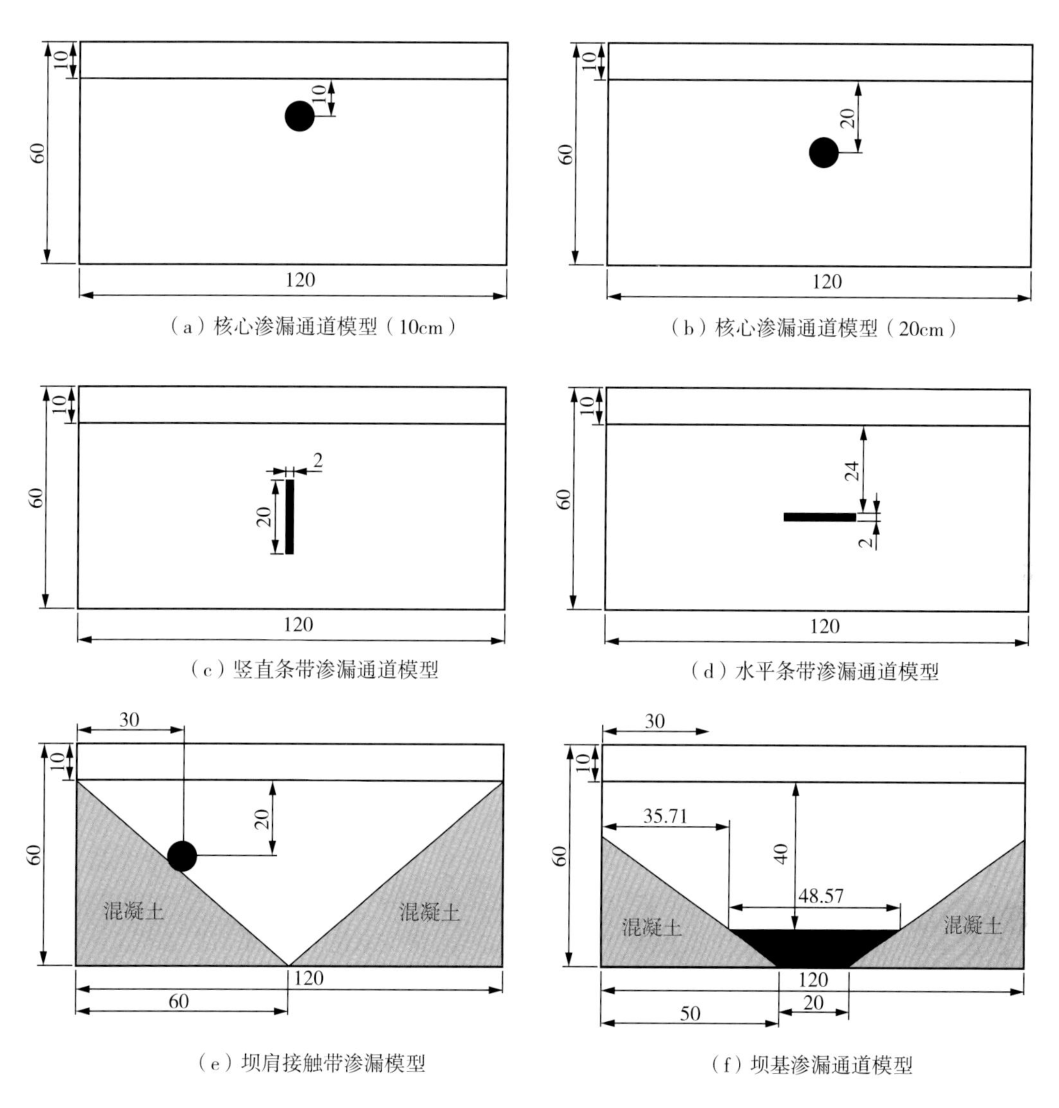

图 3-13　土石坝渗漏模型布置剖面图

3.2.2　土体参数的测试

实验所取的土介质为黏土，对原状土经过筛选、烘干、碾碎等处理后加入 20% 的细砂进行土工试验，按照试验的要求，将土体制作形成不同含水率土样，然后用轻型击实仪进行同样次数的锤击（本次实验使用了 80 次锤击）使得土体尽量压实，获得该土介质在不同含水率条件下的视电阻率特征，为实验中采用不同含水率的土体进行试验提供参考。

压实土体的电阻率采用小四极法电法装置进行测试。土体含水率及电阻率测试过程图如图 3-14 所示，常见材料的电阻率参数见表 3-1 所列。

(a) 土体含水率测试

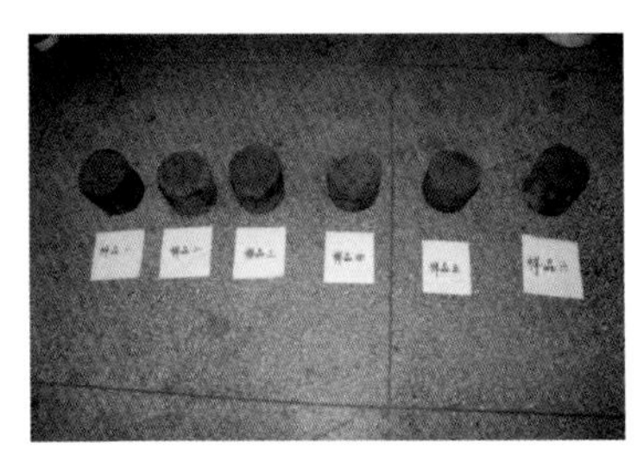

(b) 不同含水率压实土柱

(c) 并行电法仪

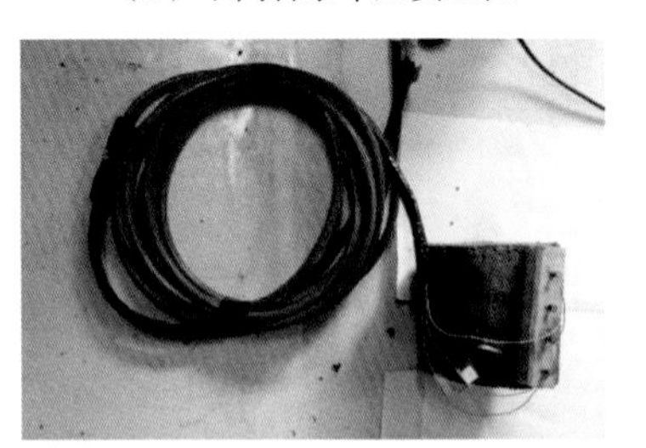

(d) 小四极测试方法

图 3-14 土体含水率及电阻率测试过程图

表 3-1 常见材料的电阻率参数

材料	松散石灰岩	密实石灰岩	变质岩	地下水
视电阻率/(Ω·m)	100～1000	1000～10^6	50～10^6	60
材料	海水	有机玻璃	自来水	5%Nacl 溶液
视电阻率/(Ω·m)	<10	趋向于无穷大	90	8

由表 3-2 绘制电阻率与不同含水率之间的关系图（图 3-15）。根据曲线特征可以看出，土介质含水率在 12%和 13%之间发生较大的变化，其电阻率值变化在 100Ω·m 以上，当在 12%～13%区间以外时土介质电阻率下降至几十欧姆米，且其变化趋势较为平缓。主要原因为土介质含水饱和后其电性参数变化量小。因为在土介质电阻率相差较大探查时，地球物理特征响应明显，所以在进行土坝构筑实验时，选择含水率较低的土体能够得到更好的探测效果。在制作室内物理模型过程中，主要考虑坝体的压实程度，要尽量压实，并且填筑料及压实程度要相对均匀，值得注意的是所设置的人为通道不能在压实过程中遭到破坏，避免坝体内设置的通道尺寸受到大的改变，从而影响实验测试结果。

表 3-2 实验所取黏土电阻率和含水率

试样编号	湿土质量/g	干土质量/g	水分质量/g	含水率/%	电阻率/(Ω·m)
1	150.0	141.5	8.5	6.1	156.3
2	152.3	135.8	16.5	12.2	130.5
3	154.0	135.6	18.4	13.6	36.0

（续表）

试样编号	湿土质量/g	干土质量/g	水分质量/g	含水率/%	电阻率/（Ω·m）
4	166.8	144.6	22.2	15.4	24.0
5	157.9	132.3	25.6	19.4	18.7
6	160.5	129.0	31.5	24.4	15.5

由图3-15可见，当土介质含水率超过15%时，其电阻率值变化量较小。一般水库蓄水后，浸润线以下坝体会形成稳定渗流，因此会降低电法探测对导水通道等异常的分辨率，使得较小的异常渗漏等空间不能被分辨出来，或者造成误判。

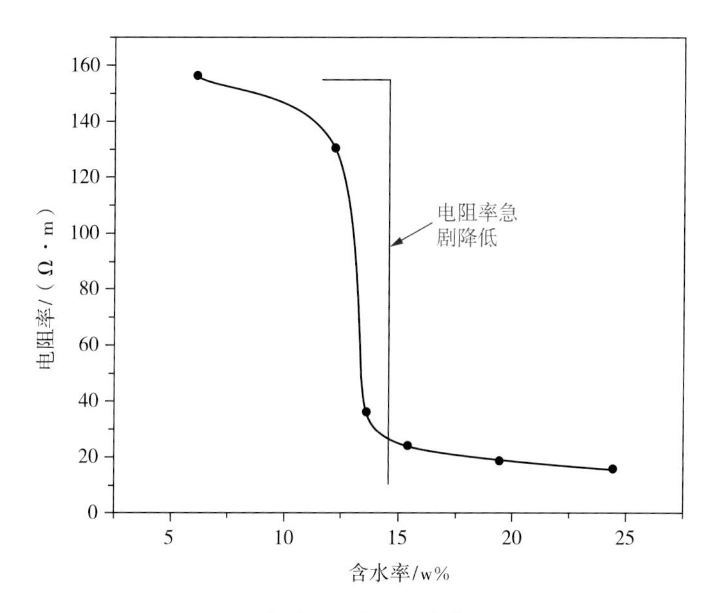

图3-15　土介质电阻率与含水率之间关系图

3.2.3　模型测试过程

（1）模型测试时，重点是在坝顶布置一条测线，按照电极间距2cm，共布置64个电极，测线长度为1.26m。用铜棒制作电极，电极长度为5cm，为了试验效率以及现场数据采集的一致性，按顺序将电极固定在一个长1.3m木板上，将制作好的大线与电极相连接，便于使用。

（2）配制不同含水率的黏土介质，填筑设计尺寸的坝体。给土坝模型加水，模型填筑高度为42cm，放水高度控制在35cm以下，静置一段时间，观察背水坡的渗漏情况。

（3）将制作好的电极板固定在坝顶，调整电极的入土深度，保证电极的耦合性，再将其与仪器连接，布置好观测系统以便随时进行测试。

（4）测试电极的接地电阻，对接触不良的电极进行调整，确保每个电极的有效性，保证数据采集质量。

（5）使用四极法，用采集装置分别测取坝体的背景值及实验值，测试结束后对数据进行初步评估。如果数据质量差，可调整装置后重新采集数据，保证获得高质量的测试数据。

(6) 将数据导入计算机进行处理，分别用温纳四极、温纳偶极、温纳微分进行视电阻率成图，并进行反演，通过分析、比较讨论坝体异常特征。

3.2.4 模型试验结果

实验共选用了2组不同含水率的土体进行测试，分别为20%和12.5%，最终含水率为12.5%的土体筑坝获得的实验结果较为理想，也验证了室内介质电阻率测试结果的合理性。按照以上的实验步骤对模型坝体进行浸润线等实验项目的测试，分别获得相应的测试结果。

1. 大坝浸润线的测试

(1) 模型黏土含水率为20%时，分别采集AM法和ABM法两种不同类型数据，在AM法中提取温纳三极数据，在ABM法中提取温纳四极数据，所测背景视电阻率剖面如图3-16所示，从图中可以看出三种不同装置的数据体存在明显差异。其中温纳四极对层状地层的识别能力较强，温纳三极的左、右装置图像基本呈对称性分布，可能与供电场的位置有关，此外受室内模型的限制，AM法数据可能受水槽边界的影响而产生畸变数据体，从而造成一部分数据为负电阻值。

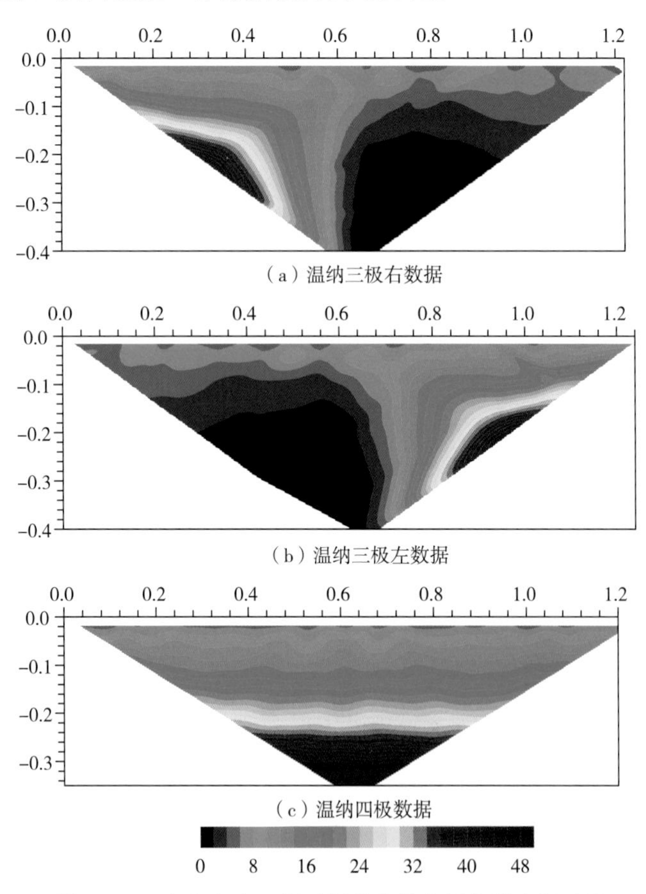

图3-16 含水率为20%时坝体背景值视电阻率剖面图

从图 3-17、图 3-18 的反演图像可以看出，不同的数据组合得到的反演电阻率剖面也存在一定的差异。在对 AM 法数据进行反演中，温纳三极左、右结果存在一定的对称性差异，而 AM 法数据联合反演有效压制了非对称测量引起的偏差，提高了定位信息，因此采用 AM 法的联合数据反演在抗噪声以及提高分辨力方面具有独特优势。ABM 法中不同装置对水平、垂直方向的分辨能力差异较大，但总体上都能反映出模型成层状分布，其中温纳四极装置的反演剖面上电阻率自浅及深呈不断增加的趋势，并且在水平方向表现为连续性；偶极反演剖面反映出电阻率在横向上的不均匀分布，表明偶极装置具有较强的横向分辨力，对识别异常体的水平位置具有重要意义。

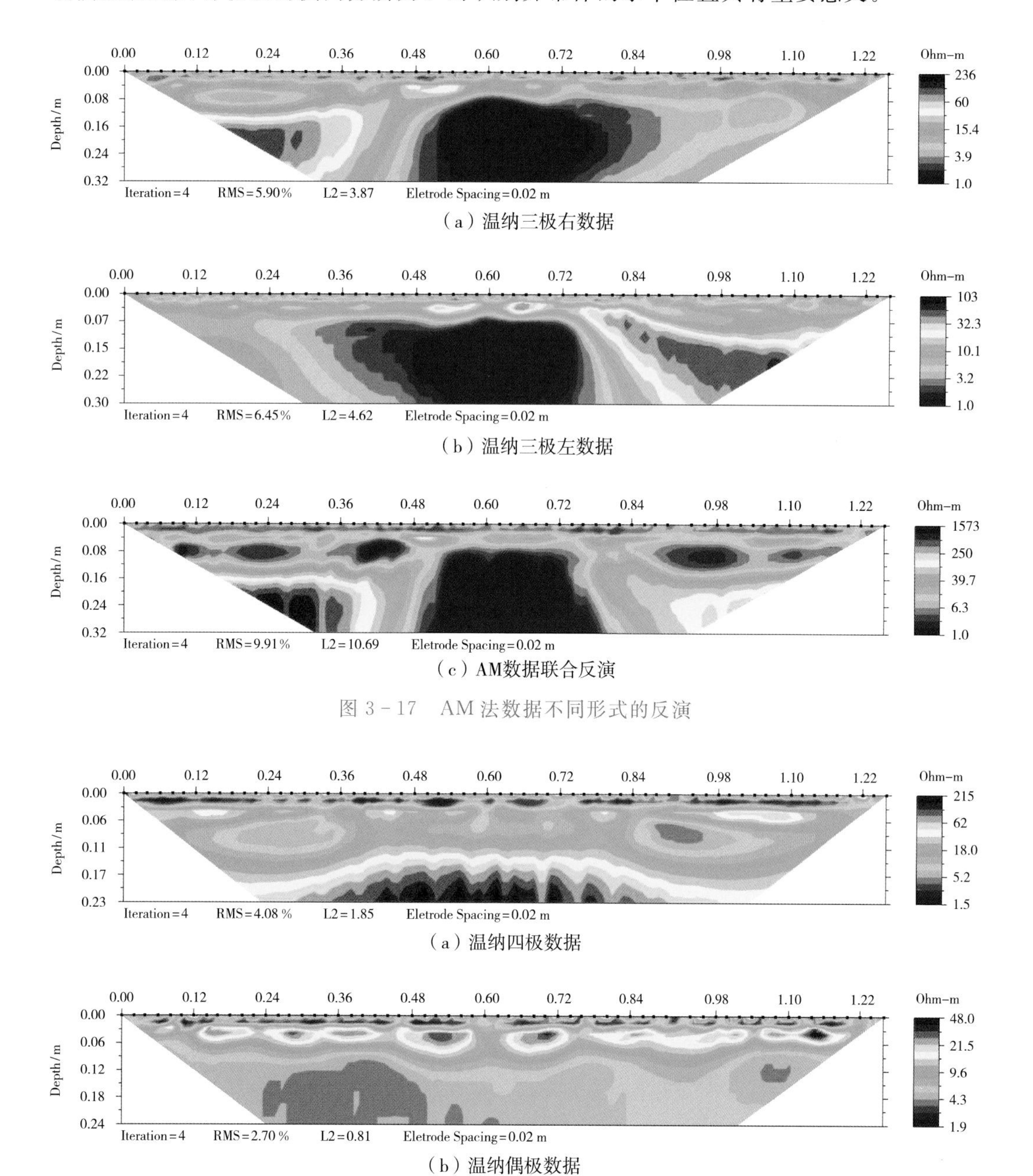

(a) 温纳三极右数据

(b) 温纳三极左数据

(c) AM数据联合反演

图 3-17 AM 法数据不同形式的反演

(a) 温纳四极数据

(b) 温纳偶极数据

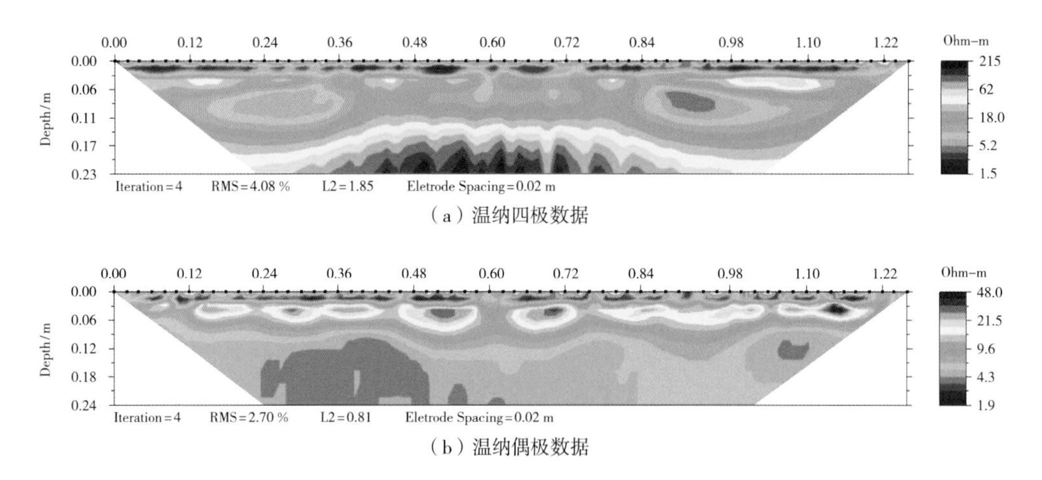

（a）温纳四极数据

（b）温纳偶极数据

图 3-18 ABM 法数据不同形式的反演

总体上，模型碾压质量较好，为注水试验研究提供了可靠的背景。从反演结果上来看，并行电法的 AM 法、ABM 法数据联合反演效果更好，故下文主要采用这两种处理方法进行试验成果的相互比较。

当水槽蓄水区加水 40h 后，模型坝体已经完全浸润，此时所得测线视电阻率剖面如图 3-19 所示。从图 3-16 和图 3-19 两幅视电阻率剖面图可见，温纳四极坝体整体视电阻率分布较均匀，而温纳三极呈非对称形，分析认为其受水槽底板有机玻璃边界影响。整体上视电阻率在浸水前后都发生变化，但变化幅度较小，难以有效识别出浸润线。根据土与电阻率的关系，可能在一定的压实状态下，含水率 20％和 12.5％土的电阻率相差不大，特别是在实验模型中，二者视电阻率并未发生明显的改变。

对蓄水后的 AM 法、ABM 法数据联合反演后得到图 3-20，对比图 3-20 和图 3-17（c）、3-18（d）可知，AM 法数据联合反演结果变化较小，电阻率形态基本一致；ABM 联合反演之后，电阻率在横向上的连续性较背景值更平顺，可能浸水后大坝的电阻率分布更加均匀。

总之，当土体含水率在 20％时，土体的浸润电阻率变化特征不明显，总体上表现为整体的电阻率下降，经反演后的图像电阻率分布相对更加均匀，但不能反映出浸润线的变化情况。此外，受模型尺寸、电法装置以及反演参数等的差异，一定程度上可能影响电阻率的形态分布，从而影响浸润线的可靠识别。

（2）模型黏土含水率为 12.5％时，实测背景值与浸润后的视电阻率剖面见图 3-21 和图 3-23。由坝体背景及浸润后的视电阻率剖面图可知，浸润线的变化特征不明显，总的来说视电阻率呈整体下降情况，同样不能直接观测到浸润线的变化情况。

同时，需要指出的是，可能受模型尺寸的限制，AM 法数据在采集过程中，并不能把无穷远电极置于较大的距离，一定程度上可能导致视电阻率值发生畸变，从而造成图 3-21（a）中的视电阻率断面出现负值缺失的现象。

图 3-22、图 3-24 是含水率 12.5％的大坝背景和浸润后的 AM 法、ABM 法反演电阻率剖面。从图中可以看出在浸润前后，AM 法数据联合反演结果变化较小，ABM 法反演结果整体电阻率值下降，并且在测线中部低阻异常有不断增大的趋势。

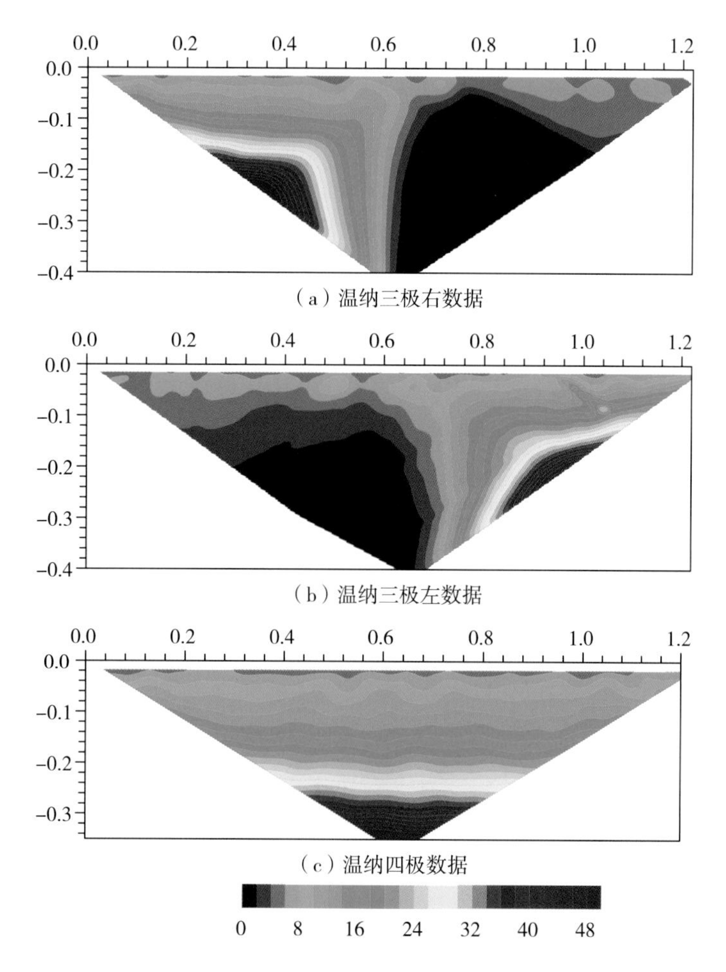

（a）温纳三极右数据

（b）温纳三极左数据

（c）温纳四极数据

图3-19　浸润后坝体视电阻率剖面图

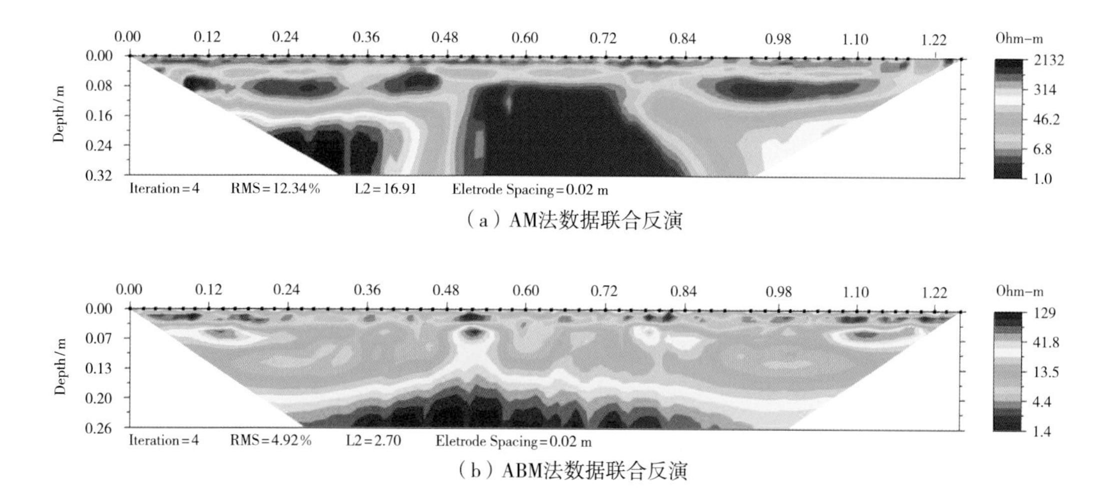

（a）AM法数据联合反演

（b）ABM法数据联合反演

图3-20　浸润后坝体电阻率反演剖面图

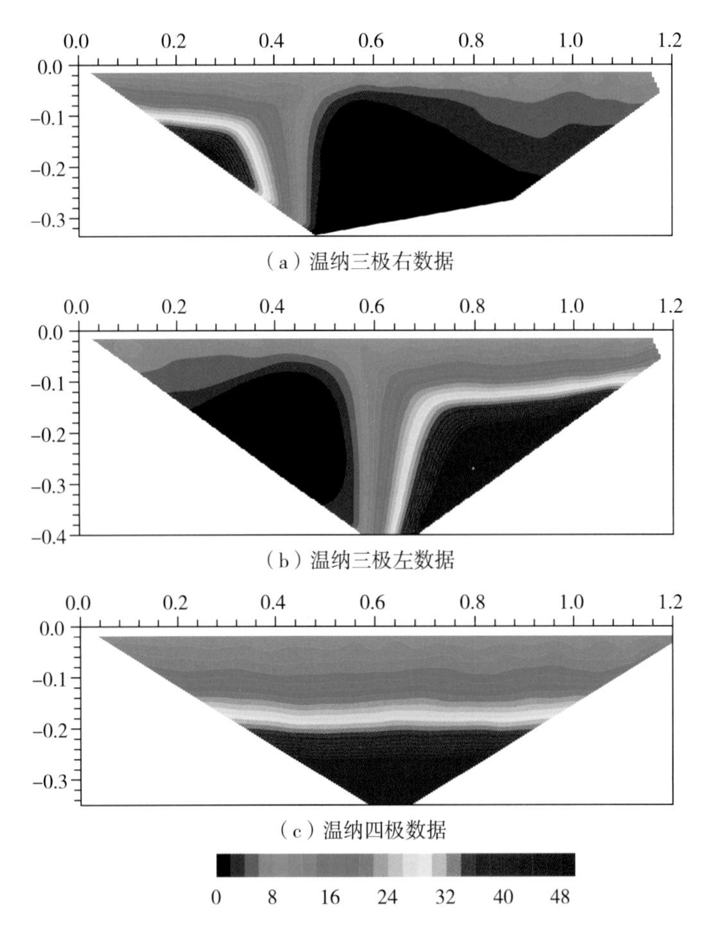

（a）温纳三极右数据

（b）温纳三极左数据

（c）温纳四极数据

图 3－21　含水率 12.5％时坝体背景视电阻率剖面图

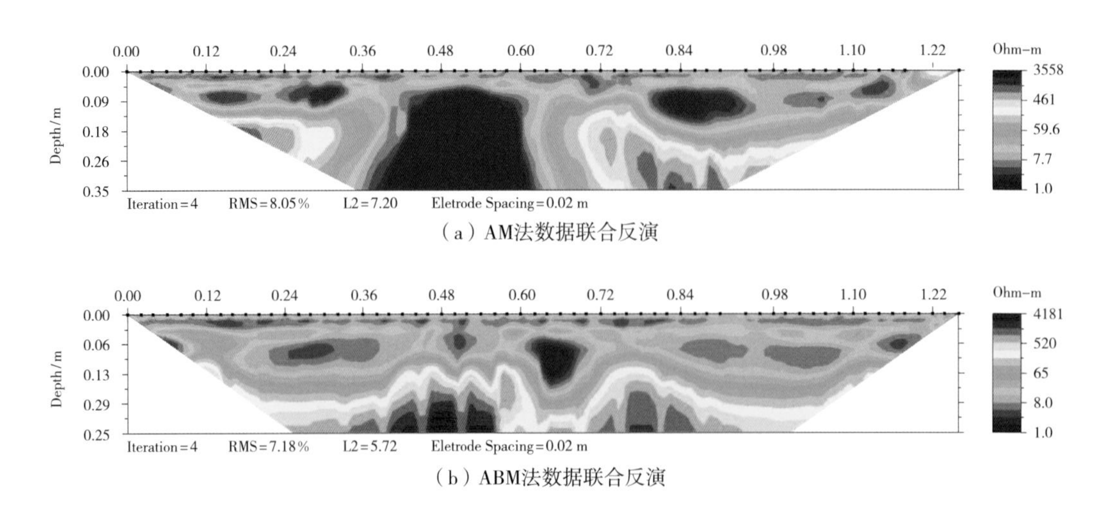

（a）AM法数据联合反演

（b）ABM法数据联合反演

图 3－22　含水率 12.5％时坝体背景反演电阻率剖面图

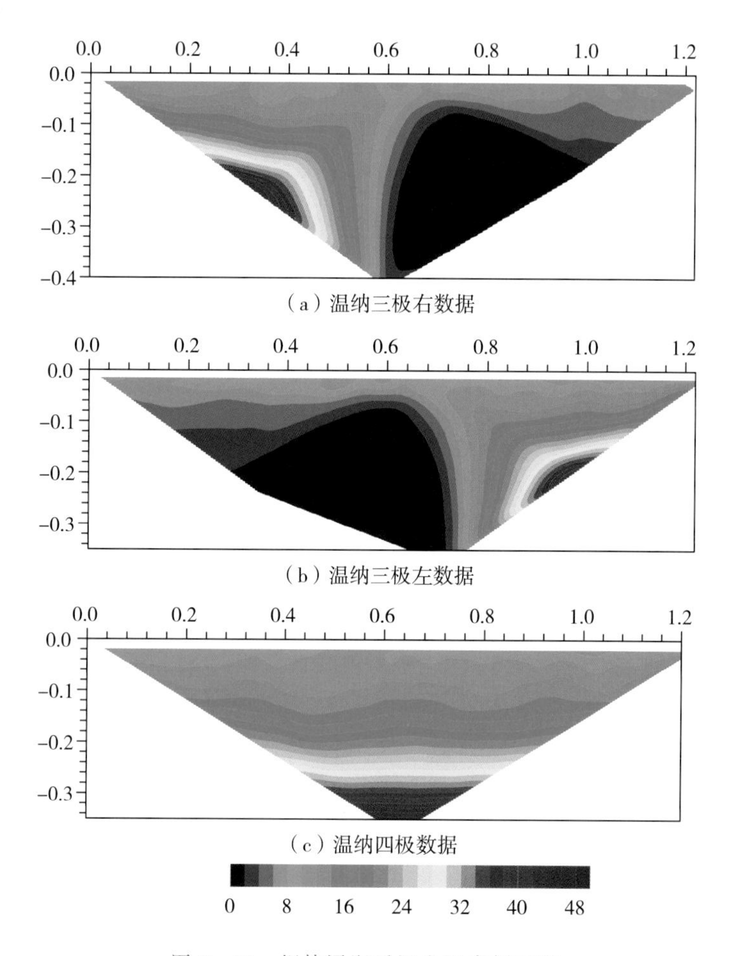

（a）温纳三极右数据

（b）温纳三极左数据

（c）温纳四极数据

图 3-23 坝体浸润后视电阻率剖面图

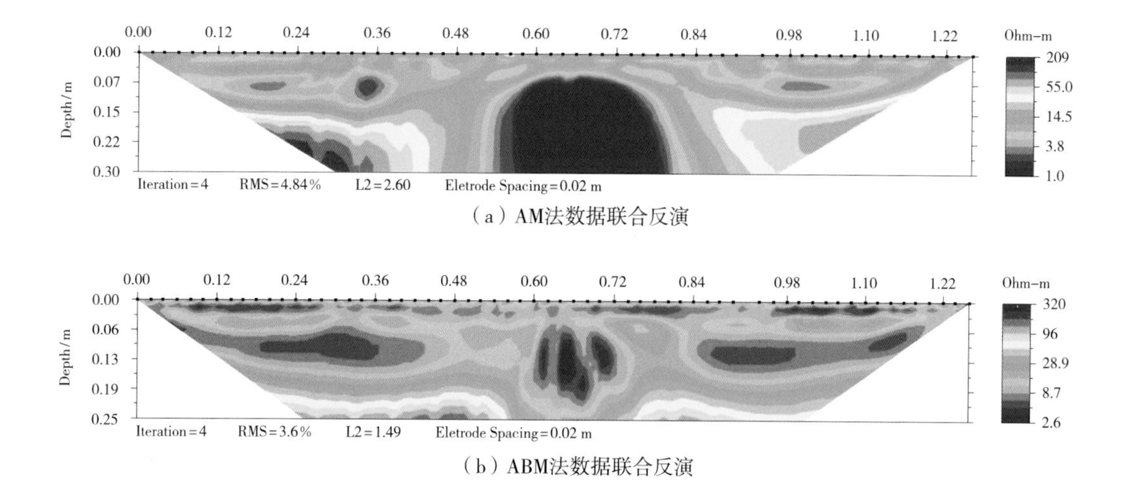

（a）AM法数据联合反演

（b）ABM法数据联合反演

图 3-24 坝体浸润后的反演电阻率剖面

(3) 模型黏土含水率为10%时，所测背景值视电阻率剖面图如图3-25所示。从图上可以看出，两种装置的电阻率都呈层状分布，并且由浅向深视电阻率值也不断增大，图像上未出现明显的高阻、低阻区域，从而表明大坝整体填筑较为均匀。

经反演计算后得到结果如图3-26所示，从图上也可清晰看出大坝的电阻率分布较为均匀，不同装置的反演结果较为一致。

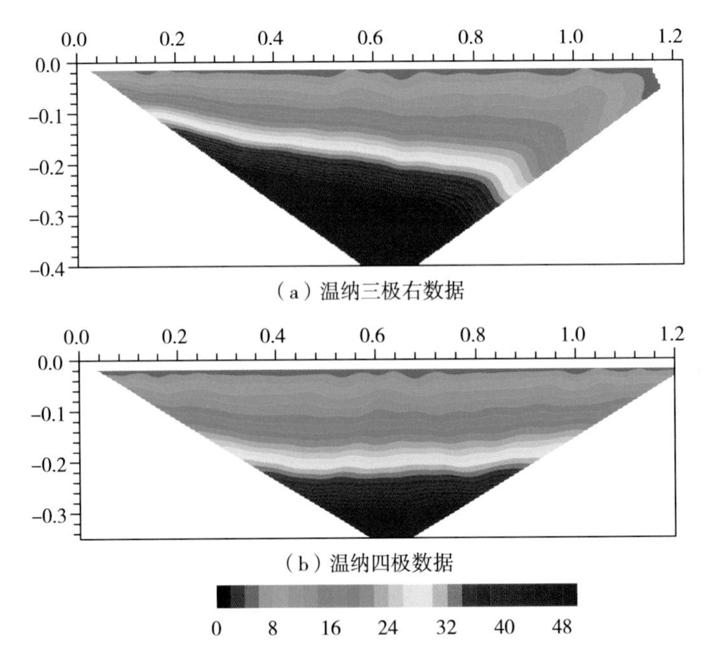

(a) 温纳三极右数据

(b) 温纳四极数据

图3-25 含水率为10%时坝体背景值视电阻率剖面图

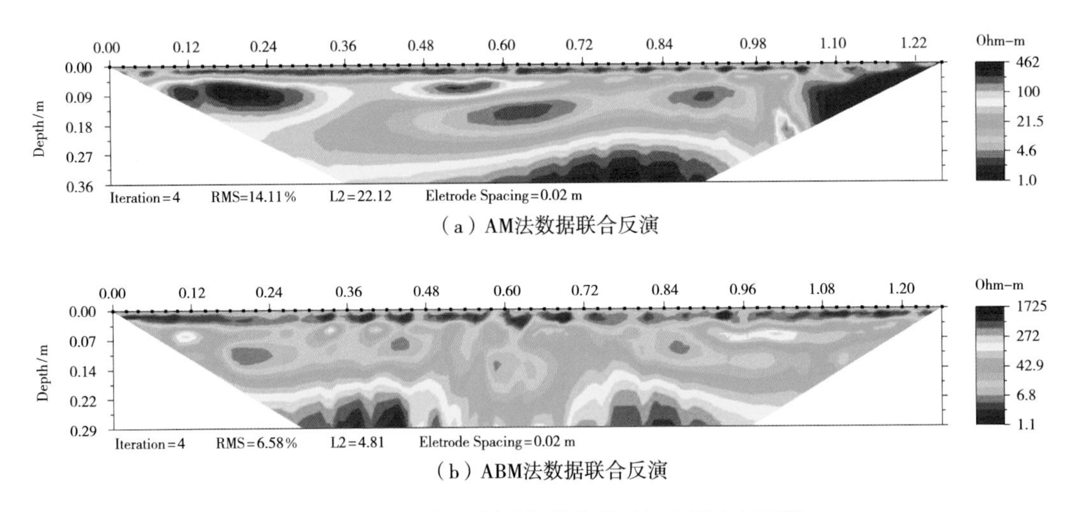

(a) AM法数据联合反演

(b) ABM法数据联合反演

图3-26 含水率10%时坝体背景反演电阻率剖面图

当水槽加满水持续40h后，坝体黏土介质已经完全被浸润，此时所得视电阻率剖面见图3-27。从两次视电阻率对比可看出，视电阻率剖面从上部至底部电阻率逐渐升高，下部呈现高阻，可能与下部水槽的有机玻璃边界有关，符合实验模型的实际情况。

浸润后坝体的视电阻率整体呈下降趋势，未能反映出浸润线的位置变化。

对坝体浸润后的电阻率数据进行反演得到图3-28，从图上可以看出土体含水率在10%时，土体的浸润电阻率变化特征不明显，其中ABM装置成层性较好，从某种程度上说，反演后的图像更能突出电阻率相对低的区域，但同样不能反映出浸润线的变化情况。

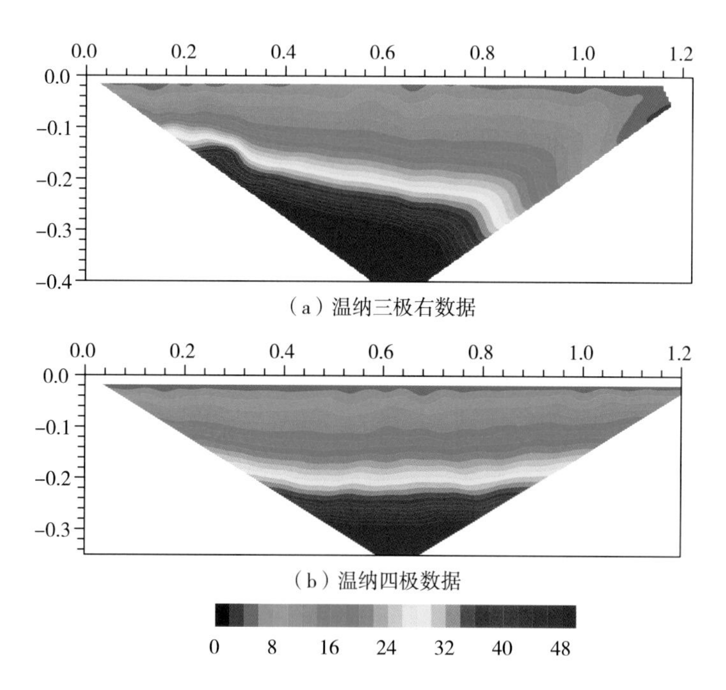

（a）温纳三极右数据

（b）温纳四极数据

图3-27　坝体浸润后视电阻率剖面图

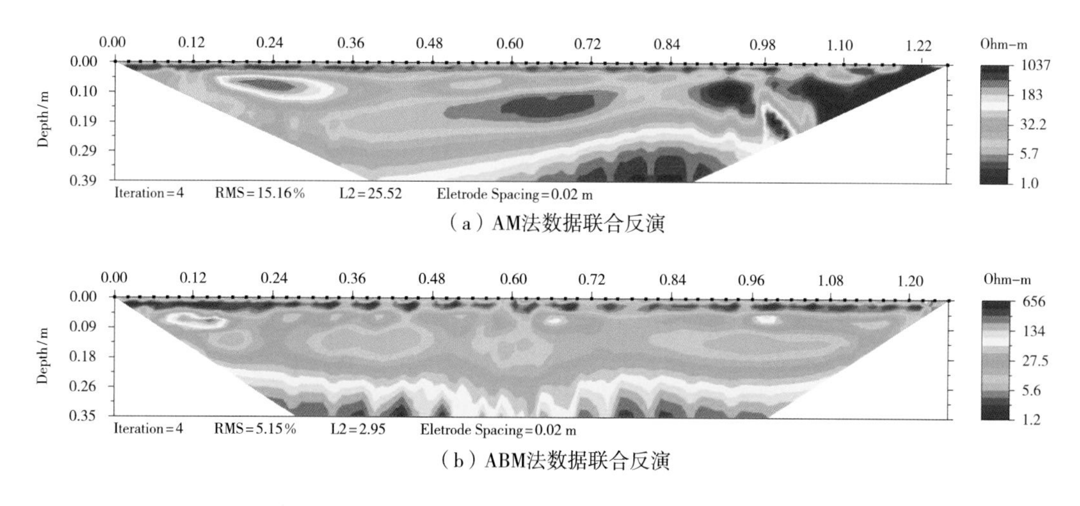

（a）AM法数据联合反演

（b）ABM法数据联合反演

图3-28　坝体浸润后的反演电阻率剖面

（4）电阻率时移监测试验。在对模型黏土（含水率为12.5%）进行测试时，依次对浸润时间12h、18h、28h以及40h的探测结果进行反演处理，经时移反演计算得到的 ABM 数据联合反演的电导率变化结果如图 3－29 所示。从反演电导率变化图中可以看出，在浸润饱和以后，大坝不同位置的电导率存在明显的差异，其中在测线 0.5～0.7m 段下方电阻率值下降的最为剧烈，而随着饱和时间的不断加长，其他几处电阻率也有所下降，但幅度较小。因此，在实际探测中，电阻率会随着浸润时间的延长而发生变化，因此可以根据这种变化来探查大坝内部的不均匀体，但需要注意若大坝内部含有较多的水分，电阻率可能难以识别出这种变化，因此在实践中要加强库水位从低到高的全过程电法监测，如此将有效提高电阻率对浸润线以及隐患的判别能力。

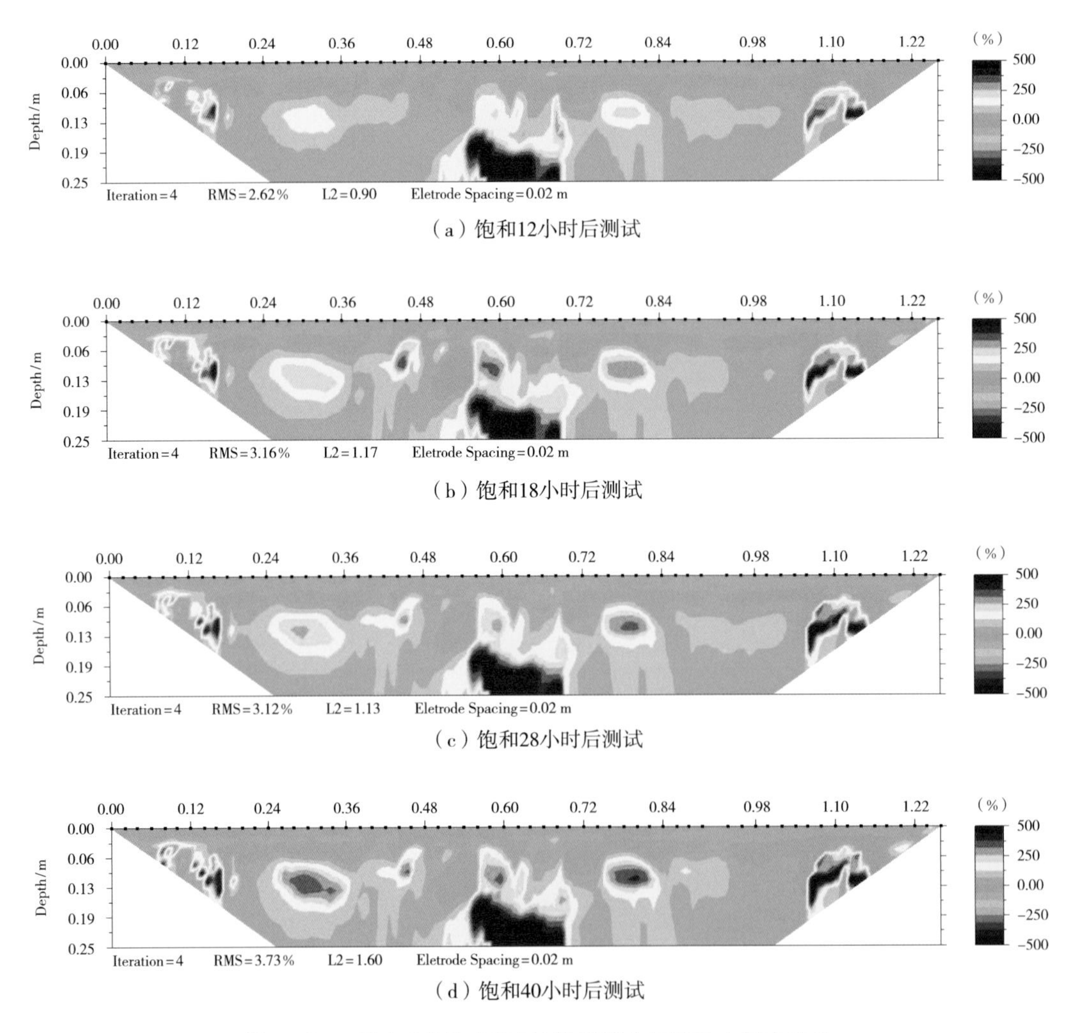

(a) 饱和12小时后测试

(b) 饱和18小时后测试

(c) 饱和28小时后测试

(d) 饱和40小时后测试

图 3－29 不同时刻的 ABM 法数据联合反演的电导率变化

2. 渗漏通道的测试

(1) 模型黏土含水率为 12.5%时，核心渗漏通道深度为 10cm，所测得通道渗水后视电阻率剖面图如图 3－30 所示。从上述视电阻率剖面图可见，温纳四极剖面上出现等值线弯曲的现象，而在温纳三极右装置剖面上等值线出现的剧烈变化，对渗漏通道的位置分辨不明显。

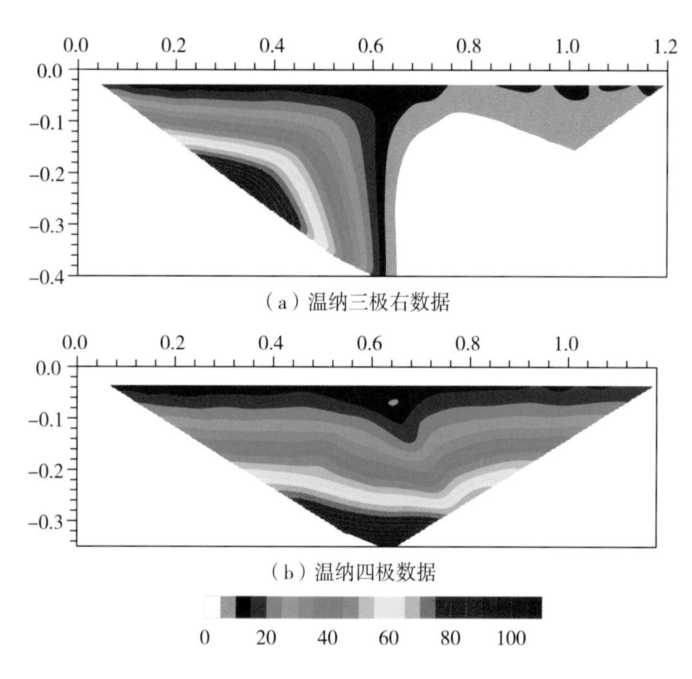

（a）温纳三极右数据

（b）温纳四极数据

图3-30　核心渗漏通道深度10cm时视电阻率剖面图

图3-31为AM装置、ABM装置渗漏通道10cm反演成果，从中可以看出，在反演剖面中导水通道特征明显，为低阻异常反应，且归位效果良较好，但低阻范围有所增大。

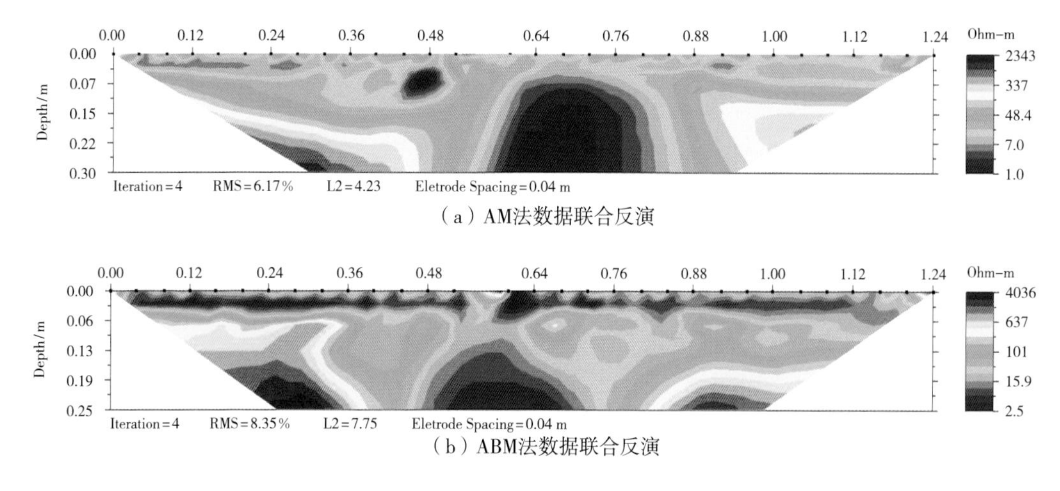

（a）AM法数据联合反演

（b）ABM法数据联合反演

图3-31　渗漏通道10cm反演成果

（2）模型黏土含水率为12.5%时，核心渗漏通道深度为20cm，所测得通道渗水后视电阻率剖面图如图3-32所示。从上述视电阻率剖面图可见，视电阻率剖面不易分辨渗漏通道的位置。

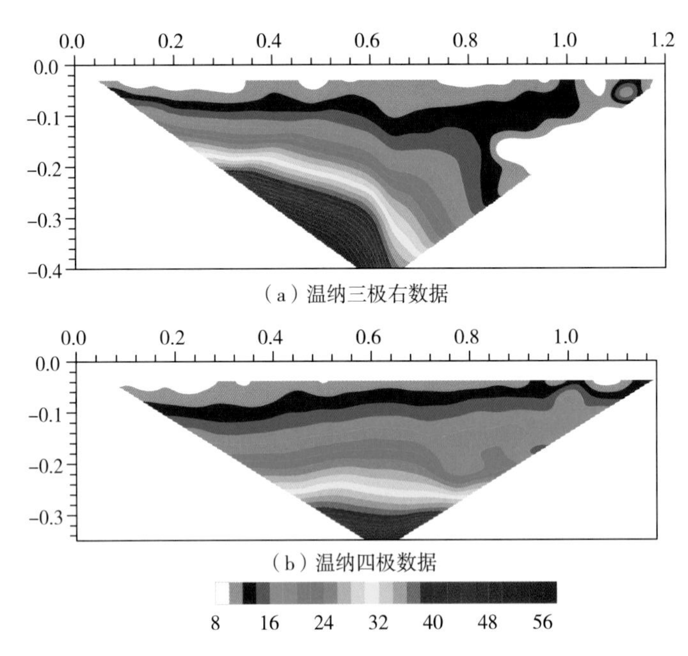

（a）温纳三极右数据

（b）温纳四极数据

图 3-32　核心渗漏通道深度 20cm 时视电阻率剖面图

图 3-33 是 AM 装置、ABM 装置渗漏通道 20cm 反演成果。从图中可以看出，AM 法数据联合反演结果中低阻区的深度与预设模型基本吻合，但水平方向存在一定的偏移；ABM 法数据联合反演的结果在深度与水平位置都与预设模型基本一致。

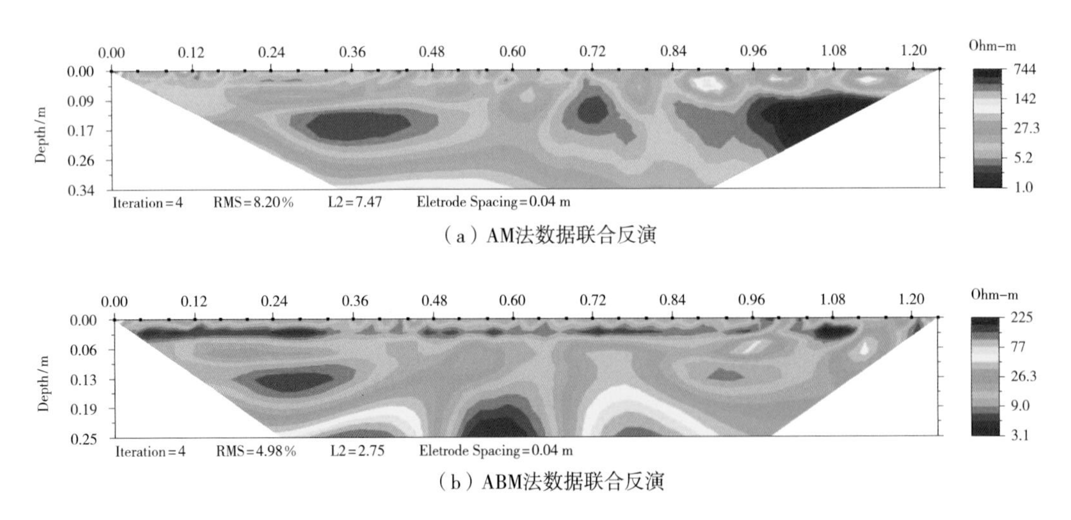

（a）AM法数据联合反演

（b）ABM法数据联合反演

图 3-33　渗漏通道 20cm 反演成果

（3）模型黏土含水率为 12.5%时，水平渗漏通道深度为 20cm，所测得通道渗水后视电阻率剖面图如图 3-34 所示。从温纳四极的视电阻率断面可以看出，等值线呈层状分布，但在水平位置 0.6m 处下方存在等值线的弯曲现象，并且弯曲的曲率较大，表明横向水平渗漏通道对电阻率测试成果有一定程度的影响，但不能分辨渗漏通道的具体位置和深度。

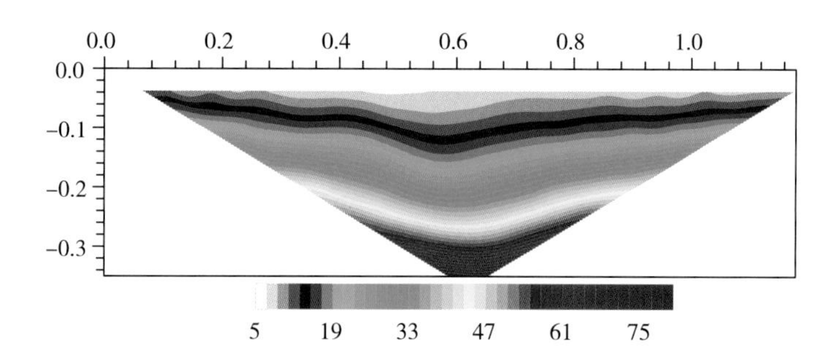

图3-34 水平渗漏通道深度20cm视电阻率剖面图

从反演成果3-35可以看出，ABM法数据联合反演效果较好，电阻率反映出低阻区与预设水平渗漏通道的位置和深度都基本吻合，由于受模型尺寸所限，AM法数据体发生一定的畸变，测试效果较差。

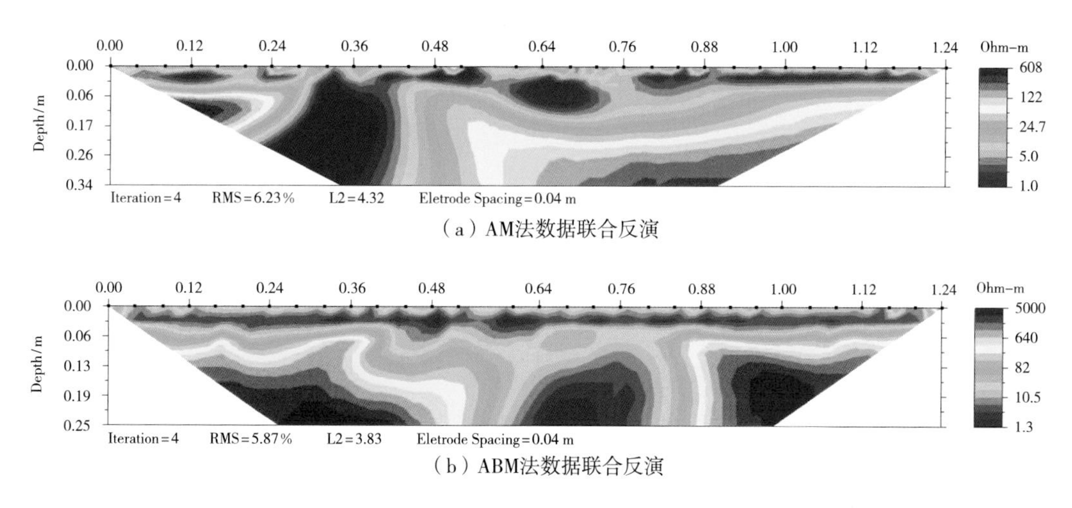

（a）AM法数据联合反演

（b）ABM法数据联合反演

图3-35 水平渗漏通道反演成果

（4）模型含水率为12.5%时，竖直渗漏通道长度为20cm，所测得通道渗水后视电阻率剖面图如图3-36所示。从视电阻率剖面图可见，温纳四极装置在中间位置出现大范围的低阻区，并且引起视电阻率等值线向下弯曲，温纳三极视电阻率也表现出低阻区垂向分布的态势，但受模型尺寸的限制，视电阻率值可能发生畸变现象。

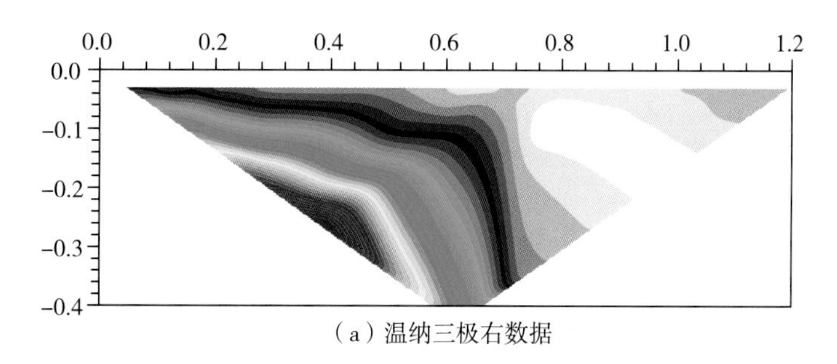

（a）温纳三极右数据

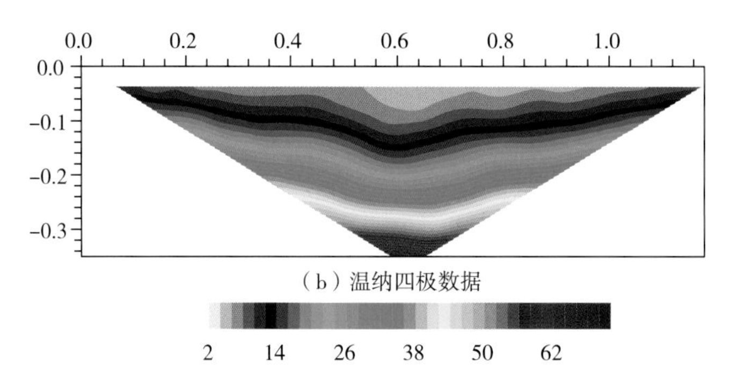

（b）温纳四极数据

图 3-36 竖直渗漏通道视电阻率剖面图

根据 AM 法数据、ABM 法数据联合反演结果，在模型中间位置出现竖向的低阻区，低阻区范围相对于设置的通道尺寸稍大，其收敛性好，坝体表面出现大范围的低阻区域可能与实验时电极浇水有关。

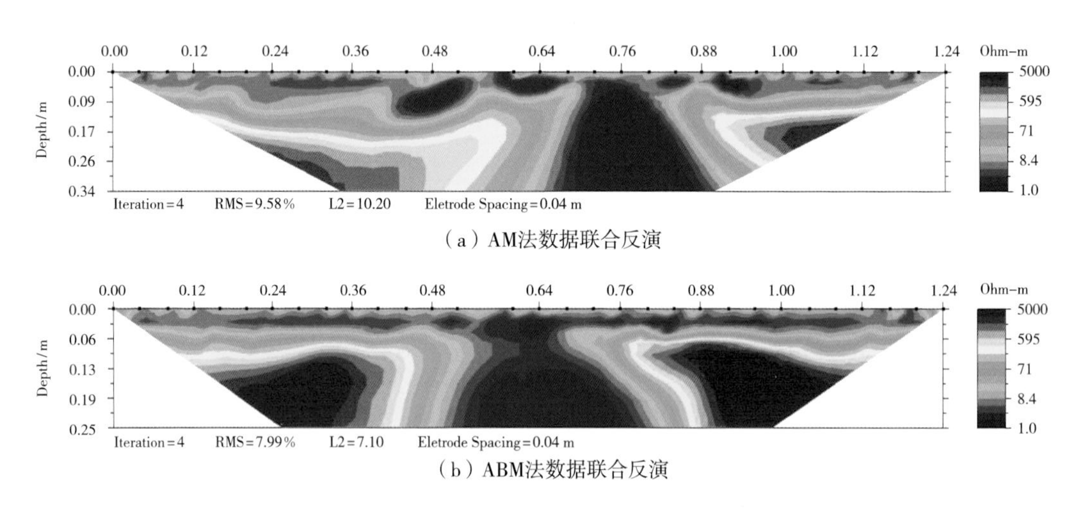

（a）AM法数据联合反演

（b）ABM法数据联合反演

图 3-37 竖直渗漏通道反演成果

（5）模型黏土含水率在 12.5%时，坝肩接触带渗漏通道深度为 20cm，通道直径为 8cm，所测通道渗水后的视电阻率剖面如图 3-38 所示。从视电阻率剖面图可看出，温纳三极右数据在 0.25m 位置出现低阻区域，渗漏中心位置深度在 10cm 左右；温纳四极装置也在该位置存在等值线的弯曲，与预设模型基本吻合。由此可知，两种电法装置都能反映出坝肩接触带渗漏，但在深度定位上相对于预设模型小。

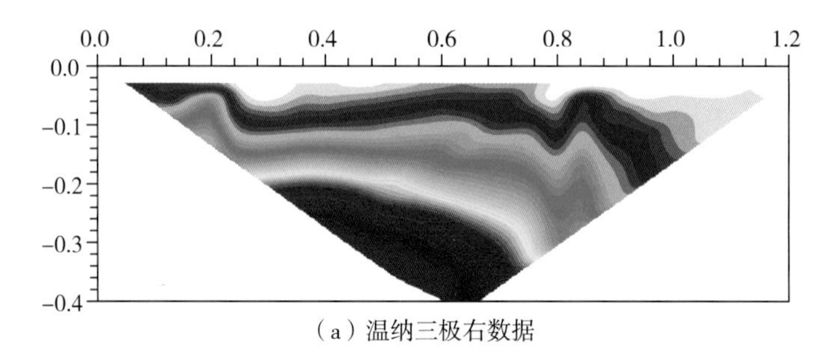

（a）温纳三极右数据

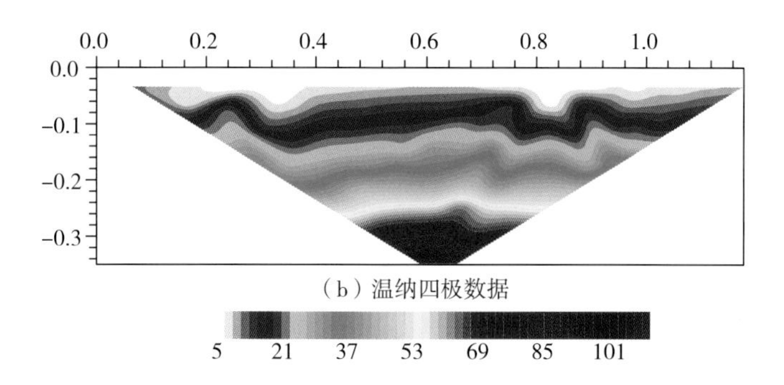

（b）温纳四极数据

图3－38　坝肩接触带渗漏视电阻率剖面图

图3－39是AM法数据、ABM法数据联合反演成果，相对于视电阻率图像，反演成果对低阻区的范围收敛性更好，有效降低了电法的异常扩展效应，对异常位置归位较好，可判定为设定的通道位置。

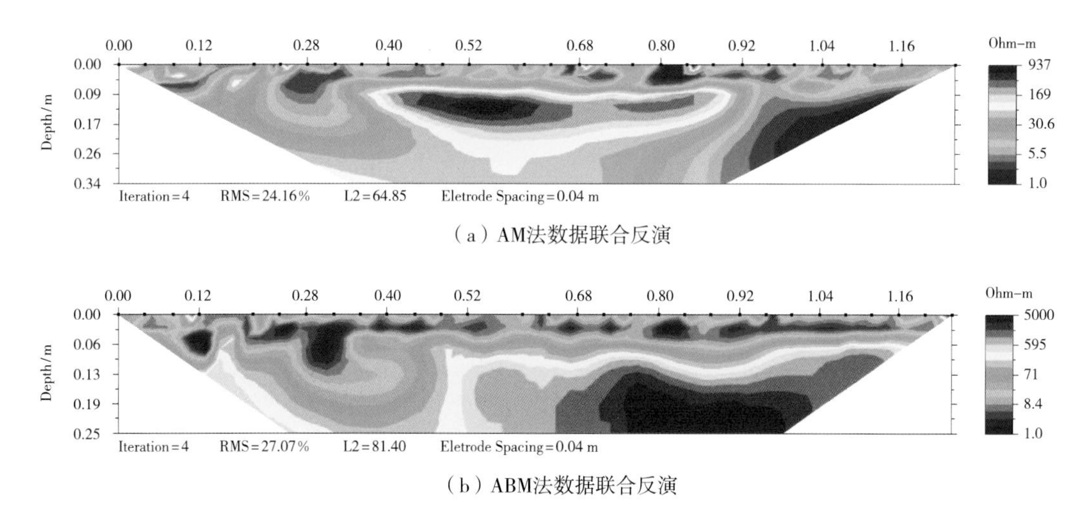

（a）AM法数据联合反演

（b）ABM法数据联合反演

图3－39　坝肩接触带反演成果

（6）模型黏土含水率在12.5％时，进行坝基接触带位置渗漏通道模拟，渗漏位置深度在40cm，位置在坝基接触处，所测得视电阻率剖面如图3－40所示。

从上述视电阻率剖面图可见，视电阻率剖面中对通道位置的分辨不佳，并且视电阻率剖面的形态与坝肩渗漏模型相似，可能是坝基渗漏通道埋深较大的缘故。

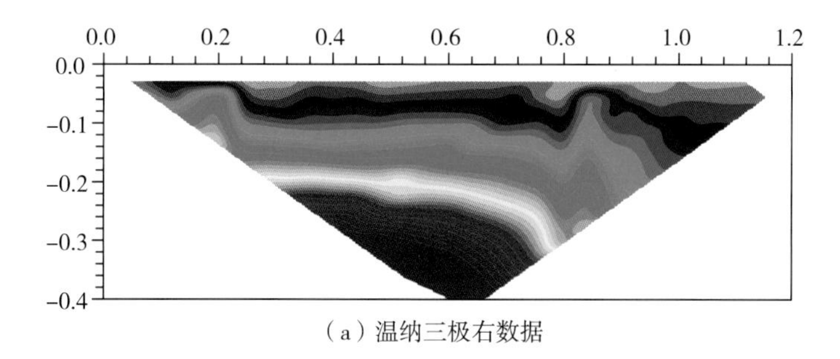

（a）温纳三极右数据

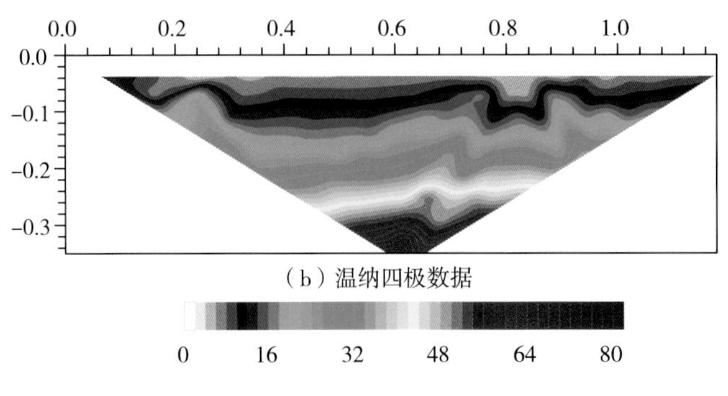

图 3-40 坝基渗漏视电阻率剖面图

将数据进行反演得到图 3-41 的电阻率剖面，从图上可以看出在剖面的底部存在明显的低阻异常，局部还呈现出闭合状，推断该异常是由于坝肩预设渗漏模型所致，但深度具有较大的差异。

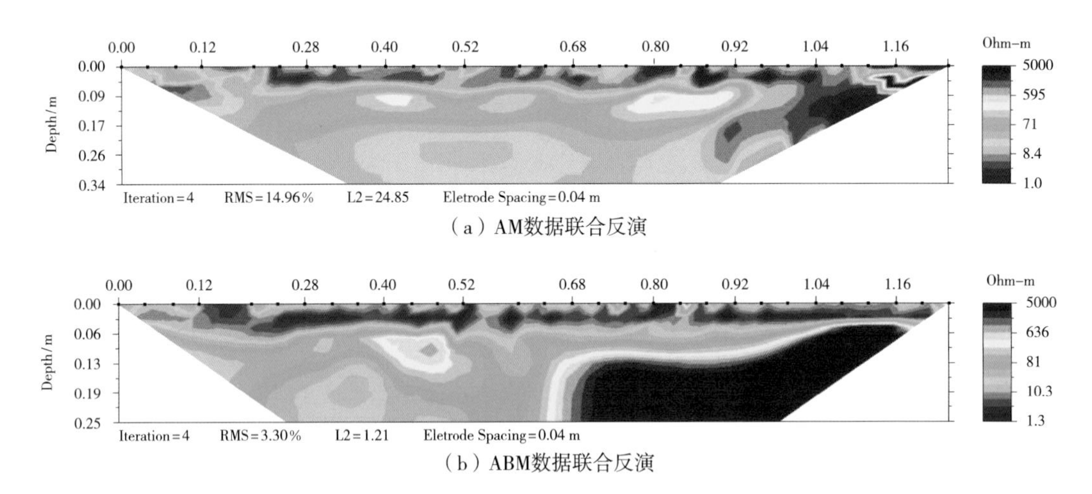

图 3-41 坝基渗漏通道反演电阻率剖面图

3.3 大坝渗漏电法模拟试验小结

1. 模拟结果分析

从数值模拟和室内物理模拟实验结果，可以看出以下几点。

（1）土体电阻率与其含水率有很大关系。由室内土工试验得出，土体较干燥时，其电阻率较大，随着土体含水率的增大，其电阻率随之逐渐减小；当含水率减小到一定值时，其电阻率值下降速率突然增大；当电阻率降低到一定值后，电阻率值减小速率变小，最终达到一个较小的稳定值。

（2）土坝坝体中不同异常体的电性特征表现各异，受异常体空间范围的影响，其分辨程度也有所不同。模型中大尺寸异常体的电性反应效果明显，其分辨能力强，而对于小尺寸异常体的分辨效果相对较差。

(3) 从室内数值模拟结果看，AM 法针对不同形式的渗漏病害所得到的结果优于 ABM 法的探测结果；从室内物理模型实验可见，温纳三极装置、温纳四极法装置对所设置的不同形式的渗漏通道有一定的识别作用，这与不同装置对不同形式渗漏病害的灵敏度有关；但从室内反演成像结果上来看，ABM 法数据的联合反演相对于单一装置效果更好，不过受限于模型尺寸的影响，AM 法测试的数据体部分可能发生畸变，但总体上测试效果也强于单一装置。总体而言，AM 法、ABM 法在数据反演后得到的图像能较好地反映出模型设置的渗漏通道的位置。

(4) 当数值模拟设定的渗漏通道与其背景电阻率相差 1 倍以上时，反演后电阻率异常区较为明显，这为水库渗漏的电法探测提供了判断依据。

2. 存在的问题

(1) 渗漏隐患探测模拟中，由于体积效应，反演后的隐患尺寸比实际要大，其大小也与隐患的形态有很大的关系。模型尺寸及异常体的尺寸对探测结果具有一定的影响，室内水槽空间具有一定的边界效应。

(2) 坝体电性参数计算中视电阻率与反演电阻率对异常体特征反应有差异，其中反演图像能够突出相对低阻区域，在视电阻率相差较大时，异常位置收敛性好，但视电阻率差别不大时往往会进一步突出低阻位置，同时异常范围扩大，会将非渗漏通道放大，引起误判。因此，成果利用时需要综合考虑。

(3) 物理模型中黏土的含水率为 12.5%时，测试效果较为明显，但与实际坝体 20%～30%的填筑含水率仍有一定差距，说明模型的尺度效应较强。试验结果至少表明当坝体电阻率与渗漏通道电阻率有一定差距时，采用并行电法进行渗漏探测是可行的。

土石坝渗漏隐患探查技术应用

4.1 坝体电阻率背景值测试

4.1.1 金华市婺城区安地水库

1. 工程概况

安地水库位于金华市婺城区安地镇以南 2km 的梅溪上，距金华市区 14km。水库集雨面积为 162km^2，占梅溪流域的 65%。安地水库是一座以防洪、灌溉为主，结合发电等综合利用的重要中型水库，是金华市城市饮用水备用水源。

水库于 1959 年 10 月动工兴建，1965 年 12 月建成。1998 年 10 月至 2002 年 3 月水库进行除险加固，按 100 年一遇设计，2000 年一遇校核。现水库大坝高 56.5m，坝顶高程为 130.94m，总库容为 7097 万 m^3，设计正常蓄水位为 126.44m，相应库容为 6250 万 m^3。水库建筑物主要有大坝、泄洪闸、灌溉发电压力隧洞和水电站等。

受当时自然条件和社会因素限制，水库工程质量较差，主要存在问题如下：

(1) 大坝土料质量差，填土厚度不均匀、含水量偏高、碾压不实、干容重偏小；

(2) 右坝头的凤凰山山体单薄，边坡陡，节理发育，岩体整体性差，经 30 余年的蓄水运行，山体发生风化、渗水、局部坍塌现象，影响输水隧洞进口启闭机塔的安全；

(3) 马家岭泄洪闸泄洪能力偏小，并经多年运行，原浇砼有剥落现象，左边墩下部和右岸有严重渗漏现象。

针对水库存在的安全隐患，安地水库于 1998—2001 年进行了除险加固，加固内容包括对坝体高程为 123.44m 以上的水库进行翻挖重新填筑，并加高到 130.94m；对高程为 123.44～98.44m 的水库沿设计轴线布置单排套井进行黏土回填处理，套井直径为 1.1m；坝面重新用块石护坡；凤凰山迎水面采用 C15 砼挡墙及喷砼护坡，并对山体进行帷幕灌浆；将泄洪闸改造成 3 孔 10m×10m 露顶式结构，并对基础进行了帷幕及固结灌浆处理，另外，对右岸岩体也进行了帷幕灌浆。

安地水库在除险加固后的近十多年运行过程中基本正常，但仍然存在一些小问题，如 1998 年新埋的Ⅱ-2 号测压管出现过水位异常现象，新建泄洪闸左岸有少量渗水现象，大坝存在不均匀沉降。

为此，2011 年 1—3 月，对该水库进行了除险加固工程地质勘察，采用了物探和钻探相结合的勘察方法，并且在勘察期间未见该水库有明显渗漏。

2. 探测结果及分析

曾于 2000 年对水库坝体进行黏土套井处理，套井深度为 32.5m，套井直径为 1.1m。本次沿套井轴线及其下游侧布置 2 条平行测线（其布置图见图 4-1），采用 AM 法采集，电极距为 2.5m，单条测线长度为 157.5m，共对 4 条测线进行了拼接处理。图 4-2 为测试现场照片。

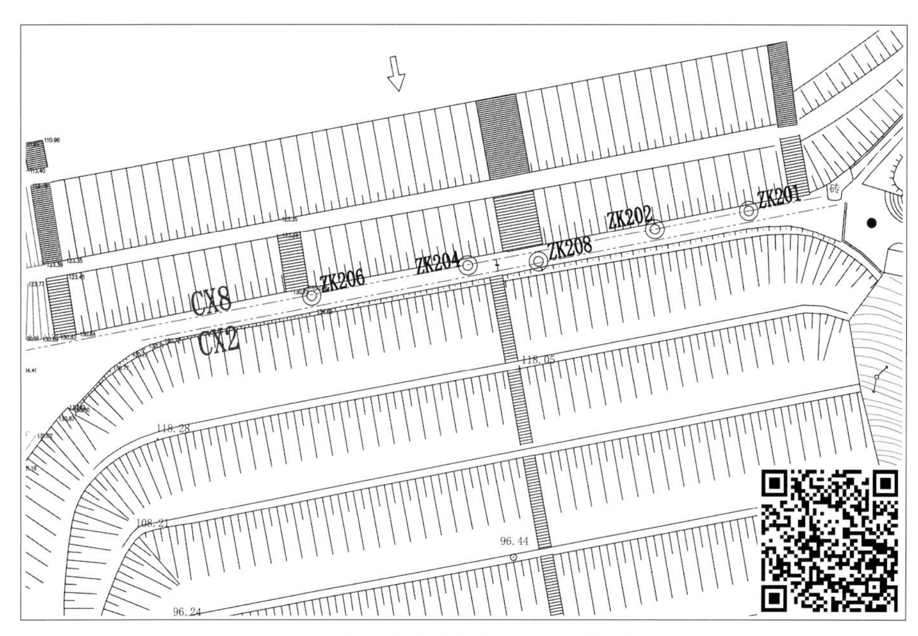

图 4-1　安地水库并行电法现场测线布置图

图 4-2　测试现场照片

本次选取自左岸岸坡起始布设的 2 条测线进行数据处理分析，其中 CX8 沿套井轴线布置，CX2 位于 CX8 下游，与 CX8 相距 2.9m。

通过对测线采集数据处理，分别获得不同测线的视电阻率剖面（图 4－3）和反演电阻率剖面（图 4－4）。两者之间的电性剖面整体特征一致，视电阻率剖面对整体特征表现突出，而反演电阻率剖面反映局部特征明显，两者可以配合分析解释。

（1）视电阻率剖面采用的深度系数为 0.35，反映的最大剖面深度为测线长度的 35%，根据钻孔深度，本次截取深度为 50m；而电阻率反演由于迭代误差限制，分析深度仅为 28m 左右，迭代均方误差为 10.1%～13.7%。

（2）根据大坝视电阻率剖面成果，CX8 剖面实测视电阻率 $\rho_s=107\sim497\Omega\cdot m$，CX2 剖面实测视电阻率 $\rho_s=89\sim637\Omega\cdot m$。考虑到坝顶碎石层及坝基岩体高阻的体积效应，仅截取深度 20～50m 防渗黏土体进行电阻率分析，探测发现大坝防渗黏土的视电阻率一般均小于 230Ω·m。

研究发现岩土体电阻率大小与土体的含水率及饱和度有关。本次对测线剖面钻孔 ZK202、ZK204 及 ZK208 室内相关物理试验成果进行了统计，见表 4－1 所列。钻孔 ZK202 和 ZK204 位于黏土套井，钻孔 ZK208 位于下游防渗心墙体上，ZK202 柱状土体含水率为 19.2%～25.4%，平均为 23.2%，饱和度为 79.8%～98.5%，平均为 91%；ZK204 柱状土体含水率为 22.1%～33.2%，平均为 25.1%，饱和度为 87.7%～99.9%，平均为 92.6%；ZK208 柱状土体含水率为 15%～25.8%，其中黏性土含水率为 19.7%～25.8%，平均为 23.2%，饱和度为 87.6%～97.6%，平均为 91.2%。

从图 4－3 视电阻率剖面可以看出，尽管 ZK202 与 ZK204 土体含水率与饱和度接近，但两个钻孔附近视电阻率仍有些差异，ZK204 附近土体电阻率等势线均匀，而 ZK202

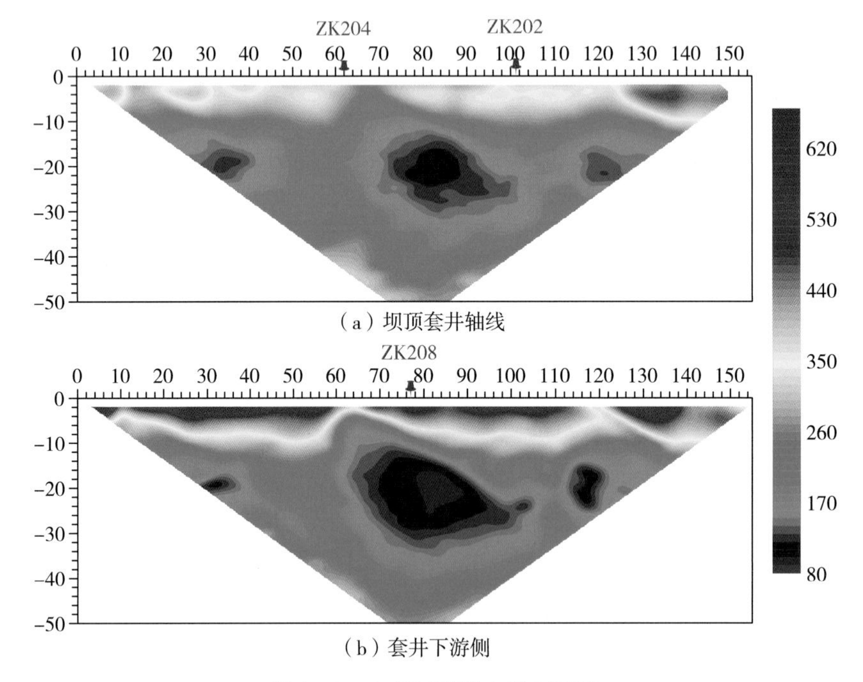

（a）坝顶套井轴线

（b）套井下游侧

图 4－3 大坝局部视电阻率剖面

表4-1 物探测线剖面相关钻孔室内物理试验成果

钻孔土号	土名	试样深度/m	含水率 ω/%	饱和度 Sr/%	钻孔土号	土名	试样深度/m	含水率 ω/%	饱和度 Sr/%	钻孔土号	土名	试样深度/m	含水率 ω/%	饱和度 Sr/%
ZK202－1	黏土	2.5－2.8	24	84.4	ZK204－1	黏土	2.3～2.6	23	89.8	ZK208－1	圆砾	2.6～2.9	15.7	62.9
ZK202－2	黏土	5.7～6.0	25	98.5	ZK204－2	黏土	5.0～5.3	24.1	88.8	ZK208－2	圆砾	4.4～4.7	15	65.4
ZK202－3	黏土	8.7～9.0	25.4	92.4	ZK204－3	黏土	8.1～8.4	22.6	88.9	ZK208－3	圆砾	7.2～7.5	18.3	
ZK202－4	黏土	11.7～12.0	24.8	94.6	ZK204－4	黏土	11.2～11.5	25.4	96.9	ZK208－4	砾砂	9.9～10.2	15.5	74.7
ZK202－5	黏土	14.7～15.0	23.6	91	ZK204－5	黏土	15.5～15.8	25.3	97.9	ZK208－5	圆砾	12.4～12.7	18	69.1
ZK202－6	黏土	17.7～18.0	23.5	93.1	ZK204－6	黏土	18.7～19.0	29.2	91.3	ZK208－6	黏土	15.1～15.4	24	87.6
ZK202－7	黏土	20.7～21.0	22.2	90.2	ZK204－7	黏土	21.8～22.1	22.6	87.8	ZK208－7	粉质黏土	17.7～18.0	21.1	97.6
ZK202－8	黏土	23.7～24.0	23.2	88	ZK204－8	黏土	25.5～25.8	22.8	96.2	ZK208－8	粉质黏土	20.4～20.7	19.7	91.6
ZK202－9	黏土	26.7～27.0	23	90.9	ZK204－9	黏土	28.4～28.7	22.1	90	ZK208－9	粉质黏土	23.1～23.4	19.7	89.2
ZK202－10	黏土	29.7～30.0	22.8	91.6	ZK204－10	黏土	31.7～32.0	22.3	93.9	ZK208－10	黏土	25.8～26.1	24	91
ZK202－11	黏土	32.7～33.0	24.4	92.7	ZK204－11	黏土	34.6～34.9	23.4	88.4	ZK208－11	黏土	28.7～29.0	24.4	89.6
ZK202－12	黏土	35.7～36.0	22.8	91.1	ZK204－12	黏土	37.6～37.9	24	94.1	ZK208－12	黏土	32.2～32.5	25	91.9
ZK202－13	黏土	38.7～39.0	24	93	ZK204－13	黏土	40.5～40.8	27.8	87.7	ZK208－13	粉质黏土	33.3～33.6	24.4	89.6
ZK202－14	黏土	41.7～42.0	23.1	92.2	ZK204－14	粉质黏土	43.8～44.1	26.7	99.9	ZK208－14	粉质黏土	34.5～34.7	25.8	
ZK202－15	粉质黏土	44.4～44.7	19.2	79.8	ZK204－15	粉质黏土	46.8～47.1	27.5	98.4	ZK208－15	黏土	34.7～35.0	22	93.6
ZK202－16	粉质黏土	47.8～48.1	20	89.5	ZK204－16	黏土	49.9～50.2	33.2	90.8	ZK208－16	粉质黏土	36.7～37.0	25.2	
ZK202－17	黏土	50.0～50.3	23.8	94.8	ZK204－17	粉质黏土	52.3～52.6	24.3	94.1	ZK208－17	黏土	40.2～40.5	23.2	90.7
平　均			23.2	91.0	平　均			25.1	92.6	平　均（黏性土）			23.2	91.2

附近土体电阻率等势线相对较乱，但与钻孔 ZK208 相比，ZK208 附近土体电阻率明显偏低。两条剖面均存在高阻与低阻相间的电性晕团，说明剖面介质不均匀，反映大坝填土局部均质性较差。结合现场钻探地质编录发现：ZK202 和 ZK204 钻孔揭示坝体填筑料为黏土或粉质黏土，土质除局部含少量砂砾外，较为均匀，填筑质量较好，注水试验反映渗透性较小；ZK208 填土为含砂砾粉质黏土，局部含树根、风化岩块，土质均匀性较差，注水试验反映渗透性偏大，土体相对较湿。钻探与探测获得的剖面解释成果较为一致。

（3）从图 4－4 反演电阻率剖面来看：CX8 套井轴线大坝防渗体真电阻率 $\rho<150\Omega\cdot m$，存在 4 个相对低阻电性晕团，黏性土整体电阻率较低；位于套井下游的 CX2 剖面坝体心墙防渗体真电阻率 $\rho<110\Omega\cdot m$，也存在 4 个相对低阻电性晕团，位置与 CX8 测线相对应，其中 ZK208 附近阻值最低，这与 ZK208 注水试验渗透系数偏大、孔隙充水较多有关。

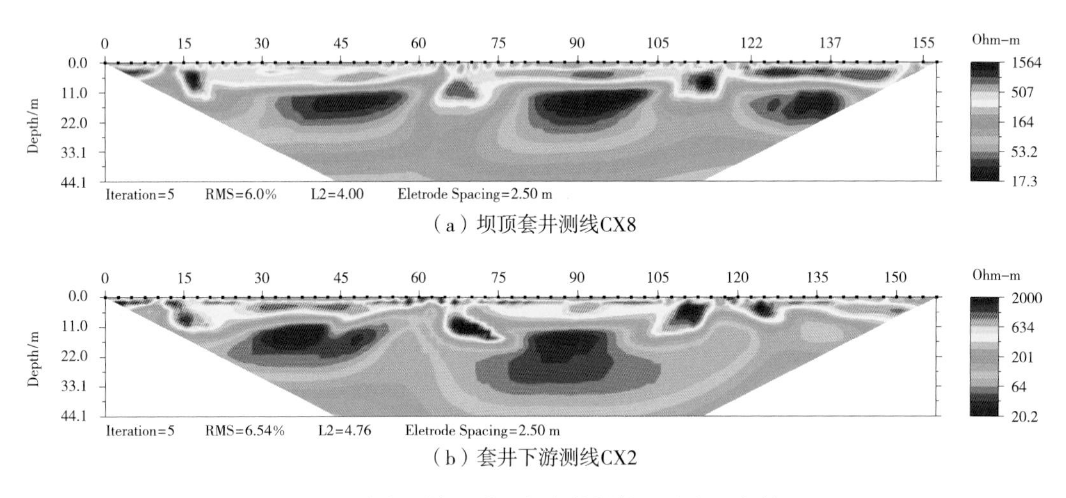

（a）坝顶套井测线CX8

（b）套井下游测线CX2

图 4－4 大坝测线温纳三极右数据体反演电阻率剖面

为了分析不同装置、不同反演软件对探测的成果的影响，选取测线 CX8 的电阻率数据反演结果为例（图 4－5）。从图 4－5（a）上可以看出，与图 4－4（a）的温纳三极右装置相对，电阻率剖面反映出的电性结构更加收敛，提供了对异常体的识别能力，同时能有效增加对深部岩土体的探测能力，在图 4－5（a）中可见明显的深部高阻响应特征。

图 4－5（b）是 Res2Dinv 软件反演的温纳三极右装置数据体，反映的低阻异常范围有所扩大，但能反映出深部的岩层特性，因此从探测结果上来看，两种软件的探测效果差别不大。图 4－5（c）与图 4－5（a）相比也具有相同的特点。

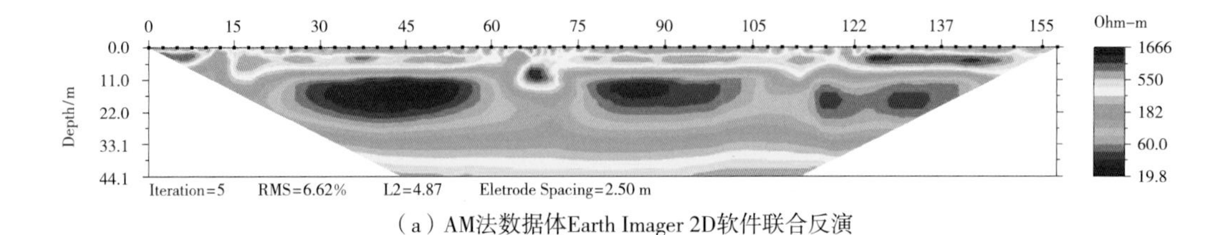

（a）AM法数据体Earth Imager 2D软件联合反演

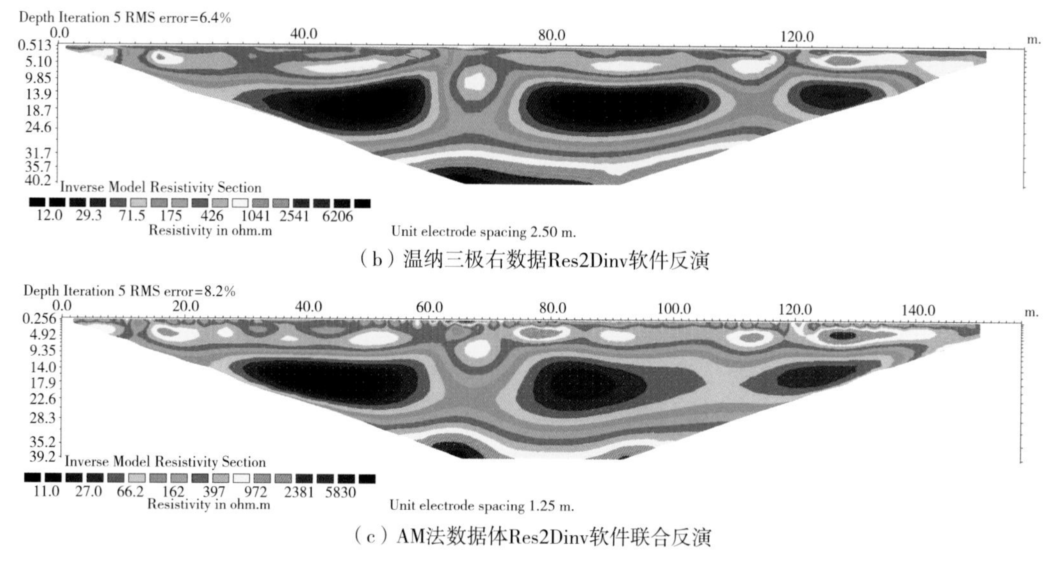

（b）温纳三极右数据Res2Dinv软件反演

（c）AM法数据体Res2Dinv软件联合反演

图4-5　测线CX8不同方法的反演结果

总之，为了提高探测的分辨力以及缓解异常的范围较大的问题，在实践中应采取AM法数据体联合反演的方法，并且为突出岩土体的渐变性，优先采用Earth Imager 2D软件进行反演计算。

4.1.2　湖州市长兴县泗安水库

1. 工程概况

泗安水库位于浙江省长兴县西苕溪泗安塘上游，距泗安镇4.5km。水库坝址以上控制流域面积为108km^2，主流长度为19.5km，总库容为5000万m^3，发电装机容量为320kW，是一座以防洪为主，结合灌溉、发电、养殖等综合利用的中型水库。

泗安水库枢纽工程由拦河坝、泄洪闸、灌溉输水涵洞、非常溢洪道等建筑物组成。水库枢纽工程等级为Ⅲ等，主要建筑物拦河坝、泄洪闸为3级建筑物。设计洪水标准为100年一遇，相应水位为16.52m，校核洪水标准为1000年一遇，相应水位为17.47m。大坝为均质土坝，坝顶高程为19.47m，底高程为9.17m，坝高为10.3m，顶长为1550m。泄洪闸位于大坝右岸，泄洪道有2孔，每孔净高3.5m，净宽4.5m，闸室宽10.8m，长17.00m。闸底高程为6.17m，底板厚1.20m，闸墙顶高程为19.47m，上架设工作桥及启闭室。消力池宽10.8～24m，上宽下窄，池长43m，前段长16.9m，护坦厚1.00m，后段长26.1m，厚0.6m。消力池底板高程为−0.33m。输水隧洞进水口形式采用塔式，进水塔闸室长7.0m，采用净空2.0m×1.6m深孔平面钢闸门控制。隧洞采用圆形断面，洞径为2m，进水口高程为6.67m，末端洞底高程为5.87m，洞身全长为174.0m，其中山体内为168.0m。

工程于1959年1月16日动工兴建，据水库原施工日志描述，当时未进行地质勘察。大坝坝基清基深度在0.2m以上，以清除田面腐殖土至密实土，在老河道处，将淤泥清除后，再以黄泥和石灰回填，坝基开挖齿槽两道，底宽2m，深2m，边坡为1∶1。

施工中于1960年10月停工，1962年11月1日复工，复工后原坝面又进行了重新清基，将表层竹草清除干净，在停工时期将坝面上耕土全部挖除，清基深度为0.2～0.3m，个别地方深达0.5m，并将雨淋沟进行了整平与补填。公路堵口坝基的清基是将老公路面彻底挖除，并做二道齿槽，规模与前一致。引河堵口坝基的清基，是将引河上、下游河底下的淤泥、砂砾、碎石彻底清干净，直到露出青灰色硬泥，开挖好二道齿槽，然后进行回填，对于引河上、下游两边的部分沙层，未做挖除处理（因为面积过大，事实上没法处理）。大坝主体工程于1964年8月31日基本竣工，开始蓄水发挥效益。

1979年保坝设计中，在小仙山开挖非常溢洪道，溢洪道底高程为14.17m，底为2m×42m，进口设自溃坝。引冲槽顶高程分别为17.47m和17.77m。泄洪渠长450m，纵坡降为2‰，最大泄洪流量为1091m^3/s。

1984年6月13日—6月21日水库经历一次洪水，最高库水位为15.75m，大坝0＋550～0＋650（原桩号0＋900～1＋000m）范围下游发生滑坡，长36m，土方400m^3。1985年和1986年在下游坡进行了土方加固和放坡砌石加固处理。

1996年泗安水库增容工程进行了加固土方、套井回填、坝脚排水棱体、坝肩砌石、内坡干砌石护坡、新建灌溉输水隧洞等。

2012年11—12月，对该水库进行了除险加固工程地质勘察，采用了物探和钻探相结合的勘察方法。该水库未见明显渗漏。

2. 探测成果及分析

由于大坝较长，沿大坝轴线布置多条测线，采用AM法采集，极距分别为1m、2m及2.5m。本次仅以测线CX4探测成果进行分析。CX4位于桩号K0＋977～K1＋103，电极距为2m，测线长度为126m，其中32号电极对应钻孔ZK210。测线布置平面见图4-6。

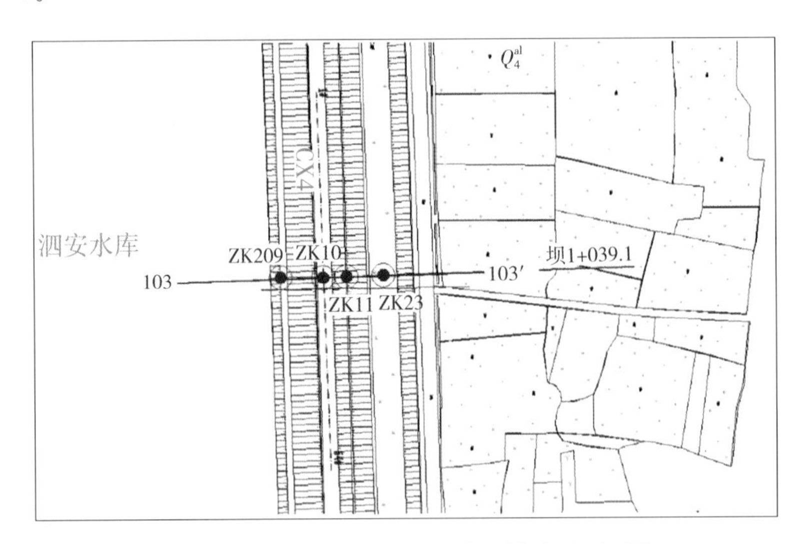

图4-6 泗安水库并行电法现场测线布置平面图

通过对测线采集数据及处理，分别获得测线的视电阻率剖面和反演电阻率剖面。两者之间的电性剖面整体特征一致，视电阻率剖面对整体特征表现突出，而反演电阻率剖面反映局部特征明显，两者可以配合分析解释。选取图4－7（a）和图4－8（a）温纳三极的视电阻率和反演电阻率剖面来分析：

（1）视电阻率剖面采用的深度系数为0.35，反映的最大剖面深度为测线长度的35％，根据钻孔深度，本次截取深度为20m；反演迭代后的深度达32m左右；

（2）根据大坝视电阻率剖面成果，CX4剖面实测视电阻率ρ_s＝21～59Ω·m，反演电阻率ρ＝18～68Ω·m，两者电阻率大小基本一致。视电阻率及反演电阻率剖面均反映表部为相对高阻，底部为相对低阻。

为进一步分析不同电法装置和反演软件的成像效果，图4－7比较了常规的温纳四极和温纳三极右装置的视电阻率图像。通过把两种数据的电阻率在同一色标显示的成果来看，两种装置反映出图像的形态和视电阻率值的大小基本一致，整体上图像浅层视电阻率值较大，随着深度的不断增加，电阻率值不断下降，尤其在深度20m左右局部存在低阻异常，根据地勘资料，该层可能为砂卵石层，在大坝的坝基部位的饱和水体引起电阻率呈现低阻异常，因此电法的探测结果可靠。相比温纳四极装置，温纳三极右装置反映出的低阻范围更广，但是在探测效率方面，AM法速度更快，建议最好采用温纳三极右装置数据表达视电阻率图像。

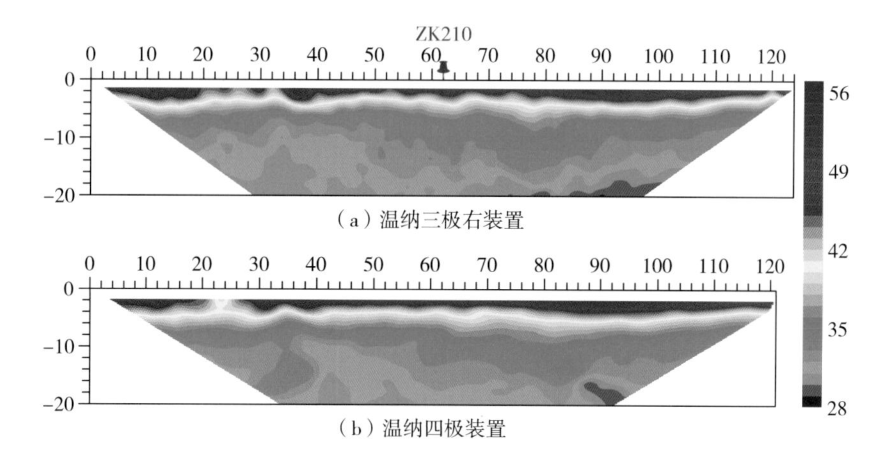

（a）温纳三极右装置

（b）温纳四极装置

图4－7　大坝局部视电阻率剖面

图4－8和图4－9是Earth Imager 2D软件和Res2Dinv软件对不同装置数据体的反演结果，可以看出通过两种反演软件得到的结果基本一致，但Earth Imager 2D软件具有更高的圆滑度，有利于压制噪声的干扰，而RES2DINV软件有助于突出局部异常，适合在均质介质中查找局部的不均匀体。AM法的数据体联合反演吸收了温纳三极左、右装置的优势，在横向地层的连续性探测方面具有较好的效果。

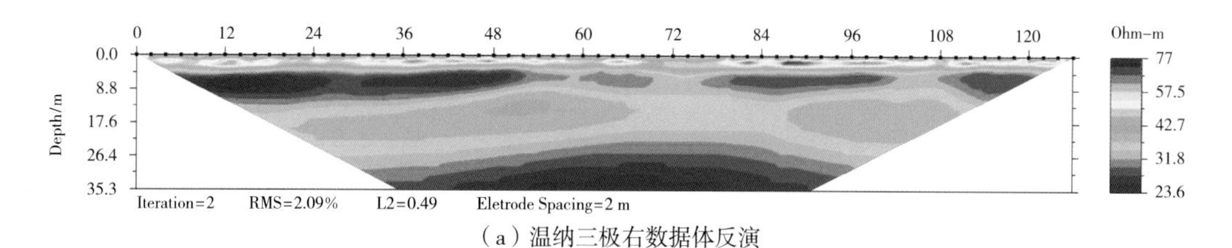

（a）温纳三极右数据体反演

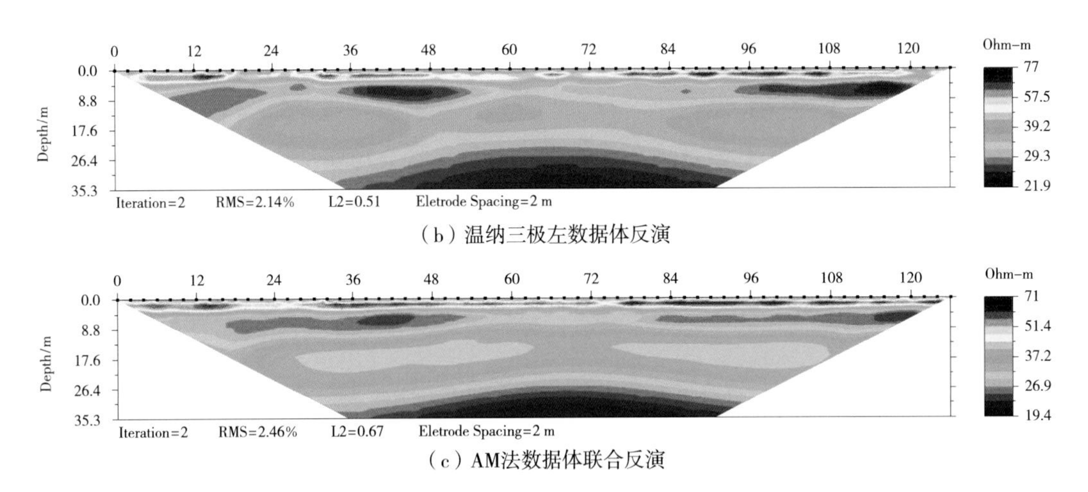

（b）温纳三极左数据体反演

（c）AM法数据体联合反演

图 4-8 Earth Imager 2D 软件反演结果

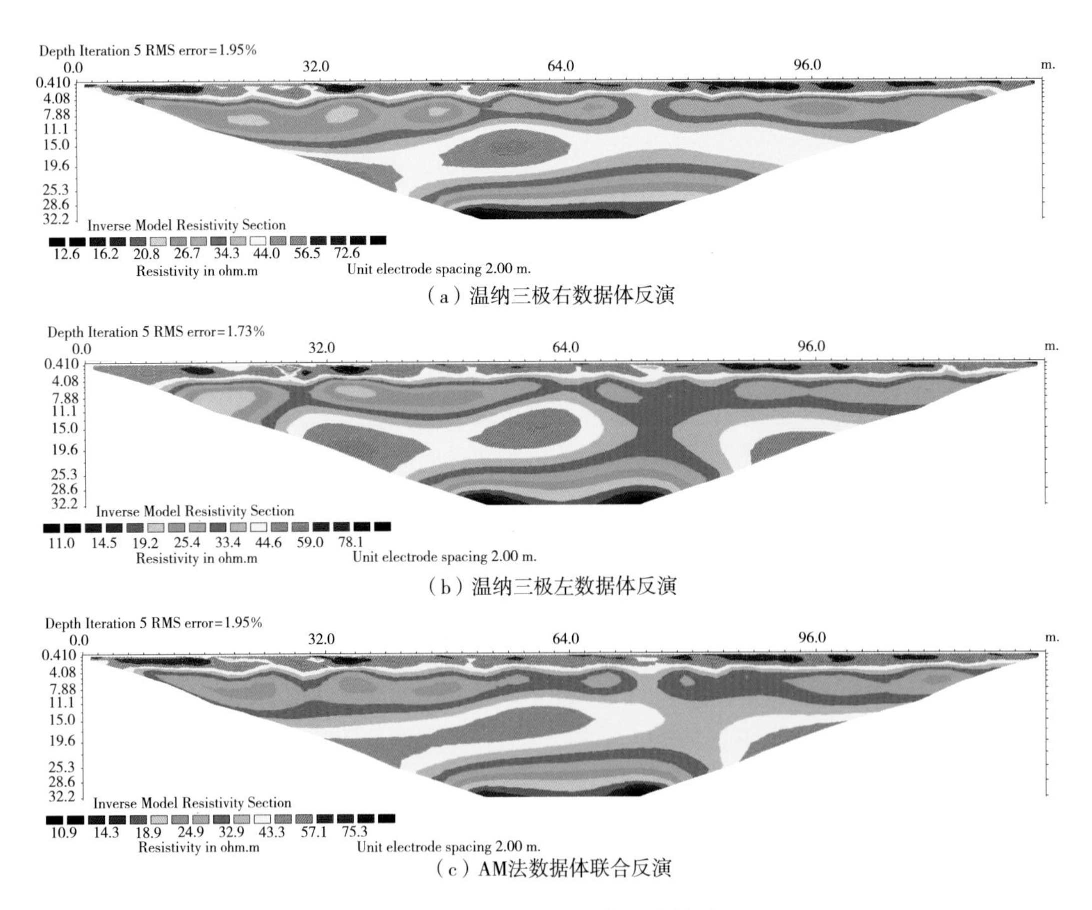

（a）温纳三极右数据体反演

（b）温纳三极左数据体反演

（c）AM法数据体联合反演

图 4-9 Res2Dinv 软件反演结果

图 4-10 是用 ABM 法采集到的数据体的反演成果，从图 4-10（a）、（b）上可以看出，两种软件总体上反映出的地层结构基本吻合，Earth Imager 2D 软件较为平滑地反映出地层的总体态势，而 Res2Dinv 软件突出了局部的高、低阻的异常体。图 4-10

(c) 中的 ABM 法联合反演较图 4-10 (a) 提高了探测深度，并且对底部的异常体分辨能力有一定的加强，更适合于深部的探测。

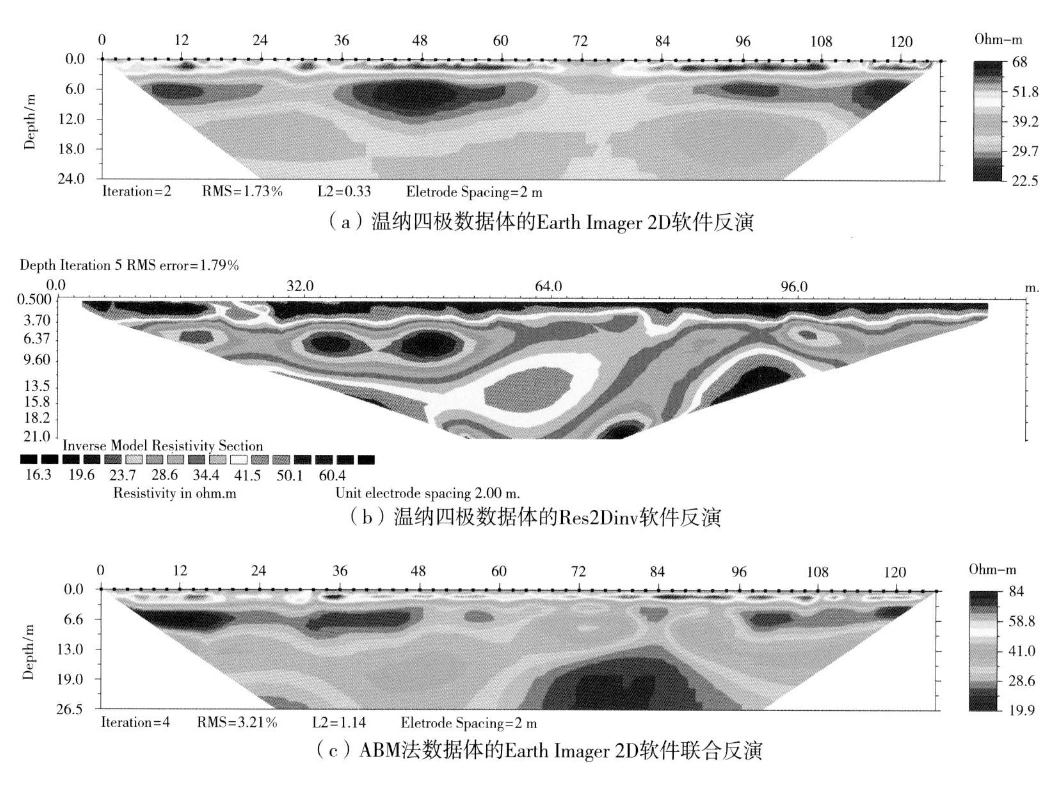

(a) 温纳四极数据体的Earth Imager 2D软件反演

(b) 温纳四极数据体的Res2Dinv软件反演

(c) ABM法数据体的Earth Imager 2D软件联合反演

图 4-10　ABM 法数据的不同方法反演结果

3. 大坝防渗体电阻率特征

理论上，土体的电阻率值高低反映其富水性强弱及饱和度大小，如果孔隙中均充满水，则土体的电阻率将下降很多。一般坝体填土的含水率为 20%～30%，填土的饱和度大多未达到 95%的饱和标准，呈非饱和状态。正是孔隙中气体存在，提高了大坝防渗体的电阻率，同时由于水土的溶滤作用，土中的离子进入水中降低了渗漏通道的整体电阻率。可能正是这些因素为坝体局部渗漏通道的电法探测提供了辨识依据。

由于大坝防渗体一般均由黏性土填筑，其视电阻率与真电阻率一般相差不大。本次探测表明，填土视电阻率与真电阻率基本相同，但不同的水库由于填土料包含的矿物成分不同，粒径不同，其电阻率背景值相差较大，如安地水库防渗黏土电阻率不高于 200Ω·m，而泗安水库防渗黏土电阻率不高于 35Ω·m。考虑到坝体内存在正常的渗流现象，浸润线以下坝体填土电阻率值均较低，反演电阻率剖面往往突出低阻异常，其差异有时并不明显。

本次研究认为相对于背景电阻率，局部的低于背景值一倍以上（小于 50～100Ω·m 或更小）的低阻区可能与填筑料质量差、坝体裂缝等因素引起的渗漏相关。

表 4-2 钻孔 ZK210 室内物理试验成果及柱状剖面

钻孔土号	土名	试样深度/m	含水率 ω/%	饱和度 Sr/%
ZK210-1	粉质黏土	1.10~1.40	20	86.6
ZK210-2	粉质黏土	3.10~3.40	24	84.6
ZK210-3	粉质黏土	5.10~5.40	25.1	86.7
ZK210-4	粉质黏土	7.10~7.40	21.8	90.8
K210-5	粉质黏土	9.10~9.40	20.9	88.7
ZK210-6	粉质黏土	11.10~11.40	25.4	98.5
ZK210-7	粉质黏土	13.10~13.40	25.2	98.1
ZK210-8	粉质黏土	15.10~15.40	28.7	92.7
ZK210-9	黏土	17.10~17.40	31.1	85.9
K210-10	粉砂	18.60~18.90	26.2	89.6
ZK210-11	圆砾	21.10~21.40		

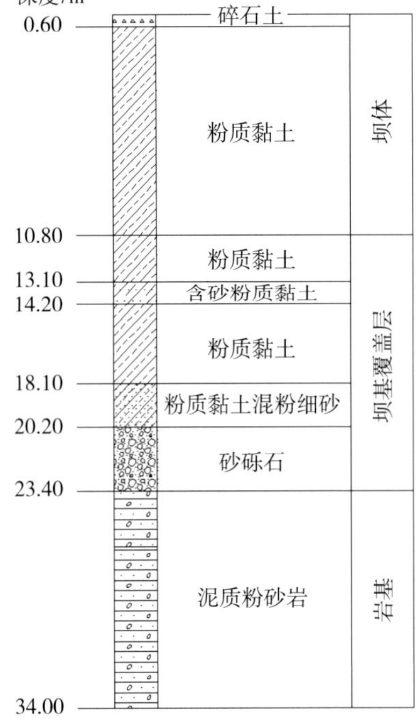

4.2 土石坝渗漏探查典型案例

4.2.1 裘家坞水库涵管漏水

1. 工程概况

裘家坞水库位于杭州市富阳区龙门镇，是一座以灌溉、供水为主的小（1）型水库。水库总库容为 105 万 m^3，建筑物主要包括主坝、3 座副坝及坝后电站等。该水库始建于 1957 年，1964 年竣工，水库运行期间大坝经多次加固加高和防渗处理。由于受当时的经济和技术等条件限制，水库仍存在许多安全隐患。2004 年该水库被纳入浙江省“千库保安”工程，并于 2008 年完成除险加固工作，水库安全性得到较大提高。裘家坞水库主坝原为黏土心墙坝，加固采用黏土斜墙防渗，并对两岸齿槽进行了帷幕灌浆处理；取消了坝后电站并对发电涵管进行了封堵；在右岸重新开挖了引水隧洞。

2. 现场探测布置

本次探查结合渗漏点位置，将物探测线重点布置在大坝下游侧坝体、坝体与坝坡接触带及左右两坝肩山体。在大坝坝顶、背水坡总计布置 3 条电法测线，具体测线位置见图 4-11、图 4-12，各条测线具体施工参数见表 4-3。

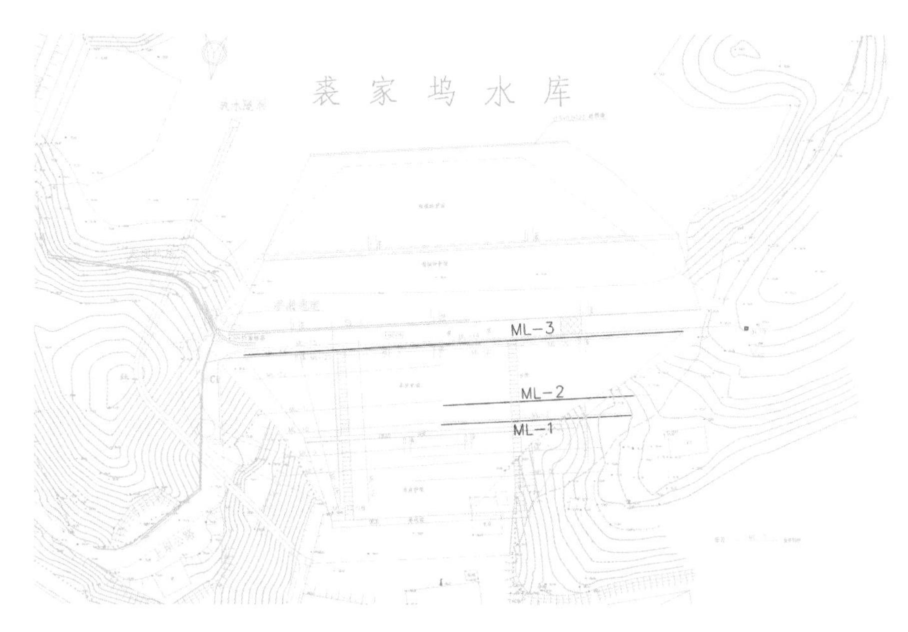

图4-11　现场测线布置图

图4-12　现场探测

表4-3　现场测线具体施工参数

测线编号	施工日期	测线长度/m	测点间距/m	测点数/个
ML-1	2009年8月30日	63	2.5	64
ML-2		63	1	64
ML-3		63	1	64

3. 数据处理及解译

通过对测线采集数据及处理，获得系列测线的视电阻率剖面对比图（图 4－13）。根据电性剖面电阻率差异分析，左岸基岩无明显低阻区，岩体视电阻率普遍高于 250Ω・m，岩体相对完整，大坝绕渗的可能性较小。根据坝坡两条视电阻率剖面，距左踏步左边 17～22m 段坝体与坝基接触带附近均存在明显低阻区，其视电阻率（<50Ω・m）明显低于背景电阻率（80～120Ω・m）。结合原坝下涵管埋设位置，分析低阻区可能为涵管后半段破裂且充水造成的（如图 4－14 所示）。

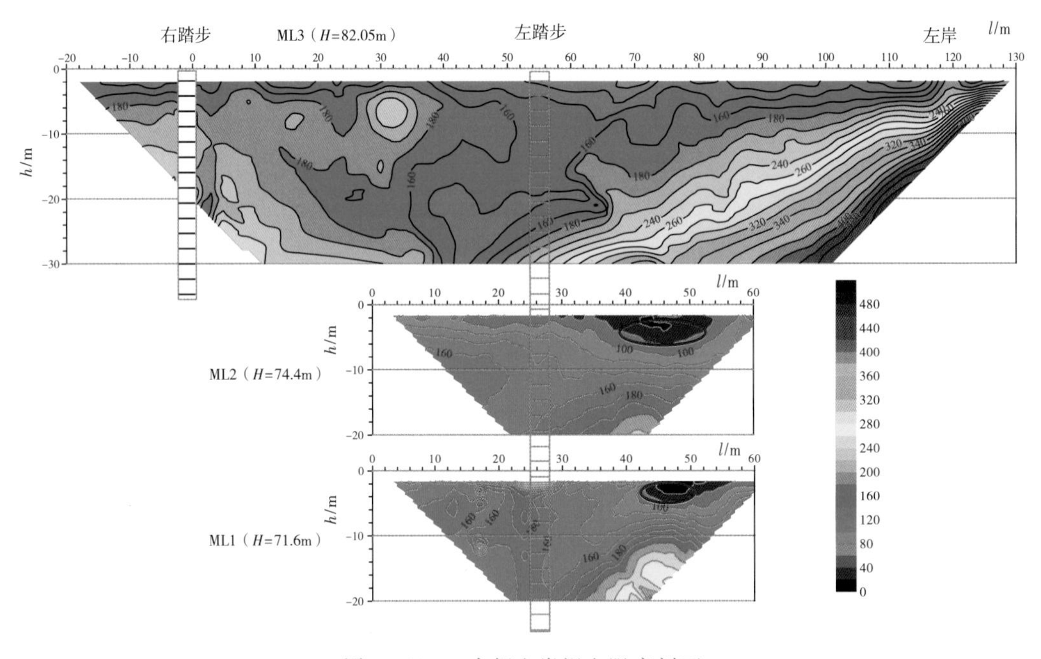

图 4－13　4 大坝左岸视电阻率剖面

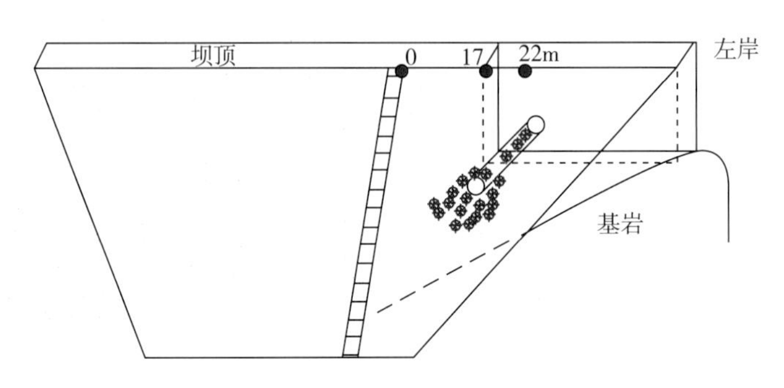

图 4－14　左坝头渗漏分析示意图

经查阅当年除险加固施工资料，该涵管的处理仅对进出口进行了混凝土封堵，而并未对废弃涵管进行全段水泥灌浆处理。为验证分析成果，对坝后坡原涵管出口位置进行开挖发现，涵管内确实充满了水且局部已破裂，涵管四周有明显渗水（如图 4－15 所示），与探测分析结果一致。

针对涵管渗漏，随后设计并采用在涵管内充填灌浆、在坝顶布置两排截水环灌浆处理方案，经施工处理后，左坝脚已不再渗漏。

本次探测作为水库大坝涵管的典型案例，是从涵管渗漏所引发的渗漏特征入手，有效降低了直接探测涵管的难度，通过对不同大坝部位测线的综合分析，达到了诊断涵管渗漏的目的。

图4-15　涵管渗漏开挖结果照片

4.2.2　前垅水库动物蚁穴渗漏

1. 工程概况

前垅水库位于兰溪市马涧镇上张村，水库坝址以上集雨面积为0.301km²，总库容为16.395万m³，正常库容为12.149万m³，灌溉面积为720亩，是一座以灌溉为主的小（2）型水库。

现状工程主要建筑物由大坝、溢洪道和放水设施等组成。大坝为类均质坝，坝顶高程为55.70m（1985国家高程，下同），坝顶长为103.5m，最大坝高为7.58m，坝顶宽3.0m，坝顶铺广场砖；大坝迎水坝坡坡比为1∶2.5，采用0.15m厚C25砼预制六角块浆砌护坡，下铺0.15m厚砂砾石垫层，坝脚设0.8m×1.2m C20砼大方脚；背水坡坡比为1∶1.25～1∶1.5，大坝一级坝坡采用钢筋混凝土框格固定草皮护坡，上覆0.2m厚种植土草皮护坡，二级坝坡、坝脚设排水棱体、干砌石界墙和C20砼渗流排水沟，界墙顶宽度为0.8m。水库校核洪水位为54.56m，设计洪水位为54.35m，正常蓄水位为53.78m；溢洪道位于水库右侧，为开敞式正槽溢洪道，槽底高程由53.55m至53.07m，总长度为16.0m，槽宽为2.0m。放水设施为位于原大坝右岸的老涵管，采用C25现浇钢筋砼，壁厚25cm，进口高程为50.60m。

1957年10月开始动工兴建，1958年7月建成蓄水，限于当时技术经济条件，施工机械缺乏，施工主要采用人工挑土、石夯等方式，坝基也未彻底清基，岸坡未做贴坡处理，大坝坝基存在多处渗漏，同时存在坝体和接触带渗漏问题。2015 年 5 月对前垅水库进行了大坝安全技术认定，综合评价前垅水库大坝为“三类坝”。针对上述隐患，工程人员于 2016 年对水库进行除险加固，对大坝进行整坡和护砌，配套排水设施，对溢洪道进行衬砌及翼墙修建，新建消力池，并配套泄洪渠，针对大坝坝脚存在的渗漏问题，对坝体采用黏土套井回填处理，对坝基采用水泥帷幕灌浆防渗；对水库坝下涵管进行改建，对原涵管头部位置采用排架式启闭机，并更新涵管启闭设备，新建启闭机房。除险加固后，大坝左坝坡出现险情，左岸排水棱体上侧出现小范围冒浑水情况，出逸点较高，当时采用土工布反滤加碎石反压紧急处理，渗漏水变为清水，暂时保证了坝体结构安全。

2019 年 9 月采用并行电法探测时，经实测库水位距坝顶高差约 1.95m（低于正常蓄水位 0.03m），大坝存在 2 处渗漏位置：①大坝左侧坝坡存在明显集中渗漏，出逸点较高，漏水量较大，用土工布反滤加碎石反压处理；②大坝右坝脚排水沟内存在渗漏现象，渗水量较小。据现场水库管理人员介绍，大坝左侧坝坡位置 2019 年初出现过险情，漏水量较大，且析出黏土颗粒，现场用土工布反滤加碎石反压紧急处理，渗水情况暂时稳定。

2. 现场探测布置

一般在大坝上下游坝面沿坝轴线方向多排列平行布置电法测线，以获得全电场下的大坝不同高程断面视电阻率及反演电阻率剖面。

并行电法现场物探探测工作时间为 2019 年 6 月 11 日，在坝顶布置电法测线 3 条，迎水坡布置测线 1 条，共布置电法测线 4 条，均沿大坝坝顶纵向布置。水库现状图及电法测线布置图如图 4－16、图 4－17 所示，并行电法探测现场图如图 4－18 所示。

3. 数据处理及解译

图 4－19 为经过计算处理后的视电阻率和反演电阻率剖面图。从测线上可以看出，视电阻率等值线较为杂乱，可能与大坝填筑质量较差或表层接触条件不良有关。测线 CX1 整体低阻区主要分布在大坝坝体段，主要分布在测线 28～45m 段、深度 5m 左右区域，但在测线上 14～18m 段高阻区出现异常中断现象，可能与该处存在放水涵管周围填土富水有关，上坝道路下方出现不连续孤立高阻体，可能与路基填土存在大量碎石或空隙有关，需要指出的是正常库水位距坝顶 1.95m，不排除该处在库水位较高时

图 4－16 水库现状图

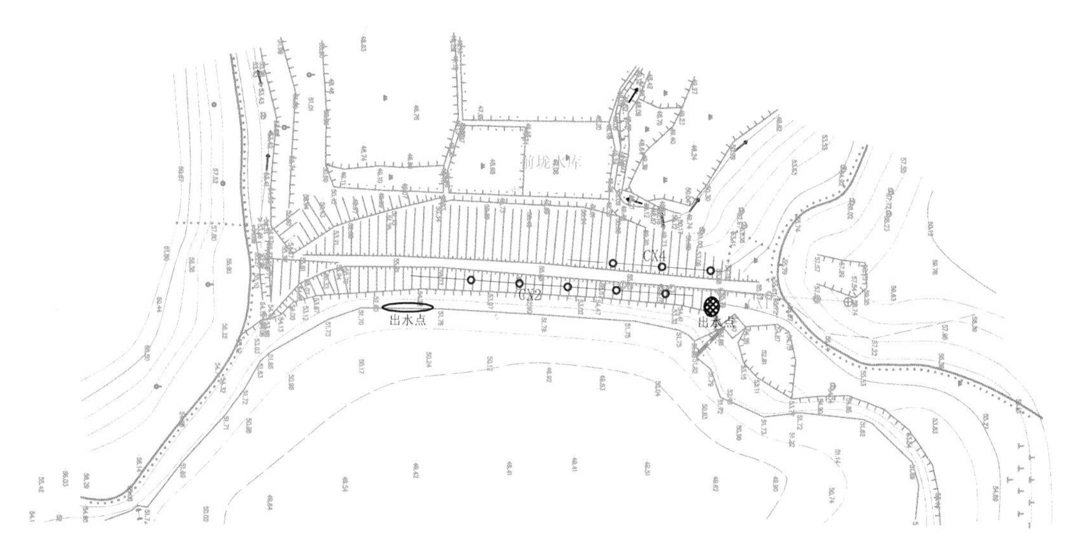

图 4-17　电法测线布置图

图 4-18　并行电法探测现场

存在渗漏的可能。

根据反演电阻率剖面成果（图 4-19），电阻率异常区较视电阻率明显收敛，其低阻异常区反映位置与视电阻率成果基本一致。测线上存在多个高、低阻异常闭合区，其中测线上 22～26m 段，深度 5m 以内可能存在渗漏通道。

4. 成果验证分析

先导孔试验：灌浆前，首先在大坝探测渗流薄弱区进行先导孔试验，现场选择I_3、I_4和I_6作为先导孔，干法全孔取芯钻进，进行坝体及接触带注水试验和岩基压水试验。钻孔发现上部坝体填土松散且含砂砾较多，岩基上部较破碎，下部较完整。注水和压水试验结果多呈中等透水性。尤其在I_3～I_4填土较差，对这一段进行加密灌浆处理。

现场定向灌浆：在灌浆过程中，发现大坝桩号 K0＋019～K0＋028 段，吃浆量明

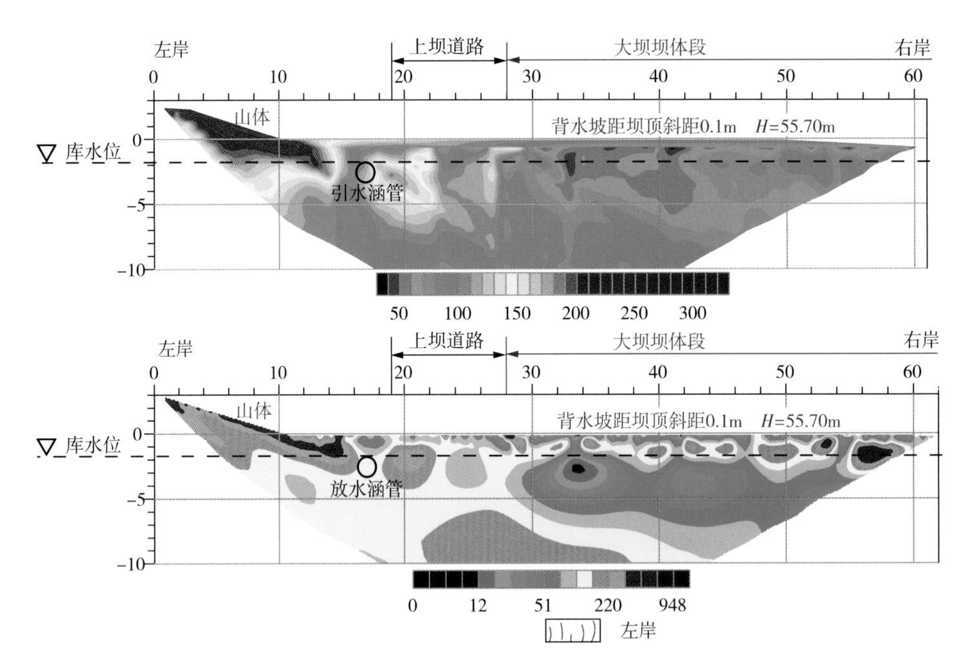

图 4-19 大坝视电阻率和反演电阻率剖面图（面向下游）

显比其他部位大，并且大坝在灌浆过程中多次发生钻孔之间相互串浆以及坝顶局部冒浆等现象，在对孔位$Ⅱ_3$和$Ⅲ_2$进行灌浆时，大坝背水坡、迎水坡分别出现冒浆（图 4-20），在迎水坡浆液主要从土体孔洞冒出，孔洞位于坝体与坝基的交界处。故在这一范围内在轴线上游布置一排孔，进行加固和加密处理。

图 4-20 灌浆过程中坝坡水坡孔洞冒浆

因此，综合分析认为前垅水库渗漏的主要原因为左坝段大坝填土质量较差，含砂量较高且可能存在空洞等问题，加之坝体与接触带之间存在渗漏薄弱区，是造成大坝左坝坡出现管涌的主要原因。其后，对左坝段进行充填灌浆处理，下游坝坡不再有渗漏隐患，大坝定向处理后 53.78m 正常蓄水位坝后坡无渗漏（图 4-21）。

图 4-21　大坝定向处理后 53.78m 正常蓄水位坝后坡无渗漏

4.2.3　大坞水库坝基渗漏

1. 工程概况

大坞水库位于萧山区河上镇璇山下村，总库容为 15.96 万 m^3，属小（2）型水库。该水库始建于 1972 年，2003 年进行标准化改造，2004 年 2 月竣工。大坝属均质土坝。坝高 12.5m，坝长 175m 左右。

自水库建成之初，大坝下游坝脚附近就出现渗水现象。2003 年标准化改造后，水库仍存在渗水现象，下游坝脚渗漏点共计 7 处。为查明大坝渗漏原因及通道，现场采用并行电法结合钻探对坝体进行了探查。

2. 现场探测布置

由于大坝较长，将沿坝顶轴线布置的两条测线 ML-1、ML-2 拼接成测线 ML-12 处理，沿下游一级马道布置测线 ML-3，测线 ML-1、ML-2 的电极距为 2.5m，单条测线长度为 157.5m，测线 ML-3 电极距为 2.0m，单条测线长度为 126m，采用 AM 法采集。现场测线布置见图 4-22，探测现场及下游坝脚 2#渗漏点如图 4-23 所示。

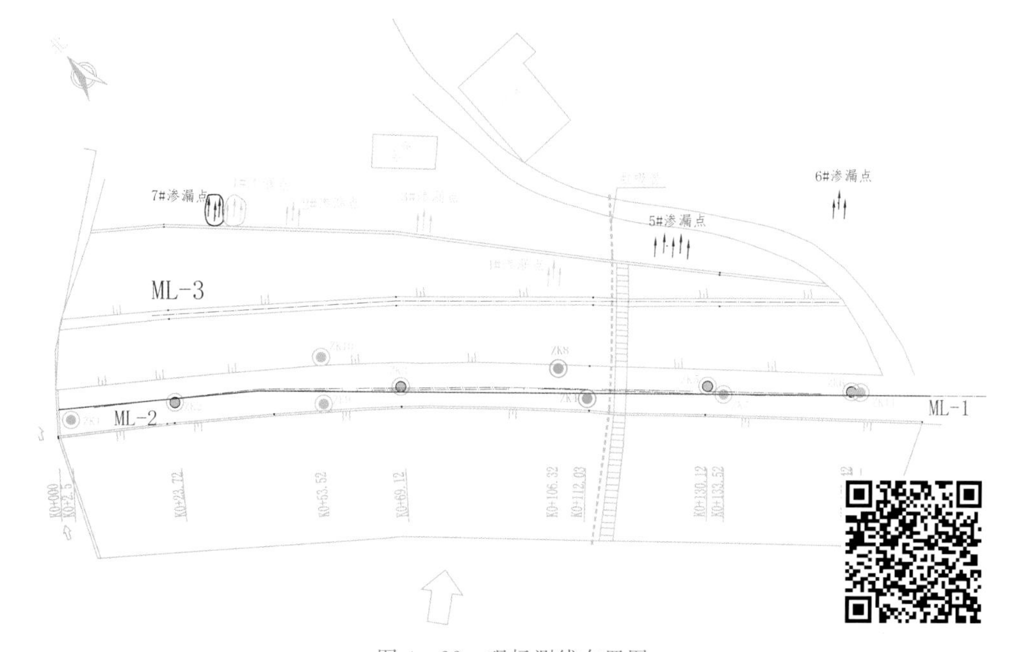

图 4-22　现场测线布置图

图 4-23 探测现场及下游坝脚 2# 渗漏点

3. 数据处理及解译

坝顶轴线及下游马道测线反演电阻率剖面成果如图 4-24 所示。坝顶轴线电阻率剖面显示大坝存在五个明显低阻区，其中第三区的电阻率率最低（<50Ω·m）且范围较广，其表部主要受铁质虹吸管影响。从下游马道 ML-3 测线电阻率剖面可以看出，第一至第四区在 ML-3 测线同样表现明显的低阻，说明第一至第四区渗漏从坝顶延伸至下游马道，贯穿坝体。

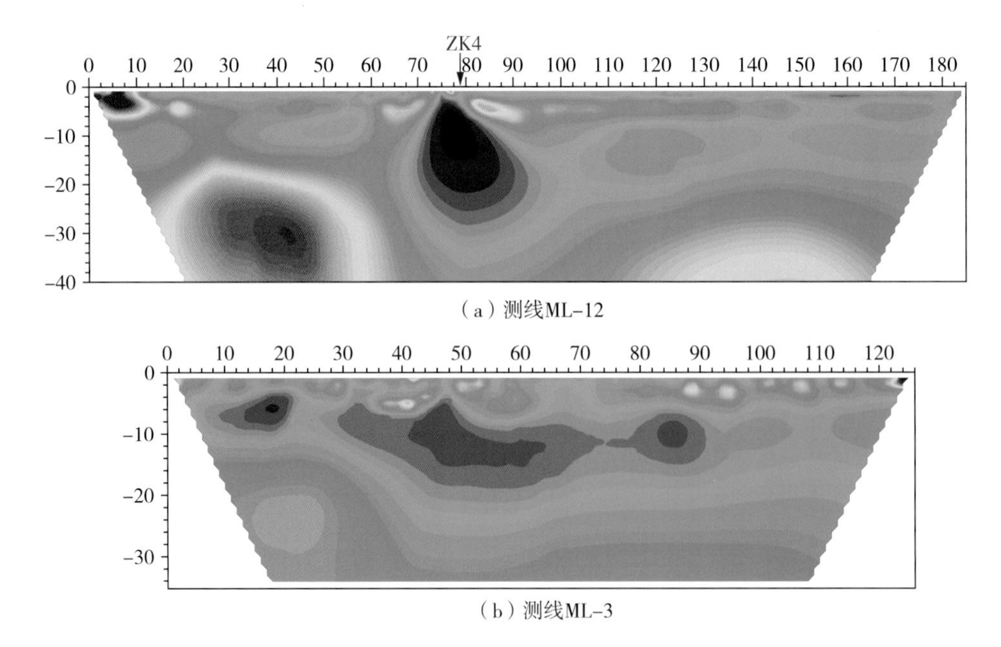

（a）测线ML-12

（b）测线ML-3

图 4-24 物探测线反演电阻率剖面图

根据物探成果，针对可能存在渗漏的隐患部位布置钻孔探测，钻孔主要位于坝顶轴线上。在第一区的中心位置布置钻孔 ZK2，在第二区布置 ZK3 和 ZK9，在第三区布置 ZK4 和 ZK8，在第四区的中心位置布置 ZK7 和 ZK5，在第五区布置 ZK6。钻孔布置见图 4-22。

在钻探过程中发现钻孔 ZK1、ZK2、ZK3、ZK5、ZK7 孔内水位随库水位的升高而升高，与库水位有较好的相关性和同步性。钻孔水位与库水位同步性较好，基本无滞后现象，且水位无明显下降，表明2004年标准化改造中上游铺设的防渗复合土工膜防渗效果差。

通过在钻孔中投放示踪剂红墨水，观测下游出溢情况。在钻孔ZK4孔内灌入墨水约1小时10分钟后，下游坡脚1#、2#和3#渗漏点开始出溢红墨水，其中2#渗漏点示踪剂浓度最高（钻孔渗漏示踪试验见图4-25）。ZK8钻孔深度在13m以下，钻进时孔内无回水，下游1#、2#、3#渗漏点渗水变浑浊，停止钻进后一段时间，该3处渗漏点渗水逐渐变清澈。

图4-25 钻孔渗漏示踪试验（2#渗漏点）

通过物探结合钻探，该水库渗漏的通道主要位于第三区，渗漏的位置主要位于坝基的2—2层含砾黏土、2—3含泥碎石以及揭露的断层破碎带。

水库于2011年进行坝轴线套井及坝基灌浆处理后，效果良好，大坝已无渗漏。

4.2.4 天子岗水库坝基渗漏

1. 工程概况

天子岗水库位于西苕溪支流浑泥港北源泥河的上游，是一座以灌溉为主，结合防洪、发电、养鱼的中型水库。水库集雨面积为25km^2，原设计水库正常蓄水位为23.16m（1985国家高程，下同），相应库容为935.3万m^3；设计洪水位为24.66m，相应库容为1324.1万m^3；1000年一遇校核洪水位为26.18m，相应库容为1730.1万m^3。水库兴建于1956年10月，系在一条8m高的老堤埂上扩建加高而成，于1958年5月完工，1973年至1978年又进行了续建加高，1981年完成水库除险加固工作，1994年为控制汛限水位，进行溢洪道改建。

水库枢纽由大坝、溢洪道、输水涵洞、电站等部分组成。水库主坝为类均质坝（原设计为黏土斜墙坝，经安全鉴定为类均质坝），坝顶高程为27.839m，坝高为13.75m，坝顶长为1222m；副坝为均质坝，坝顶高程为27.839m，坝高为15.2m，坝顶长28m。

溢洪道位于大坝右侧，为开敞式正槽溢洪道，顶高程为25.27m，长50m，在堰中修建有两孔泄洪桥涵，断面尺寸为3.2m×1.65m，底高程为23.32m，最大泄流量为129.1m^3/s。

输水涵洞为2条混凝土矩形涵洞，位于主坝左侧坝体内，南洞为发电、灌溉两用，北洞单作灌溉之用，进口底高程为16.66m，洞长为64m，断面尺寸为0.8m×1.0m，采用塔式进水口，闸门形式为插板式钢板门。

水电站为坝后式，布置在输水涵洞右侧出口处，发电装机容量为100kW，年发电量为15万度，装有型号为GDA30-W2-60的水轮机，设计水头为9m。

2. 现场探测布置

本次物探工作主要为水库大坝工程的安全评价提供参考资料，结合堤坝的现场隐患踏勘及地质勘察成果，在0+048～0+150段布置电法测线，共布置2条电法测线，每条测线布置电极64道，电极间距为1m（电法探测布置现场见图4-26）。

图4-26 电法探测布置现场

3. 数据处理及解译

图4-27为0+048～0+150段并行电法的探测成果，横轴表示测线的长度，纵轴表示成果反映的深度，色谱由冷到暖表示导电性由强到弱。测线附近地质钻孔ZK1（对应桩号0+100）成果显示：钻孔稳定水位为2.5m，0～4.0m为粉质黏土（套井

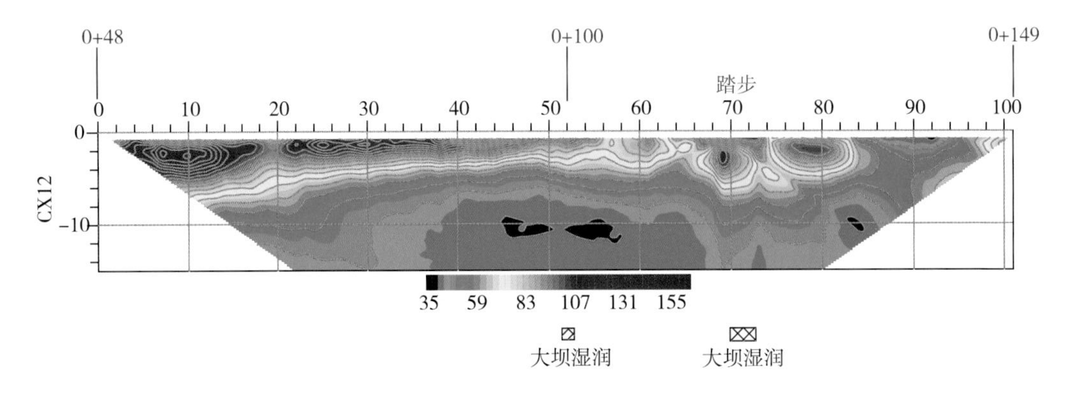

图4-27 测线CX12视电阻率断面

土），4.0～6.0m 为强风化砂砾岩，6.0～15.0m 为弱风化砂砾岩。从探测剖面上可以看出，大坝视电阻率等值线较为平滑，由浅及深呈逐级降低的趋势，浅部局部高阻闭合异常可能与大坝坝壳填土存在局部不均匀或动物蚁穴有关；桩号 0＋083～0＋118m 段，深度 5m 以下存在低阻异常区，结合钻孔成果，推测该区域位于岩基部位，表明该段岩体较破碎，可能存在渗漏隐患。

4.2.5 宝坞山塘绕坝渗漏

1. 工程概况

宝坞山塘位于兰溪市梅江镇观岩陈村。山塘坝址以上集雨面积为 0.14km^2，总库容为 1.65 万 m^3。该山塘始建于 20 世纪，主要功能为灌溉及供水。工程主要建筑物由大坝、溢洪道、输水涵管等组成，大坝坝型为黏土心墙坝，坝顶高程为 152.65m，最大坝高为 12m，坝顶长 52m，坝顶宽 3.5m，上游坝坡坡比为 1∶2.5，采用砼预制块护坡，下游坝坡坡比为 1∶2，采用 C20 砼框格草皮护坡。山塘校核洪水位为 152.25m，设计洪水位为 152.11m，正常蓄水位为 151.48m。溢洪道位于大坝右坝头，为开敞式正槽溢洪道，进口段宽度为 3.50m；放水涵管位于大坝右侧，为新建 DN200 预应力钢筋混凝土管。

由于大坝下游存在渗漏现象，在 2012 年的山塘整治建设方案中对该山塘采取黏土套井回填防渗处理。探测时，水位距坝顶高差约 1.55m（距正常蓄水位 0.38m），下游左坝坡大面积渗漏局部带有黄泥，且出水点过高；右岸涵管旁也存在渗漏现象（山塘现状图见图 4－28）。

图 4－28 山塘现状图

2. 现场探测布置

本次布置电法测线 2 条，沿大坝坝顶轴线纵向布置。测线 CX1 沿坝顶中轴线布置，并沿左岸上坝道路向下游延展，电极距为 1m，共布置 64 道电极，测线长度为 63m，其中 1 号电极位于右岸溢洪道左边墙处；测线 CX2 布置在下游坝坡，距坝顶斜长为 5m，电极距为 1m，共布置 57 道电极，测线长度为 56m。探测具体布置如图 4－29、图 4－30 所示。

3. 数据处理及解译

图 4－31 为经过计算处理后得到的 2 条测线的视电阻率剖面图。不同高程测线的一

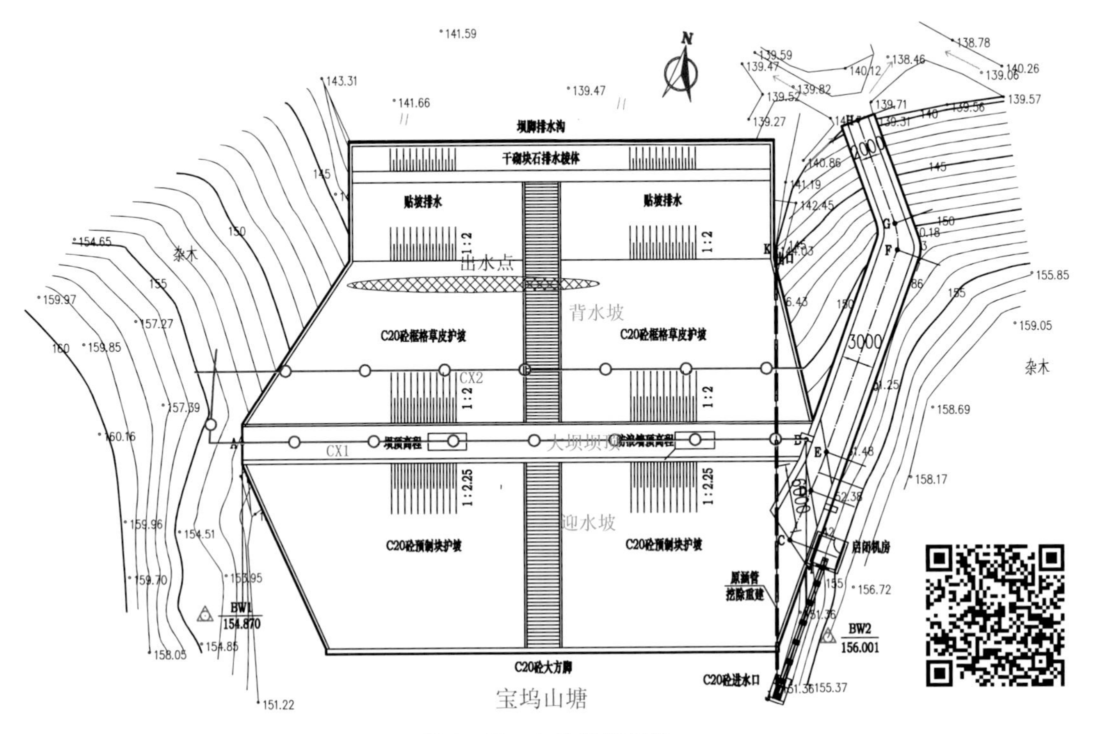

图 4-29　电法测线布置

图 4-30　电法探测现场

体化组合，勾勒出大坝渗漏隐患的分布特征。从坝顶测线 CX1 上可以看出，视电阻率等势线平顺且成层状逐级增大分布，全坝段低阻区主要位于浅表层 7m 左右，深部 10m 以下未见明显的低阻圈闭；测线 CX2 电阻率图像与 CX1 结果相似，明显低阻异常区主要位于 40～46m 段，深度均为 6m 以内。根据反演电阻率剖面成果（图 4-32），低阻区较视电阻率有所收敛，其低阻异常区位置与视电阻率成果基本一致。坝顶测线 CX1

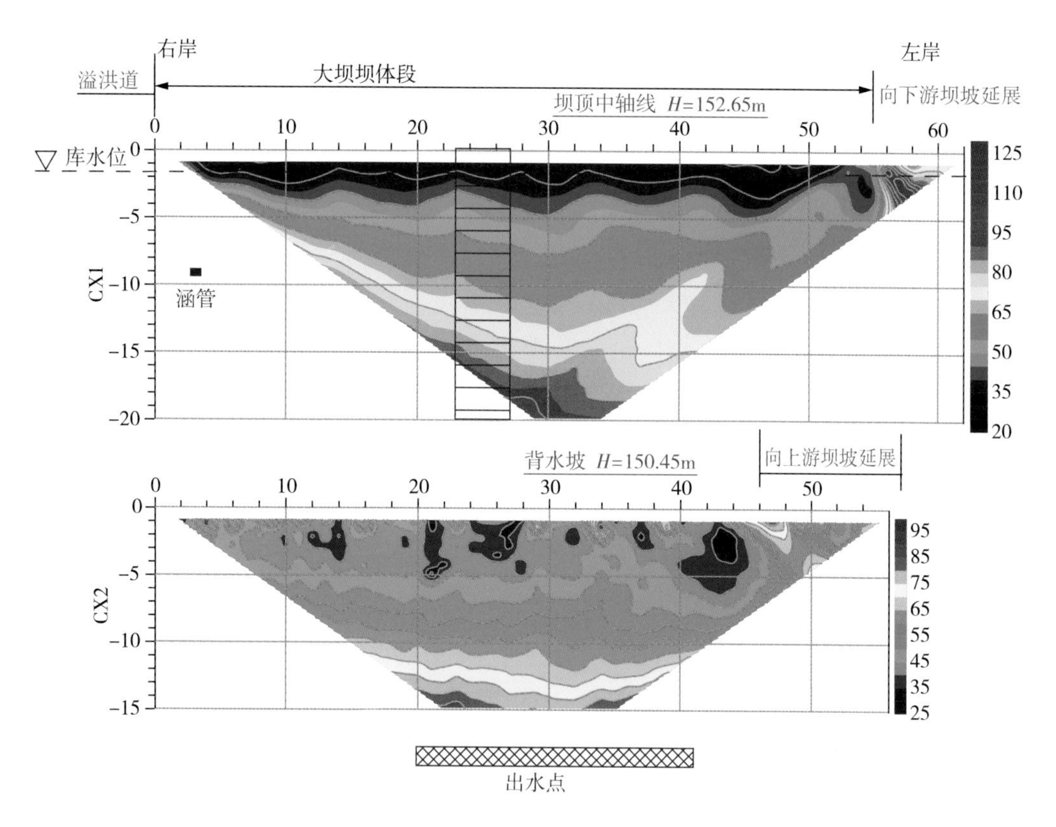

图4-31 大坝视电阻率剖面图

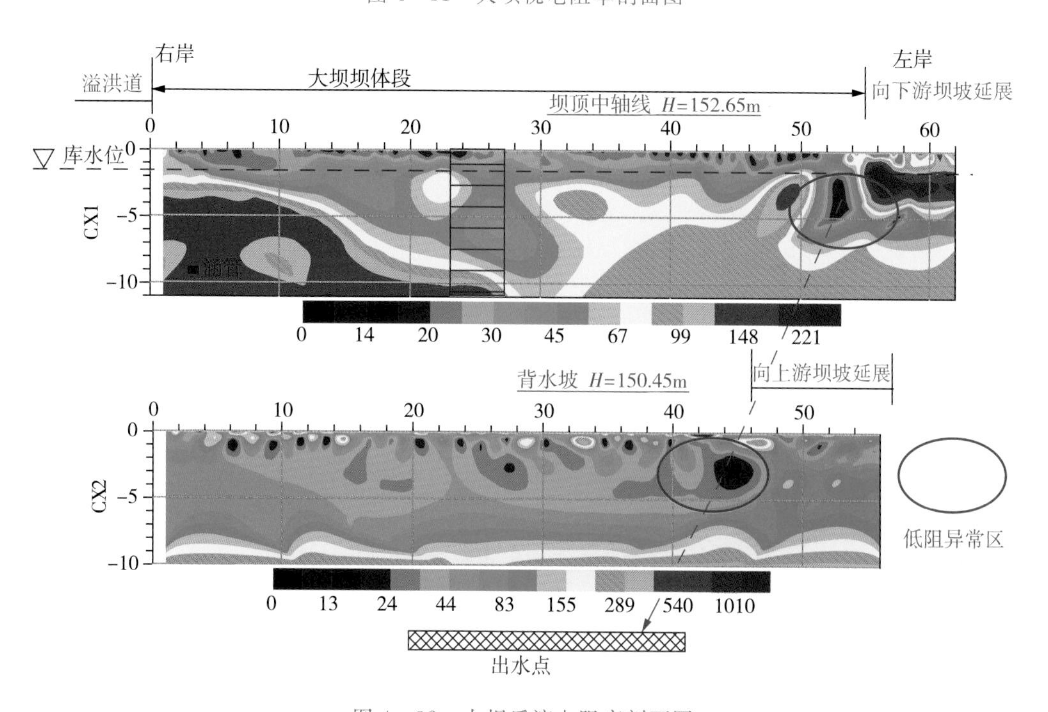

图4-32 大坝反演电阻率剖面图

显示左坝段真电阻率值相对于右坝段较低，且异常区段核心位置呈圈闭状分布，主要位于测线上 50～55m 段。大坝右岸高阻区形态明显受岸坡地形控制，未见明显低阻异常，河床段坝基未见明显的低阻异常。

现场钻孔时探测到水库左坝头坝体填筑填土松散，基岩较破碎，裂隙稍发育，在先导孔 I_1(K0＋050) 和 I_3(K0＋038) 注水、压水试验中，先导孔 I_1基岩面深度为 2m，在 0～4.6m 渗漏量较大；先导孔 I_3基岩面深度为 12.6m，在孔深 4m 处有碎石块，注水试验在 4～8m 段渗漏量大，试验表明坝体基本呈中等透水状态，基岩呈弱透水状态，其成果见表 4－4。

表 4－4　先导孔注水、压水成果汇总表

先导孔编号	孔深/m	试验名称	渗透系数/（cm/s） 透水率/Lu	渗透性分级	日期
I_1	0～3	注水	6.26E～04	中等透水	2017.5.8
	3～7	压水	21	中等透水	
	4.6～7	压水	8.2	弱透水	
	7～12	压水	3.6	弱透水	
I_3	0～4	注水	3.70E～05	弱透水	2017.5.9
	4～8	注水	6.30E～04	中等透水	
	8～13	注水	1.21E～05	弱透水	
	13～16	压水	6.5	弱透水	

在钻孔过程中，坝前坡踏步到左坝头，坝体出现微漏水现象，左坝头基岩接触带和基岩漏水较大。从现场定向处理过程可以看出，物探探测的全坝段低阻区吃浆量明显较大，物探探测成果与现场施工较为吻合。定向处理前库水位高程为 149.9m，下游渗漏量最大为 0.71L/s，定向处理后库水位高程为 150.7m，下游渗漏量最大为 0.22L/s。在库水位升高的情况下，渗漏量削减 70%，定向处理效果非常明显（宝坞山塘定向处理前后量水堰及排水沟水量影像图见图 4－33）。

图 4－33　宝坞山塘定向处理前后量水堰及排水沟水量影像图

4.2.6 落马坞山塘绕坝渗漏

1. 工程概况

落马坞山塘位于杭州市富阳区洞桥镇洞桥村。山塘集雨面积为0.38km²，正常库容为3.30万m³，总库容为4.49万m³，大坝下游约300m即为洞桥村，该山塘是一座以农业灌溉为主、兼顾供水的屋顶山塘。

该山塘始建于1965年10月，1996年进行标化加固，2014年进行套井防渗加固处理。工程主要建筑物由大坝、溢洪道、虹吸管等组成。大坝坝型为心墙坝，坝顶高程为83.10m，正常蓄水位为81.40m，最大坝高为11.5m，坝顶长35.6m，坝顶宽6.5m。迎水坡用C20砼预制块护坡，坡比为1∶3.00，背水坡用草皮护坡，坡比为1∶2.75。溢洪道位于大坝左岸，为正槽式溢洪道，堰宽7m。虹吸管位于大坝中部，为直径0.2m的镀锌钢管。

山塘自建成后，大坝坝脚一直存在渗漏问题，随着库水位升高，渗漏量加大。2014年在未勘探的情况下，进行了黏土套井防渗处理，蓄水后大坝下游仍然渗漏，原因不明。本次探测时，水位低于正常蓄水位约2.0m，大坝下游坝脚排水沟内汇聚大量积水且渗漏量较大，左岸溢洪道边墙多处存在渗漏现象。

2. 现场探测布置

本次沿大坝纵向布置电法测线3条（图4-34、图4-35）。测线CX1沿坝顶套井轴线布置，电极距为1m，共布置38道电极，其中1号电极位于左岸溢洪道右边墙处；测线CX2布置在背水坡距坡顶斜长7.4m处，电极距为1m，共布置30道电极；测线CX3布置在背水坡距坡顶斜长17.5m处，电极距为1m，共布置26道电极。探测仪器采用WBD-1型并行电法仪，采样方式为AM法，供电时间为500ms，采样间隔为50ms，单次采集64通道仅需96s即可完成高分辨地电数据体的收录。

图4-34 落马坞山塘现状图

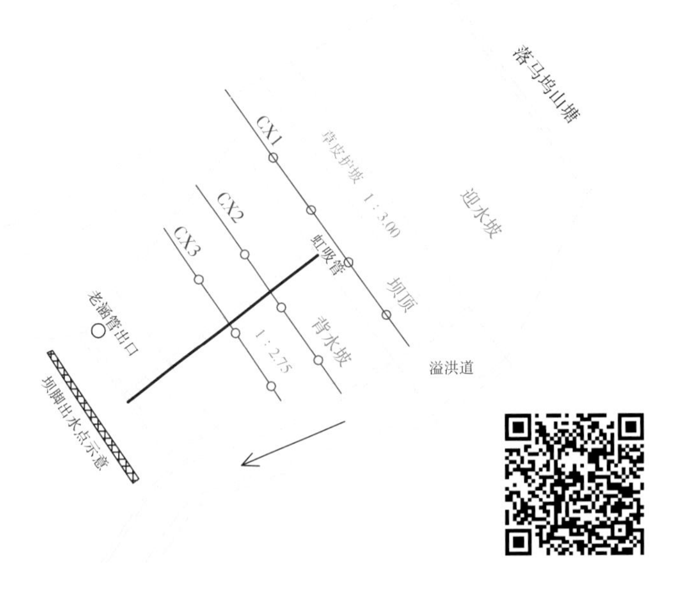

图 4-35　测线布置平面图

3. 数据处理及解译

现场测试的激励电流和一次场电位数据，通过软件进行数据解编、电极坐标、噪声剔除、视电阻率计算等步骤后得到测线剖面上二维视电阻率剖面（图 4-36）。从坝顶测线 CX1 上可以看出，视电阻率变化范围为 14～68Ω·m，低阻异常区主要分布于大坝左侧且呈斜条带状向中部延展，与岸坡形态相关，核心区域位于大坝 0～19m 段，深度在 10m 左右，右坝段坝体及山体处未见明显的低阻闭合异常现象，背水坡两测线反映的地电特征与 CX1 基本一致，多测线拼接具有空间连续性。

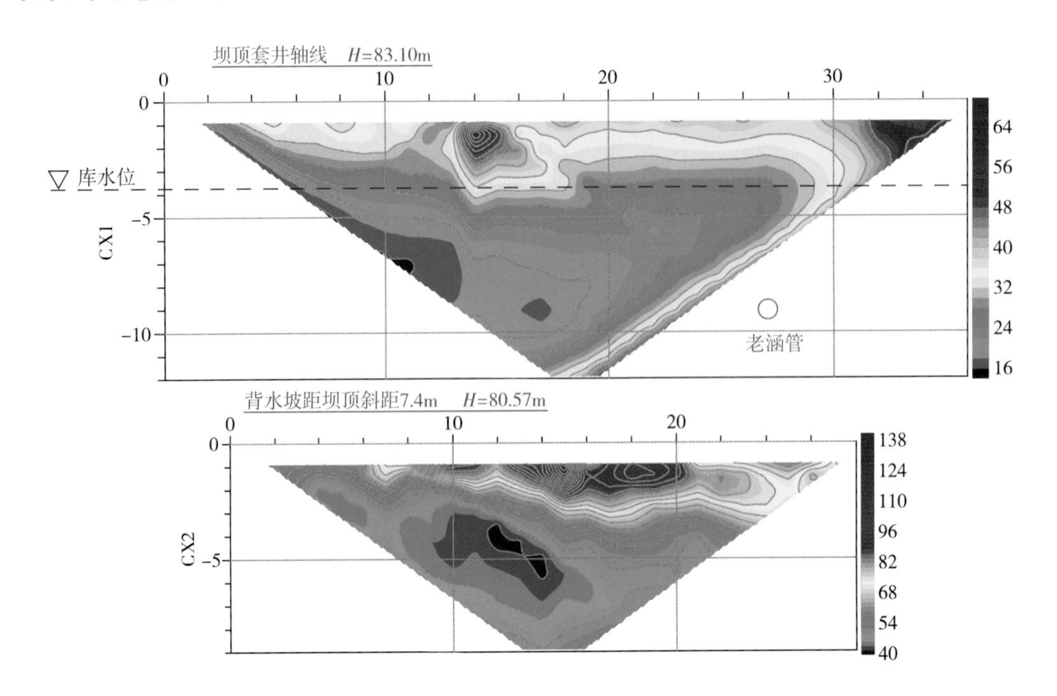

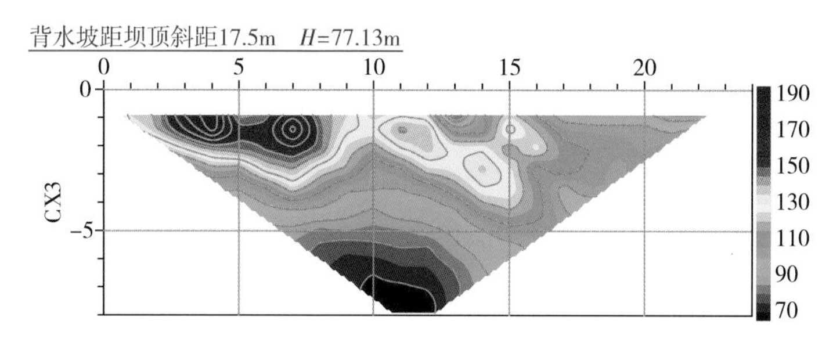

图4-36　大坝纵向视电阻率剖面图

4. 渗漏原因分析

本次探测之前，落马坞山塘已经采用黏土套井回填和帷幕灌浆处理等方法进行防渗处理，随后发生的大坝渗漏曾初步判断是由老涵管封堵不良引起的渗漏。对并行电法探测成果分析，大坝左岸山体或接触带可能存在渗漏通道。

为进一步验证本次探测成果的准确性，在老涵管出口处开挖人工探槽，从图4-37(a)中明显看出探槽内并未见渗漏水流；现场踏勘发现，左岸山体为强风化页岩，岩体较为破碎，如图4-37(b)所示，存在绕坝渗漏隐患。本次探测成果表明：左岸岩体破碎及其接触带填筑质量较差应是引起当前大坝渗漏的主要原因。该结论得到了水库管理人员的认可。

根据探测成果，建议重新核查左坝段套井及帷幕灌浆资料，可对左岸溢洪道底板及坝肩岩基采用帷幕灌浆处理，对坝体与坝基岩基接触带采用接触灌浆处理。

(a)涵管尾部开挖　(b)左岸破碎岩体

图4-37　现场开挖调查照片

4.2.7　大岙山塘坝体渗漏

1. 工程概况

大岙山塘位于余姚市低塘街道洋山村，总库容为2.0万m^3，功能以防洪、灌溉为主。大坝现状为均质土坝，坝高 6.2m，坝轴线长为 92.2m，坝顶宽 2m 左右。

因局部地段漏水，2010—2011 年间，大坝进行过多次加固处理。目前大坝中部坝脚依然存在漏水点。为查明大坝渗漏通道，施工人员现场采用并行电法结合钻探对坝体进行了探查。

2. 现场探测布置

本次施工人员在坝顶以下游渗漏区为中心沿坝轴线方向布置电法测线 2 条（图 4-38），采用 AM 法采集，电极距为 1.0m，测线长度为 63m。测线 CX1 与 CX2 之间平行距离为 2.3m。图 4-39 为探测现场及下游开挖渗漏点。

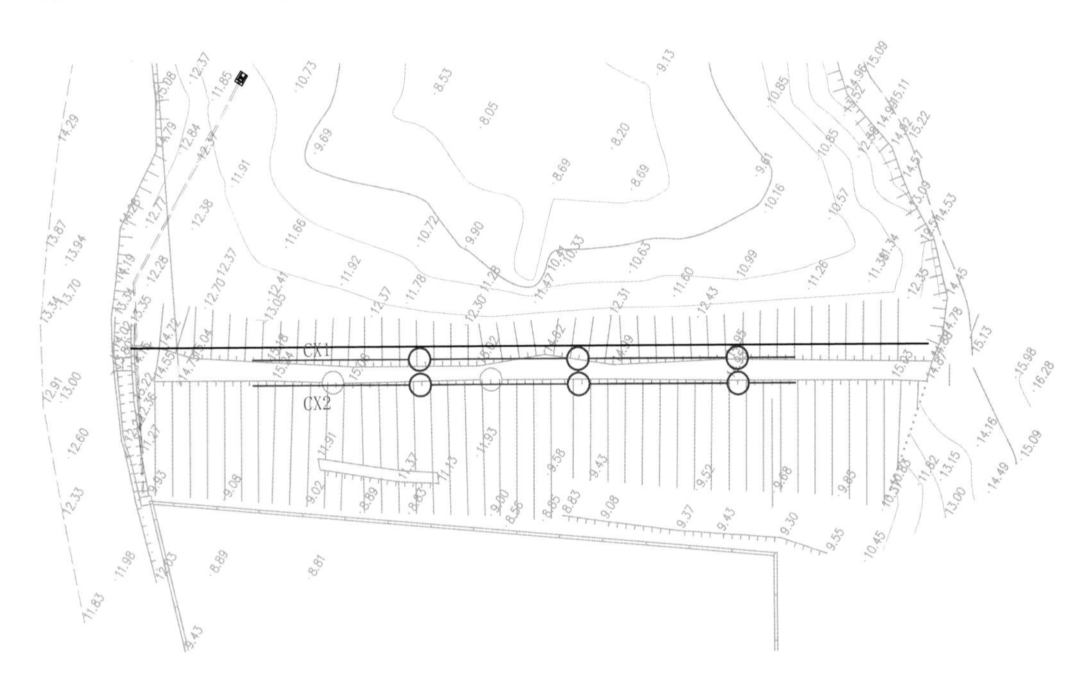

图 4-38 现场测线布置图

图 4-39 探测现场及下游坝坡开挖渗漏点

3. 数据处理及解译

根据图4－40及图4－41，2条测线探测剖面对低阻区的反映较为一致，均反映坝体深度5m以下为低阻区，其视电阻率值为80～100Ω·m。

根据反演电阻率剖面成果（图4－41），2条测线所示成果具有连续追踪性，测线20～35m段坝体深度4m以下为低阻异常区，电阻率值小于50Ω·m，比背景电阻率（>100Ω·m）小，该区域可解译为渗漏薄弱区，发生渗漏的可能性较大，其与坝下游渗漏区可能存在水力联系。根据视电阻率与反演后真电阻率对比成果，渗漏可能主要位于大坝的下部坝体部分，坝基土层相对较为均匀。

本次在测线20～35m段共布置4只钻孔，未揭露坝轴线位置渗漏通道。实际上根据下游坝坡开挖发现，坝体填筑料为粉质黏土，填筑质量尚好，可见渗漏主要为集中渗漏，通道为坝体横向裂缝。电阻率测试的低阻区的体积效应较为明显。

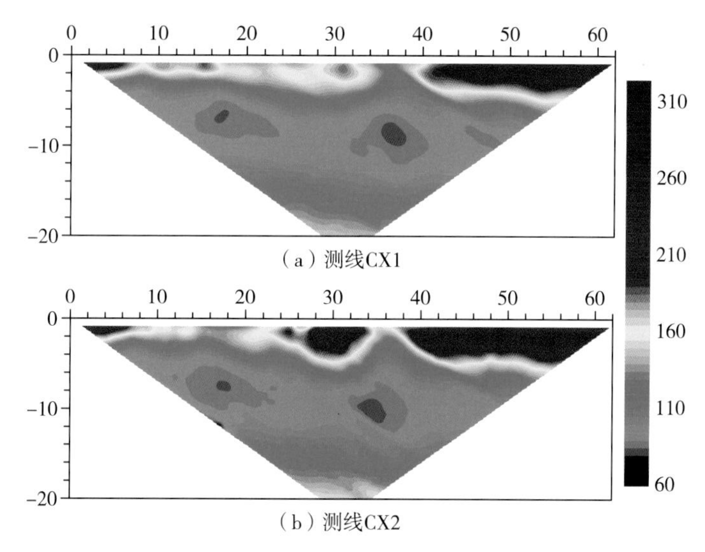

（a）测线CX1

（b）测线CX2

图4－40　坝体纵向视电阻率剖面

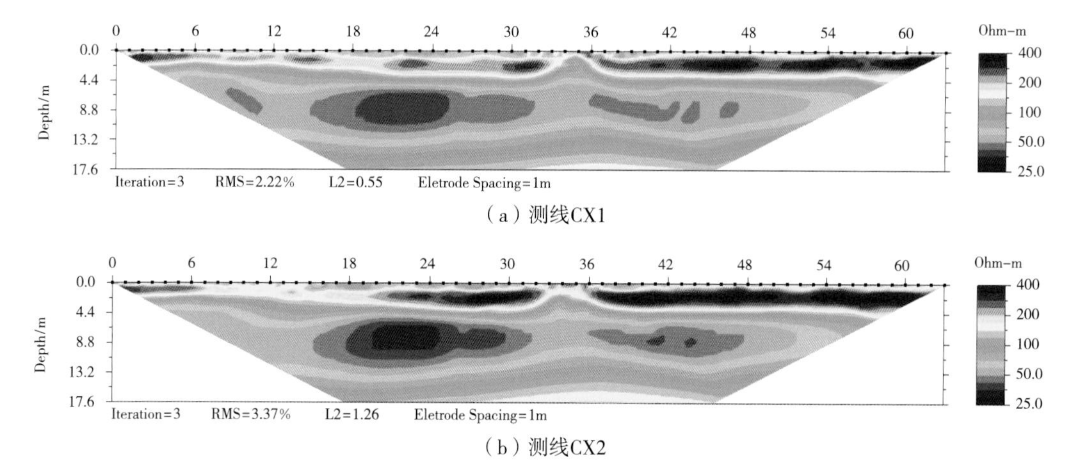

（a）测线CX1

（b）测线CX2

图4－41　坝体纵向反演电阻率剖面

4.2.8 谷背塘水库坝体渗漏

1. 工程概况

谷背塘水库位于义乌市佛堂镇葛仙村。水库坝址以上集雨面积为 0.164km^2，主流长度约为 0.724km，总库容为 25.20 万 m^3，正常库容为 22.60 万 m^3，灌溉面积为 410 亩，是一座以灌溉为主的小型水库。

该水库始建于 1958 年，2004 年被列入“千库保安”工程计划。2006 年底，工程人员完成对大坝的除险加固工作，主要内容包括：对主坝坝体增设黏土斜墙，对内外坝坡采用干砌块石护砌，新建虹吸管放水设施、防汛道路和观测设施等。

现状工程主要建筑物由大坝、溢洪道、虹吸管等组成，大坝坝型为黏土斜墙坝（可视为均质坝），坝顶高程为 79.10m，最大坝高为 12.61m，坝顶长 97m，坝顶宽 4m，采用碎石铺顶。大坝迎水坝坡坡比为 1∶2.5，采用干砌块石护坡；背水坡分二级放坡，坝坡坡比为 1∶2.0，采用 C20 混凝土框格植草护坡。水库正常蓄水位为 77.70m。溢洪道位于大坝左坝头，溢流堰堰顶宽 4.5m；虹吸管位于大坝左岸溢洪道底板下部，采用 DN300 镀锌钢管，进水口高程为 69.79m。

本次探测时，经实测库水位距坝顶高差约为 4.57m（距正常蓄水位 3.17m），大坝左、右岸坡排水沟及排水棱体上方中部偏左处坝脚有集中渗漏痕迹且基本位于同一高程，现场可见中部偏左部位渗透处有黄泥析出。据水库管理人员介绍，2018 年 5 月 2 日大坝发生严重渗漏现象，随后水库开始降水；5 月 18 日水位为 77.55m 时，渗漏水变清但渗漏仍较大；5 月 19 日发现右岸坝脚排水沟基本无渗漏现象，其余两个出水点仍在渗漏；5 月 20 日左岸坝脚排水沟也不再渗漏；5 月 22 日下午 3 点巡查，当库水位降至 75.59m（距正常蓄水位 2.11m）时，大坝下游都不再渗漏（图 4-42）。

图 4-42 水库现状图

2. 现场探测布置

本次工程人员布置电法测线4条，均沿大坝坝顶轴线纵向布置。由于大坝坝顶采用硬化处理，本次测线CX1沿背水坡距坝顶斜距0.2m处布置，电极距为2m，共布置51道电极，测线长度为100m，其中1号电极位于左岸溢洪道右边墙处；测线CX2、CX3布置在背水坡，采用小极距拼接处理，测线距坝顶斜距20m，电极距为1m，各布置64道电极，测线长度63m，其中测线CX2的13号电极位于左坝脚排水沟处；测线CX4位于迎水坡水面，电极间距为1m，共布置64道电极，测线长度为63m。探测工作量见表4-5。电法测线具体布置如图4-43所示。

表4-5 探测工作量一览表

水库名称	测线编号	测线长度/m	电极间距/m	电极个数/道	测线位置	备注
谷背塘水库	CX1	100	2	51	距坝顶斜距0.2m	
	CX2	63	1	64	距坝顶斜距20m	
	CX3	63	1	64	距坝顶斜距20m	
	CX4	63	1	64	迎水坡水面	

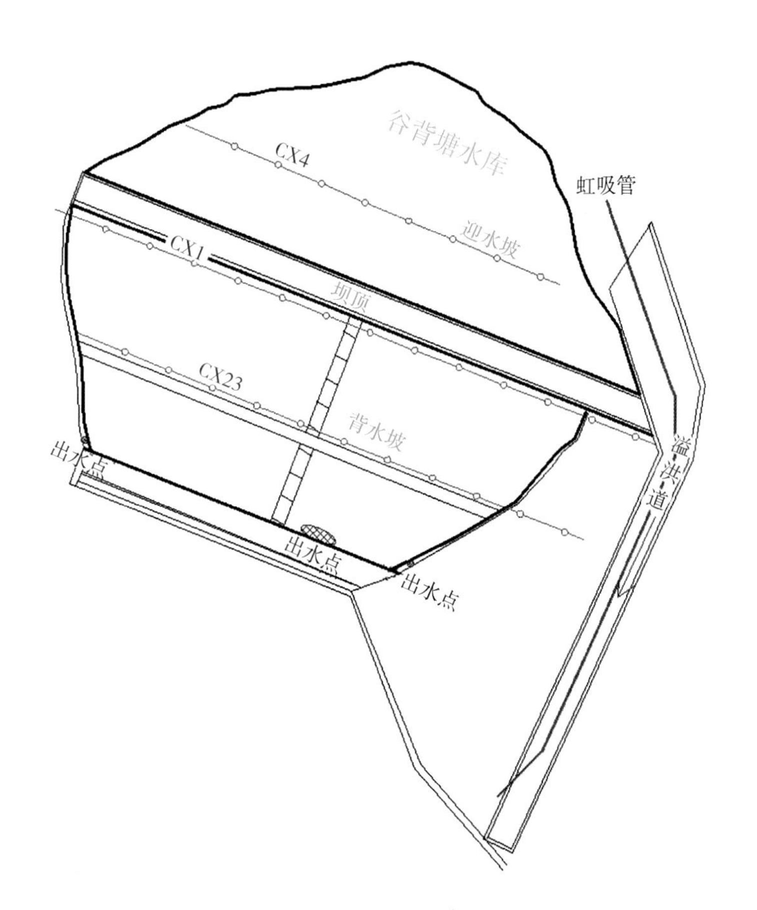

图4-43 电法测线布置图

3. 数据处理及解译

为更全面地分析大坝背水坡的电阻率分布特征，本次采用小极距将测线 CX2、CX3 拼接成测线 CX23 进行综合考虑。图 4-44 为经过计算处理后得到的 4 条测线的视电阻率剖面图。不同高程测线的一体化组合，勾勒出大坝渗漏隐患的分布特征。从测线 CX1 上可以看出，整体上大坝视电阻率值偏低，低阻异常区呈闭合状分布且较为明显，主要分布在测线的 40～70m 段，深度在 5～15m 左右。需要说明的是，测线上 50～60m 段浅表层高阻区域出现中断现象以及局部的低阻圈闭可能受铁质测压管导电影响；测线 CX23 上低阻异常区主要分布在测线 30～60m，深度在 5m 以内；迎水坡水面测线 CX4 低阻区较为分散，且向左岸山体延展。

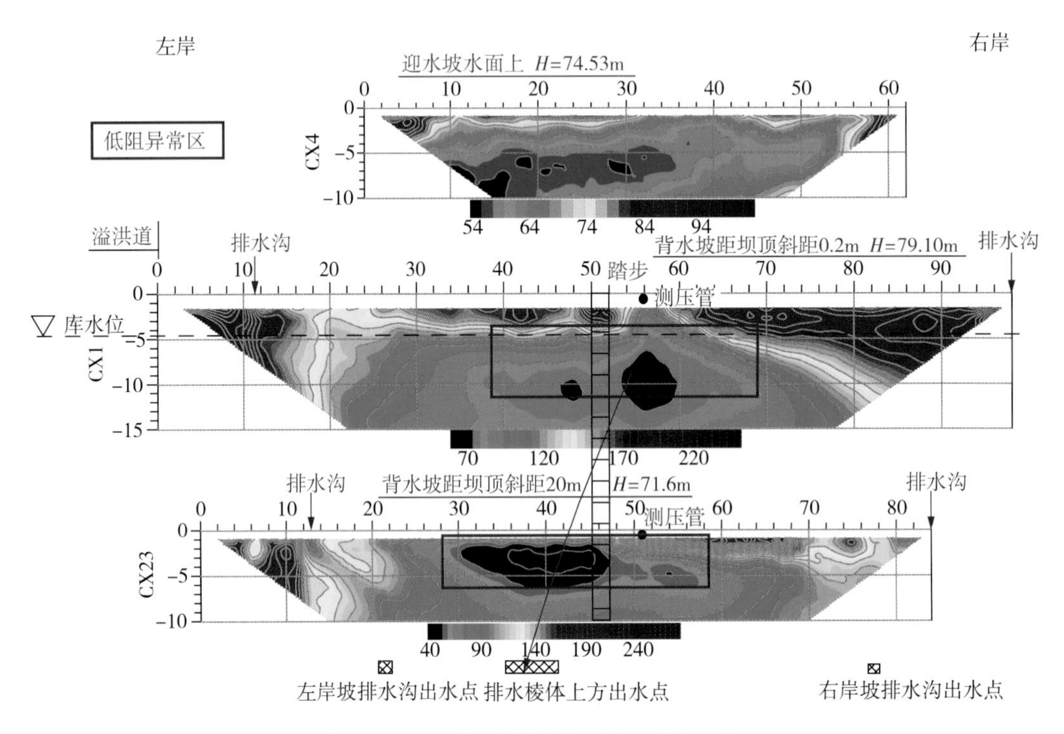

图 4-44 大坝视电阻率剖面图（面向下游）

根据反演电阻率剖面成果（图 4-45），低阻区较视电阻率明显收敛，反映的坝体真电阻率分布特征更为直观，其低阻异常区反映位置与视电阻率成果基本一致。坝顶测线 CX1 上低阻异常区呈闭合状分布，低阻区主要分布在测线 30～70m 段，两坝肩山体电阻率值较小，且左岸山体明显存在相对低阻异常区。测线 CX23 中低阻区范围进一步扩大，主要分布在 20～70m 段，并且左坝肩低阻异常区受岸坡地形控制。

结合大坝坝高、下游出水点位置，根据 2 条断面成果的可追踪性分析，本次探测表明，大坝坝顶轴线 K0+030～K0+070m 段（以左岸溢洪道右边墙起点计算）大坝坝体存在渗流薄弱区是造成当前大坝排水棱体上方存在渗漏的主要原因；大坝两坝肩山体存在接触及绕坝渗漏可能是造成两岸坡脚排水沟出现渗漏的主要原因。

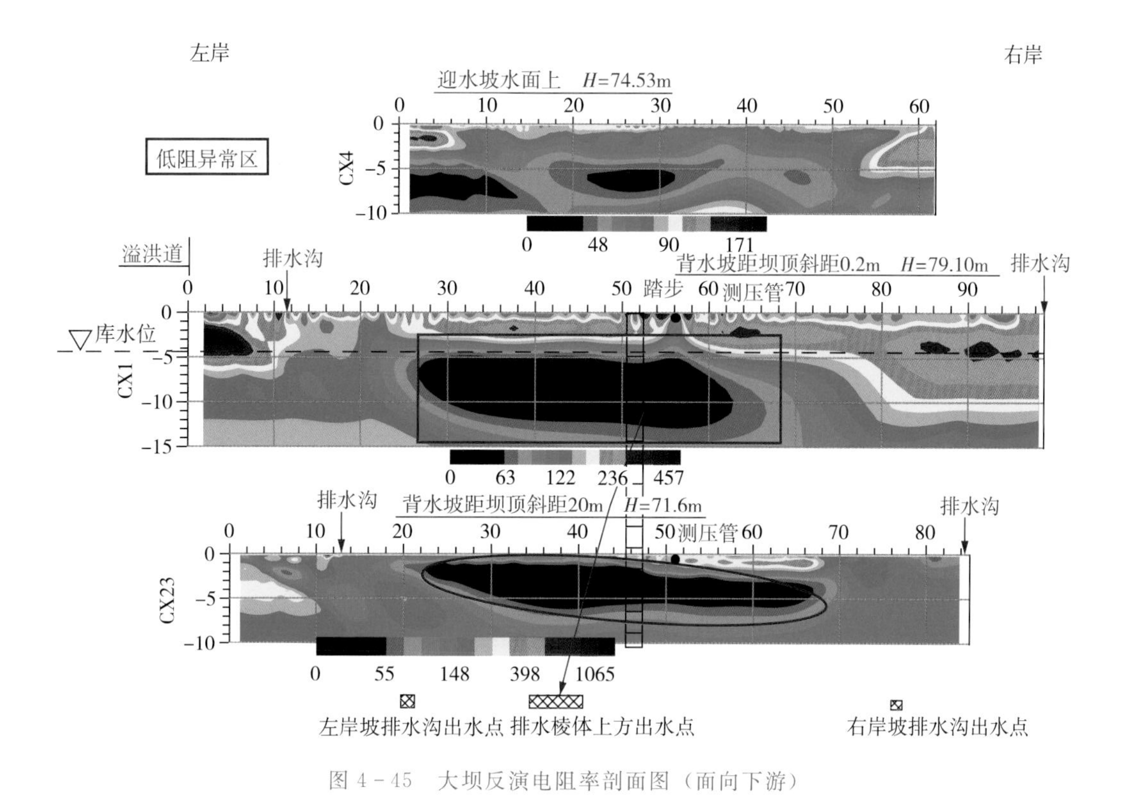

图4-45 大坝反演电阻率剖面图（面向下游）

4.3 大坝渗漏电法探测小结

4.3.1 数据处理方法

(1) 并行电法探测渗漏技术的有效性。利用64通道电法测试系统，在坝体布置测线，所获取的大坝视电阻率剖面以及反演电性剖面对岩土介质特征反映清晰，为隐患排查与判断提供良好的基础。利用自主研发的并行电法配套软件——水库渗漏探测成像软件（RSD imagingV1.0）平台进行数据处理，并选用网格化插值软件和可视化图像处理软件（图4-46）进行辅助成图。电法数据处理流程有初值解编、确定坐标、飞点删除、曲线平滑、排列组合、数据提取、纵横向赋值、视电阻率计算、真电阻率反演及断面成图。

(2) 将用AM法采集到的数据体解编成单极-偶极的格式，大坝坝体段的视电阻率采用温纳三极右装置数据进行视电阻率图像表达（图4-47），通过电阻率在纵横向上的电阻率变化特征及相对阻值大小以确定大坝内部的渗漏异常区；

(3) 针对两坝肩渗漏对全场下所有的三极数据集合体进行联合反演，利用圆滑系数、阻尼因子、层厚度以及深度系数等参数不断约束电阻率反演，最终根据重构出的电阻率形态判断出坝肩隐患的分布特征。

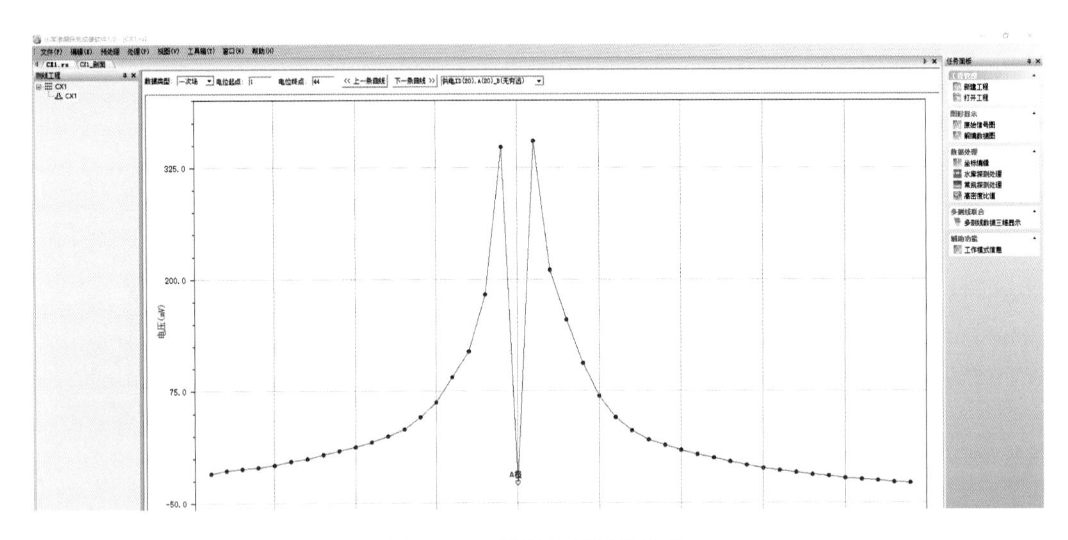

图 4-46 数据处理配套软件

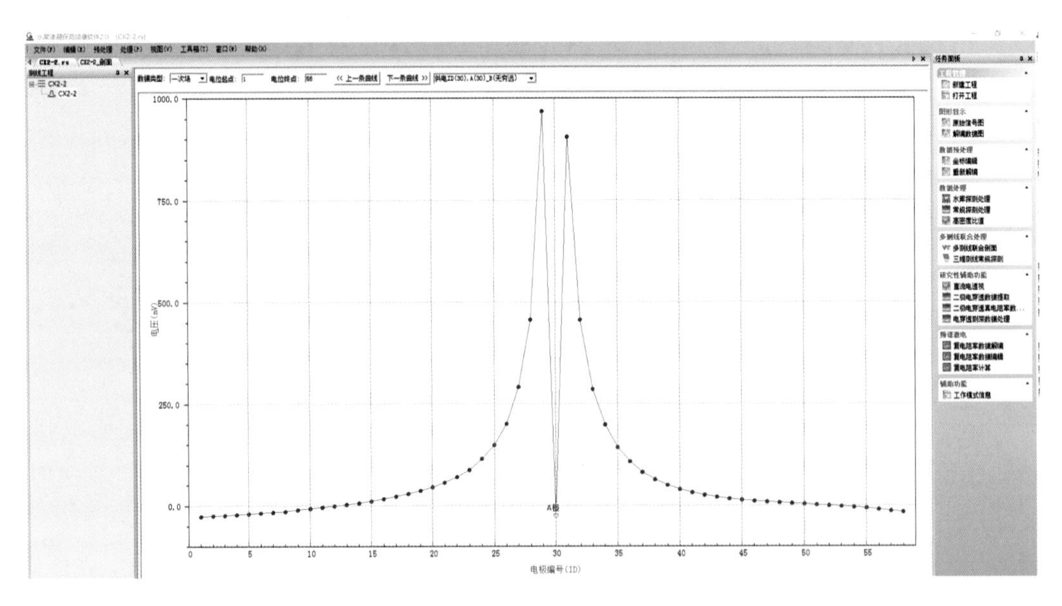

图 4-47 温纳三极视电阻率图像

4.3.2 图像识别原则

(1) 理论上，土体的电阻率值高低反映其富水性强弱及饱和度大小，如果孔隙中均充满水，则土体的电阻率将下降很多。一般坝体填土的含水率为 20%～30%，填土的饱和度大多未达到 95%的饱和标准，呈非饱和状态。正是孔隙中气体提高了大坝防渗体的电阻率，同时由于水土的溶滤作用，土中的离子进入水中降低了渗漏通道的整体电阻率。可能正是这些因素为坝体局部渗漏通道的电法探测提供了辨识依据。由于大坝防渗体一般均由黏性土填筑，其视电阻率与真电阻率一般相差不大。本次探测表明，填土视电阻率与真电阻率基本相同，但不同的水库由于填土料包含的矿物成分不同，粒径不同，其电阻率背景值相差较大，如安地水库防渗黏土电阻率不高于200Ω·m，而泗安水库防渗黏土电阻率不高于35Ω·m。考虑到坝体内存在正常的渗流现象，浸润线以下坝体填土电阻率值均较低，反演电阻率剖面往往突出低阻异常，其差异有时并不明显。本次研究认为相对于背景电阻率，局部的低于背景值（小于50～100Ω·m或更小）的低阻区可能与填筑料质量差、坝体裂缝等因素引起的渗漏相关。

坝基岩体的渗漏主要与岩体的裂隙发育程度或导水断层有关，由于完整岩体的含水率低，其电阻率值普遍较高，一般多大于300Ω·m，而基岩裂隙渗水通道的电阻率一般均低于100Ω·m。基岩裂隙渗水通道与完整岩体的电阻率差异明显，电性剖面中的低阻异常区易于判断。通过分析坝基岩体电阻率的分布特征，可判断坝基岩体的透水特性。

（2）电阻率等值线上的形态、规模以及深度等信息是揭示水库大坝渗漏隐患的重要指标。大坝坝体填筑质量较好，坝体内部含水率呈均匀分布，则视电阻率等值线在水平方向上呈连续性分布，在垂直方向上电阻率等值线均匀变化；当坝体填筑料差异性较大，局部可能还有碎石等粗颗粒时，视电阻率等值线较为杂乱，在浸润线之上存在不连续的高阻区域，而在浸润线之下，大坝则呈现大范围的低阻；当大坝内部存在涵管漏水时，在大坝的上游侧，电阻率等值线呈水平状分布，但在下游侧涵管位置出现低阻圈闭的异常；当大坝内部出现动物蚁穴时，从等值线呈孤立或连续性闭合状分布，在浸润线以上的部位，电阻率值相对较高，在浸润线之下则反之；当河床段坝基存在较厚的透水性覆盖层或岩石时，视电阻率图像上呈现出低阻异常区，等值线呈闭合状分布且核心深度距坝顶的高差略大于坝高；当两坝肩岩体存在渗漏现象时，从反演电阻率图像上可以在两端看到半闭合状低阻异常区，且闭合圈的核部位于大坝之外。

4.3.3 需要提升的方向

（1）目前对电性剖面中异常区的判断基于整个测试剖面中的低电阻率区域，即在整个剖面中以相对低阻区域作为疑似渗漏区段，这种判断未能全面考虑不同介质的电阻率值范围，属于一种半定量的评价，下一步要结合坝址区的工程地质情况，统一分析出电阻率的范围，从而得出分地区、分坝型的渗漏定量评价标准；

（2）坝肩是水库大坝渗漏的薄弱环节，受现场大坝长度的限制，电阻率剖面的盲区部位与绕坝渗漏区域高度重合，从而导致对坝肩渗漏问题探测不明，建议在两坝肩增设钻孔，从而补充相关信息。

土石坝渗漏隐患的定向处理技术

5.1 土石坝防渗加固方法

5.1.1 水库大坝主要的防渗措施

渗流是病险土石坝存在的主要病害之一，也是造成土石坝溃决失事的主要原因之一，大坝结构安全方面的问题（如裂缝、坝坡失稳等）往往也由渗流引起。因此，防渗加固处理往往成为病险土石坝除险加固的关键。近年来针对土石坝防渗处理，我国研制和引进了不少于十几种防渗加固技术（表5-1），不少防渗措施在工程中得到普遍应用，常用措施有帷幕灌浆、套井黏土回填、混凝土防渗墙、劈裂灌浆、高压喷射灌浆、土工膜防渗、黏土斜墙等。由于防渗处理措施（表5-2）多，因地制宜地选择防渗处理措施以满足除险加固工程的功能性、经济性、可实施性的要求，是各建设方必须重视的问题。

表5-1 常用垂直防渗加固技术

垂直防渗技术		主要材料	施工方法
灌浆	静力填充灌浆	泥浆	填充法
	劈裂灌浆	泥浆	压力劈裂法
	高压喷射注浆法	水泥浆或混合浆	高喷法
防渗墙	混凝土防渗墙	混凝土	置换法
	深层搅拌防渗板墙	水泥，外加剂	深搅法
	振动沉模防渗板墙	黏土	挤压法
	重抓套井回填防渗	黏土	造井回填
	倒挂井防渗墙	混凝土	连锁造井
土工合成材料	土工膜垂直防渗	土工膜	置换法

表5-2　防渗处理措施

防渗部位	防渗技术
基础渗漏	压重、排水降压、截水槽、铺盖、帷幕灌浆、岩溶灌浆、防渗墙、垂直铺塑防渗
绕坝渗漏	铺盖、帷幕灌浆、接触灌浆、岩溶灌浆、下游贴坡反滤保护
坝体渗漏处理	劈裂灌浆、斜墙防渗、垂直铺塑、防渗墙、防渗墙与铺设土工膜相结合防渗、下游导渗
坝体与建筑物接触面渗漏处理	开挖回填与防渗刺墙相结合、劈裂灌浆

1. 混凝土防渗墙

混凝土防渗墙主要是采用钻凿、抓斗等方法在坝体或地基中建造槽形孔后，浇筑成连续的混凝土墙，达到防渗的目的。混凝土防渗墙适用性广，实用性强，施工条件要求较宽，耐久性好，防渗可靠性高，现广泛应用于我国病险水库土石坝防渗加固中，如江西油罗口水库，湖北陆水水库、青山水库，安徽卢村水库、钓鱼台水库等，均采用混凝土防渗墙防渗加固，取得了很好的防渗效果。

2. 高压喷射灌浆

高压喷射灌浆适用于淤泥质土、粉质黏土、粉土、砂土、砾石、卵（碎）石等松散透水地基或填筑体内的防渗工程，具有可灌性好、可控性好、适应性广、设备简单及对施工场地要求不高等特点。目前国内采用此法的病险土石坝防渗加固工程较多，如广西客兰水库、布见水库、三利水库等。但应注意的是，高压喷射灌浆防渗效果受地层条件、施工工艺及技术参数等影响较大，需要通过现场高喷试验确定其施工技术参数。这对施工队伍的经验要求较高，对于含有较多漂石或块石的地层我们应慎重使用。

3. 劈裂灌浆

坝体劈裂灌浆是沿土坝坝轴线布置竖向钻孔，采取一定压力灌浆将坝体沿坝轴线方向（小主应力面）劈开，灌注适宜的压力泥浆形成竖直连续的浆体防渗泥墙，从而达到防渗加固的目的。该加固方法技术机理明确，施工简便，工效高，费用低，目前已应用于部分省市病险水库土坝和险堤工程。但一般只适用于坝高50m以下的均质坝和宽心墙坝，且要求在低水位下进行施工；灌浆压力不易控制，灌浆过程中坝体易出现失稳、滑坡；灌入坝体中的泥浆固结时间较长，耐久性较差；该技术对施工队伍的经验要求较高。

4. 帷幕灌浆防渗

帷幕灌浆是在一定压力作用下，把浆液压入坝身或坝基内，使浆液充填土体中的空隙，改变原土层的结构和组成，并胶结而成连续的防渗帷幕，用以拦截坝身和坝基的渗漏。20世纪以来，帷幕灌浆作为水工建筑物地基防渗处理的主要手段，对保证水工建筑物的安全运行起着重要作用。帷幕灌浆适用于透水性微弱、局部透水性较强的岩基防渗，具有防渗效果好、施工简单和工程造价较高等特点。

5. 土工膜

土工膜是一种由高聚合物制成的透水性极小的土工合成材料，主要为聚氯乙烯膜（PVC 膜）和聚乙烯膜（PE 膜）。土工膜具有很好的防渗性、弹性和适应变形的能力，能承受不同施工条件下的工作应力，广泛应用于水库大坝和堤防的防渗工程中。我国水库大坝土工膜防渗加固工程自 1967 年算起至今已达 54 年，尤其在最近数年的全国中小型水库土石坝加固工程中，土工膜防渗加固方案具有较强的竞争力。我国先后对云南省李家菁水库和福建省犁壁桥水库土坝采用土工膜进行防渗加固，取得了良好的防渗效果。

土工膜是一种薄型、柔软的防渗材料，具有防渗、韧性好等特点。具体特点如下。

（1）防渗性能好。土工膜致密、连续，只要在施工过程中设计正确，施工合理，就能达到最佳的防渗效果。

（2）韧性好。土工膜具有良好的柔韧性，延性和抗拉强度均较高，可以适用于不同形状的渠道断面，也可适用于可能发生的位移和沉陷。

（3）施工方便。土工膜质量轻，施工过程主要是铺膜和接缝，并不需要过于复杂的施工技术，方便快捷。

（4）耐腐蚀性强。土工膜具有较强的抗化学侵蚀和抗细菌侵害的性能，不受土壤酸、碱、微生物的侵蚀，耐腐蚀性能很好，可以被广泛使用。

（5）经济性好。每平方米土工膜的造价约为每平方米混凝土防渗造价的十分之一，较大的节省了成本，在保证防渗性能的基础上，克服了土保护层糙率大、允许流速小和易滑塌等缺点。

土工膜在应用中遇到的问题如下。

（1）土工膜的质量是整个防渗工程的重点。土工膜在运输过程中不得污染、破损，不得长期曝晒。进场时需要进行现场规格检验和损坏情况检查，对于每一批到达工地的材料，都应由监理工程师进行抽样并委托检验，检验合格后才能使用。

（2）土工膜的铺设应按照设计要求或规范要求，将下垫层的杂质去除，以免划伤土工膜。铺设时不能有褶皱，不能铺设过紧，要松紧适度，避免出现人为损伤。同时铺设过程中铺设人员不得穿硬底鞋操作。

（3）土工膜的接缝处理是防渗工程的重要环节，如果接缝不好，不但起不到防渗作用，反而会导致水从接缝处渗透到膜后。土工膜之间的连接主要是通过黏结剂来连接的，黏前要将连接处擦拭干净，黏后使用辊压技术将其固化凝结，保证黏结牢固程度。黏结宽度一般为 10cm 左右，黏结固化后应进行检查，检查和测试合格后方可进行后续施工工序。

当土工膜铺设好后，应及时覆盖保护层以防止紫外线或其他意外事故而造成的破损情况。

6. 其他防渗方式

冲抓套井回填黏土防渗墙利用冲抓式打井机具，在土坝或堤防渗漏范围内造孔，用黏性土料分层回填夯实，形成连续的黏土防渗墙，截断渗流通道。该法具有机械设备简单、施工方便、工艺易掌握、工程量小、工效高、造价低、防渗效果较好等优点，中小型水库土坝使用较多；缺点是造孔深一般不超过25m，否则易发生偏斜，对处理坝基渗漏和地下水水位以下部位较难，雨季不适宜施工。

倒挂井防渗墙即在土石坝防渗体中人工开挖井孔，在井口浇筑锁口梁后由上向下逐段开挖，逐段浇筑钢筋混凝土衬砌，开挖到位后回填混凝土或黏性土。该方法具有施工安全性高、工程量小、相应设备易制作等优点，但处理深度一般不超过20m。目前，倒挂井防渗墙主要用于坝体局部防渗处理，尤其适用于土石坝坝体内输水涵管部位的防渗处理。陕西石头河水库土石坝、丹江口水库左岸土石坝加固均成功采用了倒挂井防渗墙，防渗效果良好。

填充式灌浆是当大坝本身存在蚁洞、空出的空间以及局部裂开时，使用填充物将浆液灌入大坝主体中，让浆液根据本身的重力进行自上到下的添堵、压缩，得到一个密封的个体，进而实现加固效果。

黏土斜墙是一项比较成熟的防渗加固技术，具有施工便捷、工作效率高等优点，主要适用于均质坝、黏土斜墙坝等坝型的防渗加固，防渗主体工程较为单薄，对碾压工艺要求比较高，同时使用黏土的数量较大，因此施工周边要有丰富的黏土料。

5.1.2　浙江省大坝主要的防渗措施

根据对浙江省700座病险水库土石坝防渗处理措施的统计（陈文亮 等，2019），浙江省土石坝防渗处理采用过帷幕灌浆、套井黏土回填、混凝土防渗墙、劈裂灌浆、土工膜防渗、黏土斜墙等技术措施，而高压喷射灌浆措施未见应用，各种防渗处理措施应用情况见图5-1。从图5-1可以看出，在各种防渗处理措施中，采用帷幕灌浆处理的土石坝最多，其次分别为黏土斜墙和套井回填，采用劈裂灌浆和土工膜的较少。其中，采用帷幕灌浆的土石坝有283座，占土石坝总数的40.4%；采用黏土斜墙的有275座，占土石坝总数的39.3%；采用套井回填的有212座，占土石坝总数的30.3%；采用混凝土防渗墙的有61座，占土石坝总数的8.7%。

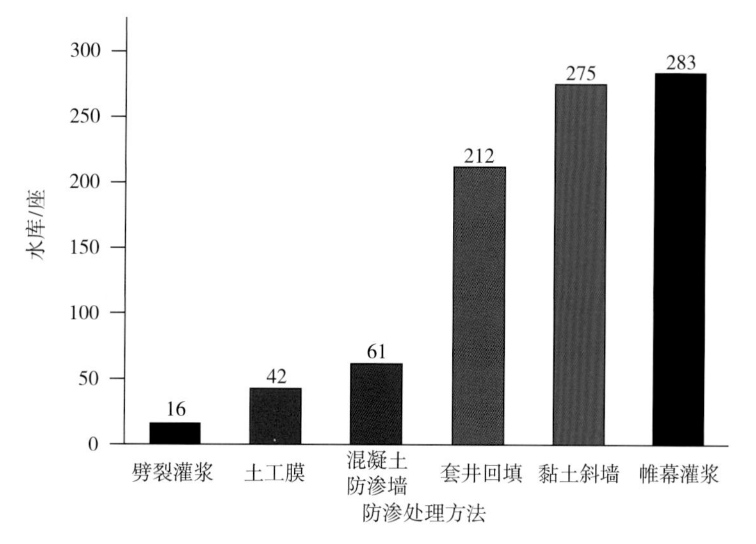

图5-1　浙江省土石坝各种防渗处理措施应用情况柱形图

61座大中型水库中，各种防渗处理措施应用情况见图5－2。从图5－2可以看出，在大中型水库中，病险土石坝防渗处理主要采用帷幕灌浆、混凝土防渗墙和套井回填这3种措施。其中，采用帷幕灌浆的有46座，占土石坝总数的75.4％；采用混凝土防渗墙的有30座，占土石坝总数的49.2％；采用套井回填的有22座，占土石坝总数的36.1％；其他措施（主要指黏土斜墙）占土石坝总数的14.8％。

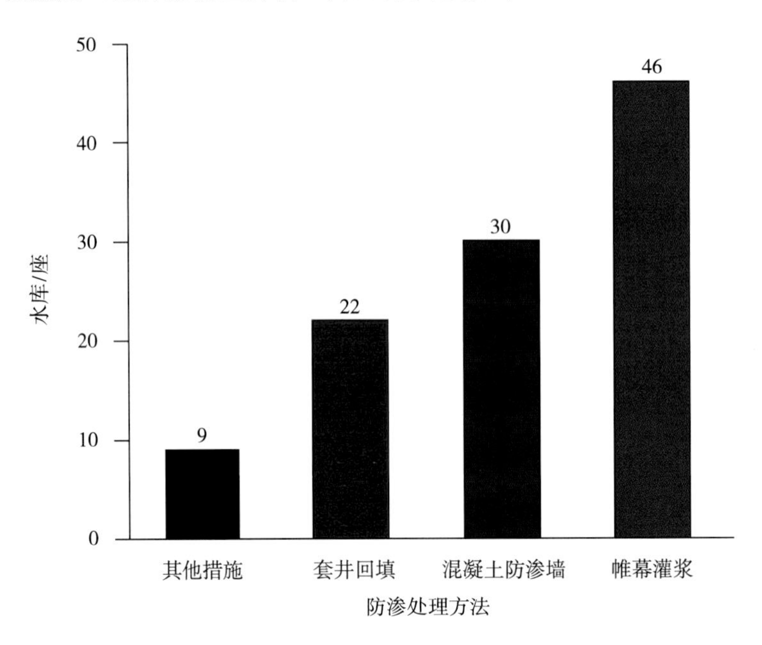

图5－2 浙江省大中型水库土石坝各种防渗处理措施应用情况柱形图

无论是在统计的所有土石坝中还是在大中型水库土石坝中，帷幕灌浆占的比例均最高，这是因为帷幕灌浆主要用于坝基的防渗处理，即使采用其他的防渗措施，也需要采用帷幕灌浆对坝基进行防渗处理。在统计的所有土石坝中黏土斜墙防渗措施所占的比例居于第二位，但在大中型水库土石坝中占的比例则居于末位，因此黏土斜墙主要应用于小型水库的防渗处理。在所有土石坝中，采用套井回填的比例位列第三，混凝土防渗墙位列第四，两者相差21.6％；但在大中型水库土石坝中混凝土防渗墙的比例位列第二，套井回填位列第三，前者比后者多13.1％。

按水库规模（库容）对套井回填和混凝土防渗墙应用情况的统计成果见图5－3。由图5－3可以看出，大型水库渗漏处理中，采用混凝土防渗墙的比例远高于套井回填比例（南山水库为采用套井回填防渗加固的唯一大型水库，套井最大深度为29.27m），中型水库中混凝土防渗墙比套井回填的比例高16.0％，而在小型水库中采用混凝土防渗墙的比例远低于套井回填的比例。因此，混凝土防渗墙主要为大中型水库防渗处理措施，小型水库防渗处理采用混凝土防渗墙的极少。由于浙江省大中型水库总量不多，因此在所有水库中采用混凝土防渗墙处理的总体比例也不高。套井回填在大型水库中占的比例较低（仅1座大型水库采用套井回填），在中型水库和小型水库中均占有一定的比例，且在小型水库中相对于混凝土防渗墙比例优势明显。小型水库中套井回填占的比例是混凝土防渗墙的4倍，小型水库套井回填占的比例是混凝土防渗墙的9倍。

小型水库占浙江省土石坝的95.0%以上，所以总体上套井回填占的比例（30.3%）远高于混凝土防渗墙的比例（8.7%）。

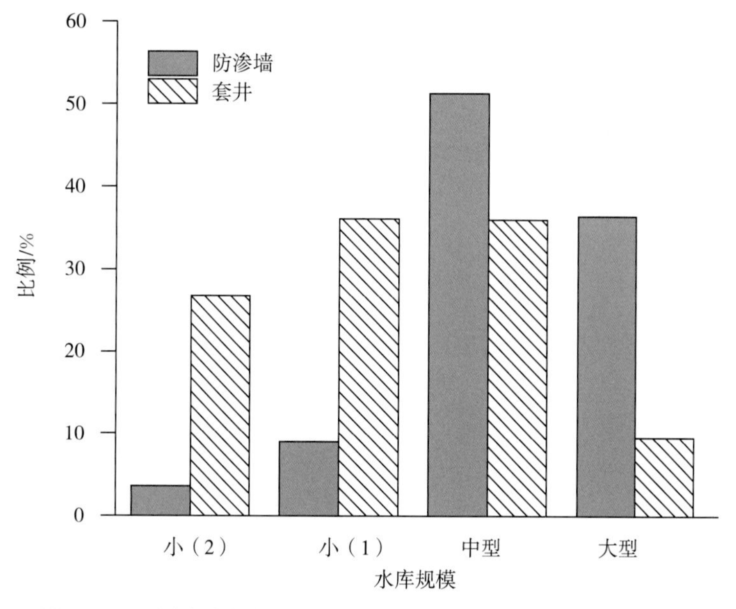

图5-3 不同水库规模下的套井回填与混凝土防渗墙的应用情况

按坝高对套井回填和混凝土防渗墙应用情况的统计成果见图5-4。从图5-4可以看出，在坝高大于等于30.00m的情况下，采用混凝土防渗墙的比例远高于套井回填的比例（采用混凝土防渗墙防渗加固的水库中，金坑岭水库防渗墙墙深最大，最大墙深为61.55m；采用套井回填防渗加固的水库中，辽湾水库套井最深，最大深度为30.00m）；在坝高小于30.00m的情况下，采用套井回填的比例远高于混凝土防渗墙的

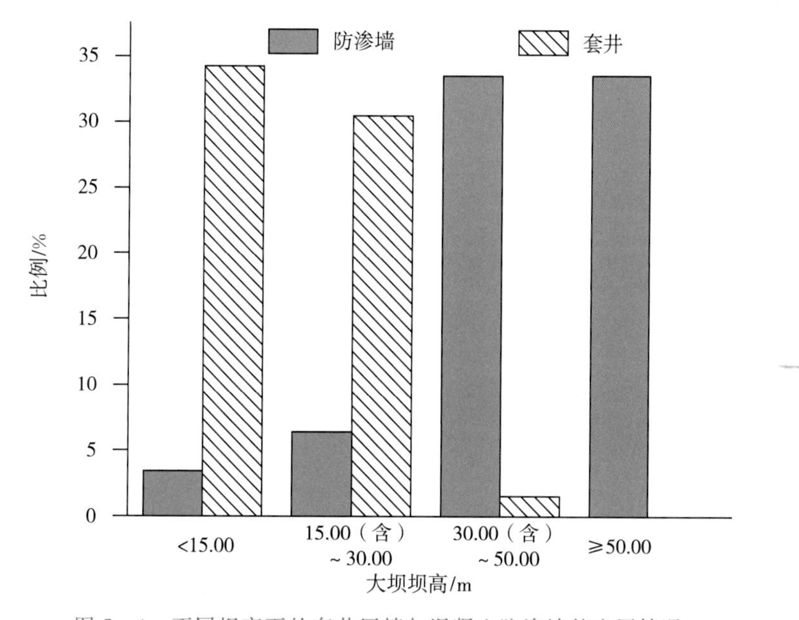

图5-4 不同坝高下的套井回填与混凝土防渗墙的应用情况

比例。同时，随着坝高的增加，采用混凝土防渗墙的比例有增加的趋势，坝高大于30.00m时采用混凝土防渗墙的比例急剧增加；随着坝高的增加采用套井回填的比例出现减少的趋势，坝高大于等于30.00m时基本不采用套井回填措施。

5.2 土坝灌浆技术

5.2.1 灌浆设计

1. 前期工作

(1) 土坝灌浆可分为劈裂灌浆和充填灌浆。劈裂灌浆适用于处理范围较大、性质和部位不能完全确定的隐患，充填灌浆适用于处理性质和范围都已确定的局部隐患。

(2) 灌浆设计应在已有资料（已建工程的地质、设计和施工资料，安全监测资料，工程施工和运行阶段的问题记录，隐患勘探资料和灌浆试验资料等）的基础之上进行可行性分析、可靠性论证，提出灌浆方案。

(3) 灌浆设计时，应对施工过程的监测和质量提出要求。

2. 隐患勘探

(1) 土石坝隐患的勘探应分为普查（物探）和详查（钻探、井探和槽探等），当不确定隐患的类型和性质时，应对全大坝实行普查勘探，针对局部部位采用详查勘探。

(2) 详查勘探时，应及时回填探孔，勘探过程中对大坝坝体不宜采用注水试验。

3. 灌浆试验

(1) 对于大、中型工程或有特殊要求的灌浆工程，设计前应进行灌浆试验，为灌浆设计提供依据。

(2) 灌浆试验前，应根据隐患勘探情况，分析隐患产生原因和危害程度，并参考类似工程经验初步确定灌浆试验的技术参数。

(3) 应选取长度20～50m存在隐患的典型坝段，进行单孔和多孔的灌浆试验。

4. 坝体劈裂灌浆设计

(1) 当坝体质量普遍偏差，存在大面积的渗漏或坝体内部有较多隐患时，可按照劈裂灌浆进行防渗设计。

(2) 在坝体河床段宜沿坝轴线（或稍偏上游）单排布孔。当隐患程度特别严重时可根据坝体隐患的范围和程度，分两排或多排布孔。终孔孔距：在河床段，孔深不小于20m时，可采用5～10m；孔探小于20m时，可采用3～5m，具体钻孔间距和深度应根据现场灌浆试验确定。

(3) 灌浆孔应为铅直孔。钻孔深度应超过隐患深度2～3m，在主排孔两侧出现沉陷缝时，主排孔灌浆结束后应布置副排孔，孔深可为主排孔孔深的1/3。

(4) 灌浆孔孔口压力应以灌浆孔孔口处进浆管内的浆液压力为准，具体应根据现场调节。

(5) 土坝劈裂灌浆每次泄浆量应严格控制。采用多次灌浆的方法，每个灌浆孔都应进行多次灌浆。每个灌浆孔的灌浆次数应根据泄浆孔的深度和坝体隐患的程度确定，坝高30m以内的坝体灌浆次数宜在5次及以上；坝高30m及以上的坝体灌浆次数宜在10次以上。每米孔深单次平均灌浆量宜控制在0.5～1.0m。

5. 堤坝地基劈裂灌浆设计

（1）堤坝地基劈裂灌浆适用于堤坝高度小于10m，且地基处理深度小于15m的粉土、粉砂质土和软土透水地基的防渗加固灌浆。

（2）灌浆孔沿堤坝轴线布置，宜布置单排孔，孔距宜为2～3m。

（3）劈裂灌浆宜灌注水泥黏土浆液，水泥含量宜为干料质量的30%～40%，浆液中水和干料质量比宜为1.5：1～0.8：1，灌浆所用水泥的强度等级可为42.5级或以上，宜为普通硅酸盐水泥或硅酸盐水泥。

6. 堤坝充填灌浆设计

（1）当坝体存在局部裂缝及洞穴等隐患时，可按充填灌浆设计。

（2）将孔位布置在隐患位置，可按梅花形布置多排孔，终孔孔距可为1～2m，钻孔深度应超过隐患深度1～2m，探孔灌浆时，宜下套管分段灌；灌浆压力应小于50kPa。

5.2.2　灌浆施工与检查

1. 施工准备

（1）灌浆土料性能指标宜满足表5-3的要求，料场储量宜为需要量的2～3倍。

表5-3　灌浆土料性能指标要求

项目	指标	项目	指标
塑性指数	10～25	砂粒含量/%	0～30
黏粒含量/%	20～45	有机质含量/%	≤2
粉粒含量/%	30～70	水溶盐含量/%	≤3

（2）制浆用水应符合拌制水工混凝土用水的要求。

（3）需要掺加其他材料时，材料品质应满足规范《水工建筑物水泥灌浆施工技术规范》（SL/T 62—2020）的相关要求。

（4）灌浆浆液物理力学性能要求见表5-4，当堤坝劈裂需要提高浆液的流动性时，可掺入水玻璃，掺量宜为干土质量的0.5%～10%；当需要加速浆液凝固和提高浆液固结强度时，可掺入水泥，掺量宜为干料质量的10%～15%。与已有建筑物接触部位，水泥掺量应适当增加，必要时应通过试验确定。

表5-4　灌浆浆液物理力学性能要求

项目	指标	项目	指标
密度/（g/cm^3）	1.3～1.6	胶体率/%	≥70
黏度/s	20～100	失水量/（cm^3/30min）	10～30
稳定性/（g/cm^3）	0～0.15		

2. 灌浆实施

1）堤坝坝体劈裂灌浆

应先灌河床段，后灌岸坡段和弯曲段；多排孔灌浆时，应先灌边排孔，再灌中排孔。同一排孔灌浆时，应先灌第一序孔，再灌第二序孔、第三序孔；对于坝体质量较差的宽顶坝，可采用相邻两孔或多孔同时灌浆的方法；采用纯压式灌浆方式进行灌浆时，注浆管应距离孔底0.5～1m，自下而上分段灌浆。当孔底段经过多次灌注、灌浆量或灌浆孔孔口压力达到设计要求时，应提升注浆管3～6m，继续上面一段的灌浆，依次进行。当注浆管出浆口提升至距坝顶10m时，不应再提升，直至灌浆达到结束标准。灌浆开始时应先用稀浆灌注，经过3～5min的灌浆，坝体劈裂后，再加大浆液稠度。若孔口压力下降或出现负压（压力表读数为“0”以下），应加大浆液稠度；对于坝的岸坡段、弯曲段和其他特殊坝段灌浆，可采用缩小孔距、减小灌浆压力和每次灌浆量、增加复灌次数、相邻多孔同时灌注的方法。

2）堤坝地基劈裂灌浆

套管与注浆管之间应设阻浆塞，采用纯压式灌浆方式进行灌浆；灌浆宜采用相邻两孔或多孔同时灌浆的方法；灌浆宜一次灌至设计要求，需要分次灌浆时，每次灌浆结束前应灌注3～5min黏土浆，防止注浆管堵塞。坝体和坝基都需要灌浆时，应先灌坝基部分，然后提升套管与注浆管，再进行坝体部分灌浆。

3）充填灌浆

多排孔灌浆时，应先灌边排孔，再灌中排孔；深孔充填灌浆时，宜采用自下而上分段灌注的方法，段长可为5～10m。应先对最低段进行灌浆，当灌浆达到设计要求时，提升套管和注浆管5～10m，然后进行上段的灌浆，直至该孔灌浆结束。对于高度小于10m的堤坝，灌浆可不下套管，也可不分段。

3. 灌浆质量检查

(1) 灌浆过程检查应采用量测、试验、监测等手段，按设计要求对灌浆过程各工序和技术参数进行严格控制，并及时准确地进行记录。

(2) 灌浆质量检查应对照灌浆前的隐患部位仔细察看和量测，主要检查坝后渗流量、下游坝坡渗水出逸点的位置和洒湿面积的大小，以及在相同库水位情况下，对比灌浆前后的变化情况，分析灌浆的效果。

(3) 必要时，可采用钻孔、探井（槽）开挖检查、取样测定、物探等方法验证灌浆质量。

5.3 土石坝渗漏探测与防渗定向处理技术

5.3.1 土石坝渗漏探测与防渗技术

土石坝是由土石混合颗粒分层碾压、逐层加厚而成的，鉴于填筑材料具有散粒体结构，出溢点较低、渗漏量较小的正常渗流是被允许的，但坝体、岩基的抗渗性能不足将演变成渗透破坏进而形成病险水库，因此为保障水库大坝的安全运行开展前期的隐患诊断尤为重要。自 2009 年，浙江省水利河口研究院在开展水库大坝的渗漏隐患探测技术的应用研究工作，最终形成了一套水库大坝渗漏并行电法快速探测技术，并在浙江省内得到推广应用，取得了较好的经济和社会价值。

并行电法渗漏探测通常在水库大坝的迎水坡、大坝坝顶和背水坡等处沿平行于坝轴线方向布置多条电法测站，利用解译模块进行数据处理、解析，将各测线电阻率断面进行有序集成，最终以电阻率断面测网的形式表达。该电阻率断面包括视电阻率拟断面图和真电阻率剖面，结合渗漏点部位及渗漏量，并按域性阻值的差异将电阻率剖面划分为核心渗漏区、影响区和健康区，在探测现场即能快速给出渗漏信息的判断成果。土石坝并行电法特征具有以下优势。

（1）高精度探测。在用高密度电法采样过程中，用一组供电电极只能采集一组电压数据，其余电极处于闲置状态，采集器在不同时刻受到的外界干扰存在差异，而并行电法对测线上（除供电电极以外）电极同步采集数据，有效降低外来噪声的干扰，增强信噪比。

（2）数据体丰富。基于并行电法收录到的电流、电位数据，根据供电时期不同，依次可获取自然场、一次场和二次场的全场数据体；并可根据需要，对一次场数据体进行电流和电压数据体之间的相互组合，得到不同装置的高密度电法视电阻率数据和泛装置数据。

（3）工作效率高。相比高密度电法，在同样的时间内，64 通道电极并行采集的视电阻率数据量是串行采集的 1365 倍，大大提高了工作效率和成果的解译信息量。

（4）专业化解译。根据大坝的结构特点，工程人员研发了一套视电阻率数据的处理及反演的解译软件，探测成果更接近真实地质体。

5.3.2　土石坝探测与防渗流程

岩溶病险水库防渗处理实践表明，5%的灌浆孔耗浆量占整个防渗工程耗浆量的95%左右，而其防渗流量也往往达到 95%左右，由此可见采用定向灌浆处理的重要性。根据工程实践可知，土石坝渗漏隐患也具有这样的特征，当大坝坝体填筑质量较差，存在的渗漏将造成坝坡出现散浸、渗流等现象，但总体上渗漏量较少；而大坝存在大量的渗漏问题往往是由于岩基或与坝体结合位置存在严重破碎区，并且隐患区域范围也较小，因此对于严重的水库渗漏问题可借鉴岩溶堵漏的方式处理。经多年的防渗处理经验，浙江省水利河口研究院总结出一套土石坝渗漏隐患探测及定向处理集成技术，成功解决了浙江省内近 40 座水库（山塘）的渗漏问题。

如图 5－5 是土石坝渗漏隐患探测及定向处理一体化流程图，主要分为 5 个步骤。

（1）水库大坝现场的踏步及资料分析。现场踏勘是初步了解水库大坝渗漏的重要环节，也是后续工作的基础，通过对现场大坝渗漏量、渗漏位置以及渗漏发生时间等特征的分析，初步判断出大坝的渗漏发生部位；再根据勘察设计资料对大坝建设前的工程地质、防渗措施以及不合理内容进行初步分析，并把施工过程中发生的事故或特殊实践进行相互关联，确定出大坝的多个薄弱点，结合水库大坝运行维护过程中的渗

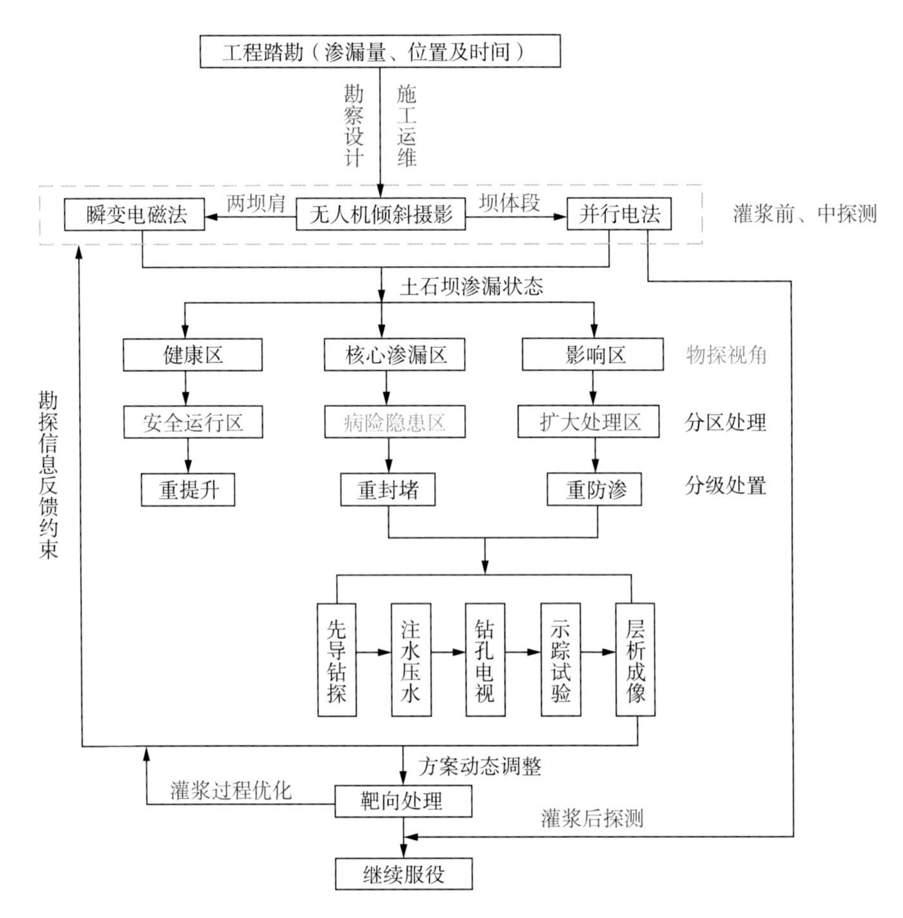

图 5-5　土石坝渗漏隐患探测及定向处理一体化流程图

漏量与水位、雨水之间的监测数据，排除相对的干扰信息，从而最终锁定隐患的位置。

（2）物探综合勘测。在前期工作的基础之上，利用无人机倾斜摄影直观展现出水库周围的地形、地貌、大坝以及渗漏点的位置，宏观上判断可能导致大坝渗漏的原因。利用并行电法对大坝坝体快速进行渗漏探测，利用瞬变电磁对两坝肩山体及接触带部位进行探测，把大坝划分为健康区、核心渗漏区以及影响区。其中健康区暂可不必进行防渗处理，处于安全运行阶段；核心渗漏区表明大坝已经发生渗透破坏现象，是病险隐患的重点部位，应尽快采取处置措施；在核心渗漏区周边的影响区部位，应是防渗处理的扩大处理范围，该区域存在渗流异常但未发生明显的渗漏破坏，应通过防渗处理减缓大坝的破坏。

（3）先导孔试验。在病险隐患区、扩大处理区应采用先导钻孔查明大坝填土以及岩基的结构、深度、分布等，并依次通过注水压水试验、钻孔电视成像、示踪试验以及电阻率 CT 成像进一步缩小或扩大相应的处理分布，并把先导钻孔资料反馈到瞬变电磁和并行电法成果中去，约束两者数据的处理以及解译，从而对大坝更精确地分区划分。其中，对于隐患病险区应判断渗漏的高程（坝体、坝基或接触带），为灌浆方法、灌浆材料及灌浆工艺选择提供依据。

（4）靶向堵漏处理。根据上述试验研究内容，优先对病险隐患区采取定向堵漏处理，在基本解决大坝渗漏的情况下，再对扩大影响区进行防渗处理，提高大坝的整体功能。同时在处理过程中应及时把钻孔资料、吃浆量以及现场情况等信息再次反馈到物探综合勘测数据中去，进一步优化灌浆方法、工艺以及材料。其中，对隐患病险区实施双排或多排密集型钻孔布置方案，并根据渗漏情况采用多排防渗措施。灌浆钻孔钻进时应观测钻进速率，进行必要的注水、压水试验或示踪剂试验，判断渗漏点的水质、水量变化情况，以便实时调节灌浆工艺和浆液配比，从而实现对隐患区封堵灌浆；对扩大处理区采用加大间距布置钻孔方案，降低排列数目，采用简单灌浆技术，起到加固大坝和排出遗漏的作用；采用不破坏原始安全运行状态的技术方针，对于正常区不采用任何钻孔布设或只布置先导孔，避免不必要的浪费。

（5）防渗质量检测。在水库大坝定向处理施工结束后，应按照每月、每年等两次在高库水位下对大坝的防渗与堵漏效果进行检测，从而更科学地评价大坝渗流性态以及缺陷的发展态势。

本技术主要应用于土石坝及堤防工程的渗漏隐患探测，判断渗漏位置并分析渗漏原因，同时开展渗漏部位的定向处理设计和注浆处理。相比传统的经验判断，该技术更具有针对性及经济性，在处理效率及成本节约方面具有明显优势，是水工程渗漏处理领域传统水利转向智慧水利的创新之举。并行电法探测与定向注浆技术互为补充与验证，探测成果提供大坝注浆靶区，用钻孔注浆信息反馈修正探测成果，形成一套有效的土石坝渗漏探测及定向处理集成系统。

（1）本技术研发了一套以并行电法技术为核心，以时移电法监测技术、瞬变电磁技术、钻孔电导率示踪技术、孔内摄像技术、孔间CT成像技术等为辅的土石坝综合诊断集成方法，高效、直观、可靠地揭示出大坝断面的渗流安全状态，并把全大坝划分为大坝核心渗漏区、影响区和健康区。

（2）本技术提出了允许水库正常蓄水下的全大坝分区分级靶向处理技术，结合渗漏无损诊断成果，按照“病险隐患区”重封堵、“扩大处理区”重防渗以及“安全运行区”重提升的隐患除险总思路，创新开发了大坝“循序半分加密、适距梅花型、定点加固”相结合的处理工艺，并采用多重物探监测方法跟踪灌浆液扩散特征，及时优化组合注浆方案及工艺，低成本实现了对土石坝不同部位的高效、微创、耐久化整治。

5.4　土石坝渗漏定向处理典型案例

5.4.1　蛟坞水库坝体渗漏定向处理案例

1. 工程概况

蛟坞水库位于浙江省安吉县鄣吴镇鄣吴村，始建于1956年10月，1965年11月完工。水库坝址以上集水面积为0.47km^2，水库总库容为12万m^3，正常库容为7.5万m^3。该水库是一座以灌溉为主的小型水库。

工程主要建筑物由大坝、溢洪道、坝下涵管等组成。大坝为黏土心墙坝，坝顶高程为51.0m，最大坝高为10.36m，坝顶宽6.0m，大坝长118m；溢洪道位于大坝左侧，为侧槽溢洪道；放水设施位于大坝右侧，为坝下涵管，涵管为D300素圆涵管。现场调查发现，在大坝运行过程中，大坝左坡脚排水沟漏水最严重，导致大坝蓄水位较低，最大的渗漏点位于35m处（以溢洪道边起算）。由于不能确定引起大坝渗漏的原因，盲目对全大坝进行防渗处理的经济代价高，并且不一定确保能消除病情险况，拟采用水库渗漏并行电法探测技术开展前期查漏工作，以期提出更为周到的整治方案。

2. 探测成果分析

本次沿大坝纵向布置电法测线2条（图5-6）。测线CX1、CX3沿坝顶黏土心墙轴线布置（高程为51.0m），电极间距为2m，共布置61道电极，其中1号电极位于左岸溢洪道右边墙处；测线CX2位于背水坡一级马道上（高程为46.0m），电极间距为2m，共布置56道电极。探测仪器采用WBD-1型并行电法仪，采样方式为AM法，供电时间为500ms，采样间隔为50ms，单次采集64通道仅需96s即可完成高分辨地电数据体的收录。

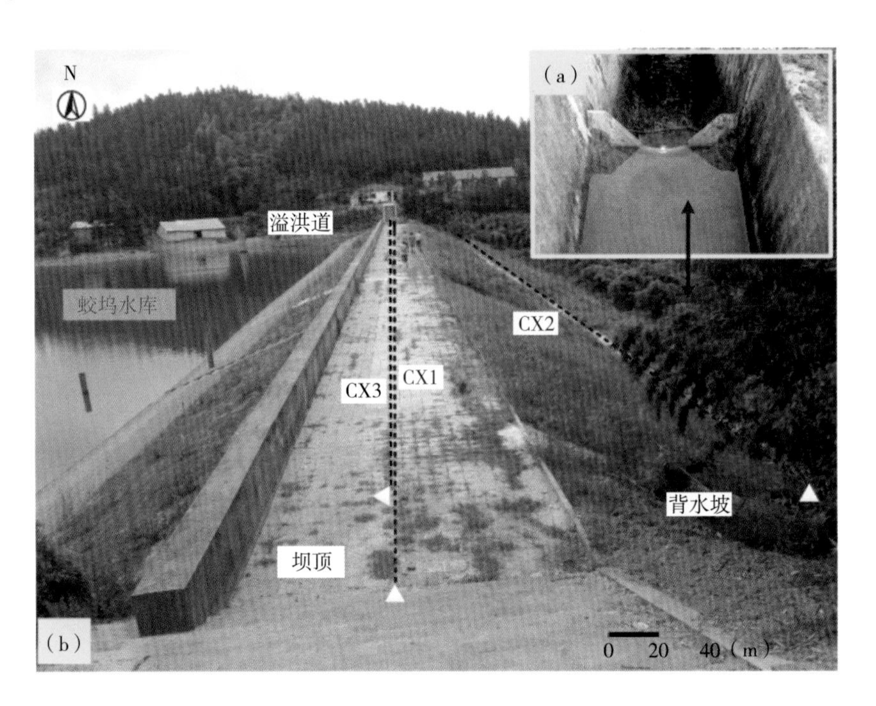

图5-6 大坝电法测线布置示意图

一般地，大坝电性成层状分布且由浅至深逐级增大，渗流弱区相对于周围介质呈现出低阻异常，坝基及左右岸山体阻值较高，这是开展并行电法查漏的物性基础。把采集获取的数据经过解编处理，坐标赋值，飞点剔除以及网格化成图，得到如图5-7所示的视电阻率剖面。将左岸溢洪道右边墙记作横轴的起点，测线所在的水平线记作纵轴的起点，色谱由蓝到红表示视电阻率值从低到高的变化。因在大坝坝顶铺设了预制砖，图5-7坝顶测线上表层视电阻率值相对较大，整体大坝低阻区分布在0～40m

段（以溢洪道右边墙为起点，下同）、60～100m段两处，其中左岸低阻区呈斜条带状分布且受岸坡地形控制；一级马道上的视电阻率曲线形态与坝顶测线基本吻合，并且低阻区域更加明显，进一步佐证坝顶测线成果的可靠性。两条不同高程测线的一体化组合，勾勒出大坝渗漏隐患的分布特征。考虑到探测时库水位距坝顶2.3m，以及坝脚溢出点位置，把大坝5～25m段定位为隐患病险区，推测大坝渗漏主要与坝体下部与基岩接触段填筑不密实有关，建议对该区域坝体采用水泥黏土定向低压充填灌浆，对接触带进行接触灌浆处理。

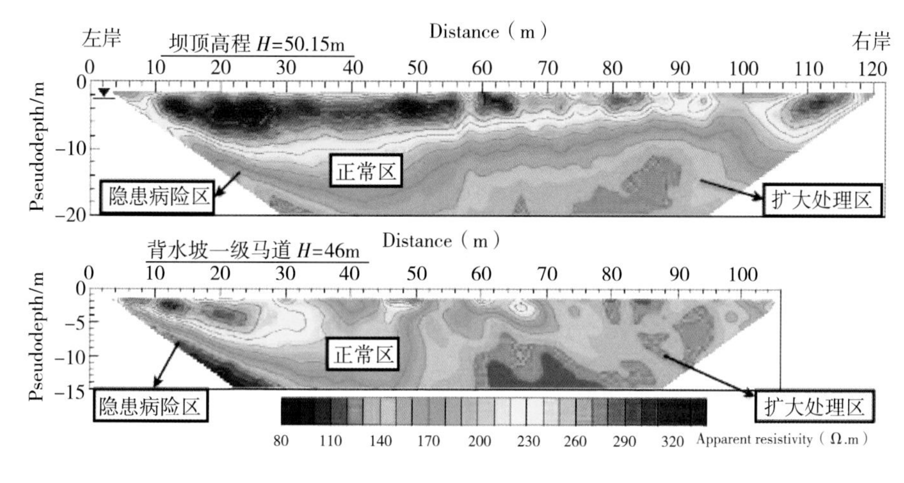

图5-7　不同高程的视电阻率剖面

3. 定向处理过程

根据并行电法探测成果及处理建议，对蛟坞水库进行了定向的灌浆处理。针对成果划分的心墙部位隐患病险区布置了上、下2排灌浆孔，排间距为3m，其中下排位于大坝心墙部位，灌浆孔间距为1.5m，分三序施工，上排位于坝顶偏上游侧且距心墙轴线1.3m处，灌浆孔间距为7.5m，分两序施工。灌浆孔位平面布置图如图5-8所示，钻孔平面长度及灌浆量见表5-5所列。

图5-9是灌浆施工图，灌浆顺序为先灌下游排，再灌上游排，先灌Ⅰ序孔，接着Ⅱ序孔、Ⅲ序孔，最后再灌补孔，具体根据现场灌浆情况及时调节钻孔间距和序次。由于判断大坝渗漏部位主要集中在坝体和接触带部位，因此采用定向灌浆方式进行防渗处理。

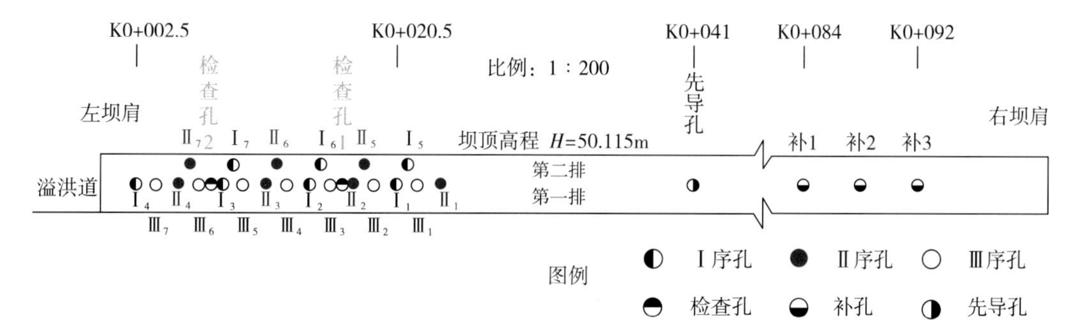

图5-8　灌浆孔位平面布置图

图 5-9 灌浆施工图

为进一步查明大坝土层组成和渗流薄弱区，首先进行先导孔试验。将先导孔布置在大坝正常区，由地质纵剖图可以看出，大坝自上而下的岩土体划分为粉质黏土（0～13.5m）、坝基强风化碎石土（13.5～14.5m）、坝基弱风化段红砂岩（14.5～20m），吃浆量为0.9t，钻孔平面长度及灌浆量见表5-5。试验结果与图5-7坝顶测线成果基本吻合，需要说明的是，大坝坝体段视电阻率较高的主要原因与坝体填筑料中的粗颗粒较多，而浸润线较低有关。

表 5-5 钻孔平面长度及灌浆量

钻孔编号	距离/m	灌浆量/t	钻孔编号	距离/m	灌浆量/t
$Ⅰ_4$	2.50	0.30	$Ⅲ_3$	16.00	0.70
$Ⅲ_7$	4.00	0.25	检$_1$	16.75	
$Ⅱ_4$	5.50	0.45	$Ⅱ_2$	17.50	1.30
$Ⅱ_7$	6.25	0.25	$Ⅱ_5$	18.25	0.50
$Ⅲ_6$	7.00	0.50	$Ⅲ_2$	19.00	0.20
检$_2$	7.75		$Ⅰ_1$	20.50	1.20
$Ⅰ_3$	8.50	1.60	$Ⅰ_5$	21.25	0.50
$Ⅰ_7$	9.25	0.25	$Ⅲ_1$	22.00	1.20
$Ⅲ_5$	10.00	0.25	$Ⅱ_1$	23.50	0.20
$Ⅱ_3$	11.50	0.70	先导孔	41.00	0.90
$Ⅱ_6$	12.25	1.50	补$_1$	84.00	0.60
$Ⅲ_4$	13.00	1.00	补$_2$	88.00	0.80
$Ⅰ_2$	14.50	1.40	补$_3$	92.00	0.80
$Ⅰ_6$	15.25	0.50			

灌浆过程中库水位、流量随时间变化的曲线如图 5－10 所示。分析图 5－10 可知：2015 年 9 月 9 日，钻孔开始时，水库水位为 47.54m，量水堰流量为 1.45L/s；2015 年 9 月 12 日对钻孔 $Ⅰ_4$进行注浆；2015 年 9 月 13 日对钻孔 $Ⅰ_1$进行注浆后，吃浆量为 1.20t，渗漏量下降到 1.04L/s，2015 年 9 月 14 日对钻孔 $Ⅰ_2$进行注浆，下游出水点出现浆液，同天调整灌浆顺序对 $Ⅱ_2$进行钻孔注浆，注浆后坝脚渗漏明显降低至 0.05L/s，是最初渗漏量的 3.4％左右，达到大坝允许渗漏量的要求。按渗漏量降低的幅度可以将灌浆过程分为三个阶段，均匀变化阶段（2015 年 9 月 12—13 日）钻位 $Ⅰ_1$、$Ⅰ_4$、进行钻进灌浆，灌浆后流量降低了 0.42L/s，尤其是钻孔 $Ⅰ_2$、$Ⅱ_2$，施加注浆后流量降低了 0.77L/s，此阶段是灌浆引起的流量剧烈降低阶段；渗漏量大幅度降低到允许范围后，水库渗漏从最薄弱通道渗漏，随着注浆变为正常区，其他相对薄弱区变为主要通道，导致渗漏现象的再现，还需要继续对隐患病险区进行加密灌浆，此阶段下游渗漏量变化较小呈波动状态，但极其重要。2015 年 9 月 22 日，钻孔补$_1$、补$_2$、补$_3$ 揭露出大坝岩基强风化带裂隙较发育，灌浆后大坝渗漏量降低较小（图 5－10）。量水堰流量的改变除了大坝防渗体修复以外，还应考虑到库水位的变化，由于灌浆过程中水位最大改变量为 0.26m，此处可不必考虑。

尤其要关注的是，在进行钻孔 $Ⅲ_1$注浆的过程中，发现钻孔 $Ⅲ_6$冒浆的现象，浆液往往以优势通道扩散，表明薄弱区集中在两钻孔之间，结合定向灌浆处理结果，大坝渗漏段主要位于 K0＋007～K0＋022m 段，渗漏部位主要位于坝体段，与探测成果十分吻合，验证了并行电法在水库渗漏探测中的可行性。

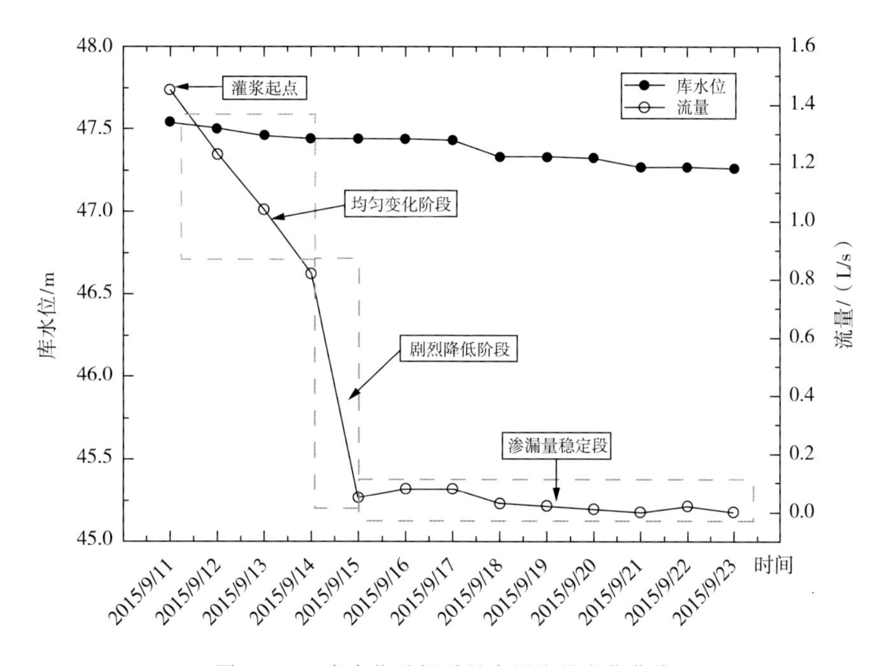

图 5－10　库水位及坝后量水堰流量变化曲线

4. 灌浆质量评价

2015 年 12 月 23 日，待工程定向处理完成后，在大坝原核心渗漏区上布置两个典型检查孔检$_1$、检$_2$，分别位于孔位Ⅱ$_2$～Ⅲ$_3$、Ⅰ$_3$～Ⅲ$_6$之间，主要利用大坝的注、压水的渗透系数作为判定依据。检查结果见表5-6所列。经定向处理后的大坝微透水，为3m以下渗透等级为，表明大坝坝体及岩基部位经灌浆后，质量明显得到改善（图5-11）。

表5-6 定向灌浆工程质量检查

检查孔号	孔深/m	岩土描述	渗透系数/（cm/s）	备注
检$_1$	0～3.0	粉质黏土	1.19E～06	注水
	3～5.5	粉质黏土	2.58E～06	注水
	6～10.0	强风化基岩	4.15E～06	压水
检$_2$	0～3.0	粉质黏土	3.75E～05	注水
	3～4.4	粉质黏土	6.28E～06	注水
	5～8.0	强风化基岩	4.77E～06	压水

为检验水库在长期正常运行下的防渗效果，防止堵塞的渗漏通道出现再次击穿的现象，掌握大坝渗流规律的变化特征，笔者多次利用并行电法技术对定向处理后的蛟坞水库大坝电性进行监测。限于篇幅，以2017年6月30日探测成果加以说明（测线CX3），测试时，库水位为46.80m，略低于定向处理时库水位，而坝脚原渗漏点未见明流，水库已正常蓄水运行。从图5-12上坝顶防渗断面的视电阻率图像可以看出，原大坝核心渗漏区的低阻异常消失，大坝坝体整体显示更加均匀，未见明显低阻异常现象。检测结果表明，采用渗漏查找与定向处理技术在水库隐患防治中是可行的，处理效果在时间上保持相对稳定，经得起库区高水位的考验，工程效益也相当可观。

图5-11 灌浆完工效果照片

蛟坞水库渗漏薄弱带位于K0+007～K0+022m段坝体部位，与探测成果基本吻合，实施定向处理后渗漏流量显著下降，取得了预期堵漏效果；灌浆完成后，钻孔揭露和电阻率监测表明灌浆质量达到要求，且防渗体具有较长的稳定性。

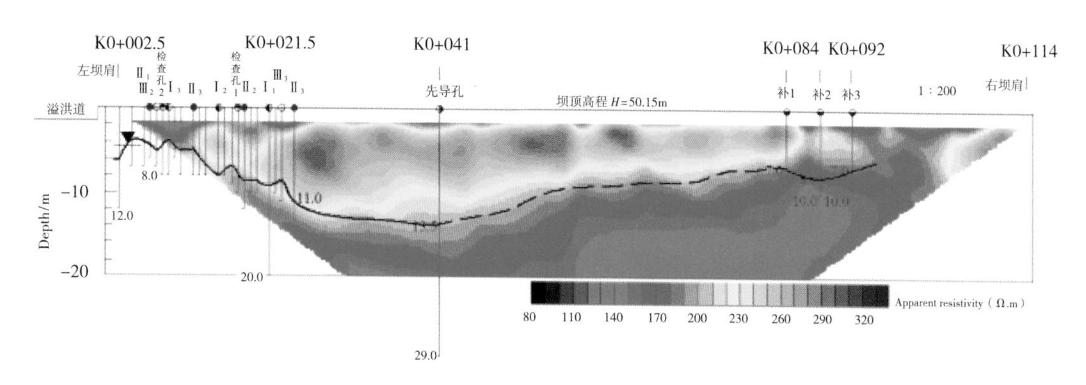

图5-12 视电阻率与地质纵剖面对比图

5.4.2 戴家坞水库绕坝渗漏定向处理案例

1. 工程概况

戴家坞水库坐落于杭州市临安区天目山镇九里村，水库始建于1957年12月，大坝坝型为黏土心墙坝，总库容为11.1万m^3，其功能以城镇供水及灌溉为主。大坝坝顶长54m，坝顶宽3.5m，坝顶高程为157.5m，最大坝高为14.4m；溢洪道位于大坝右岸，为正槽式；放水设施为虹吸管，材质为内径20cm钢管，驼峰水平段高程为152.8m。

水库大坝是具有生命的工程结构，随着工程使用年限的不断增长，大坝内部结构的老化问题也越来越突出，尤其是随着极端天气的频发，安全风险增大。如2009年8月戴家坞水库受莫拉克台风影响，大坝出现局部管涌、塌陷等险情，左坝坡出现严重的渗漏现象。因不明确大坝渗漏的原因及空间位置，其后工程人员虽多次对大坝进行防渗加固处理，但并未从根本上解决渗漏隐患，只能保持水库在低水位运行，影响水库效益的正常发挥。为解决水库大坝的渗漏顽疾，并考虑到隐患的分布位置多变，工程技术人员提出采用并行电法与瞬变电磁相结合的方式查找隐患部位，为根治渗漏病症提供有的放矢的靶区。

2. 探测成果分析

土石坝在库区动、静水压力的作用下，土体中的细颗粒将不断流失，当正常的渗流性态恶化成局部渗漏通道时，大坝局部产生脱空、不密实或空洞等隐患。而大坝的渗漏发生在浸润线之下，处于饱和状态下的隐患较周围介质具有明显的低阻特征，进而为并行电法的实施提供了物性前提。隐患多发的两坝肩结合部渗漏区受岩基的高阻屏蔽，并行电法难以有效识别出低阻信息，同时受大坝场地条件的约束，该段正是并行电法的盲区部位。而瞬变电磁法基本电磁感应原理对高阻的响应较弱，具有高阻区查低阻的先天优势。这两种方法的优势互补将有助于提高对全大坝隐患诊断的水平。

如图5-13（c）所示，在坝顶、背水坡共布设并行电法测线3条（PL-1、PL-2、PL-3），测线走向均为自右岸向左岸，其中测线PL-1的起始点位于桩号K0～006m（以右坝头为起始点，下同），各测线电极总数分别为64道、48道和41道，最小电极间距均为1m；大坝坝顶瞬变电磁测线起始点位于左岸溢洪道处（桩号K0～011m），测点总计67个，相邻测点间距为1m。

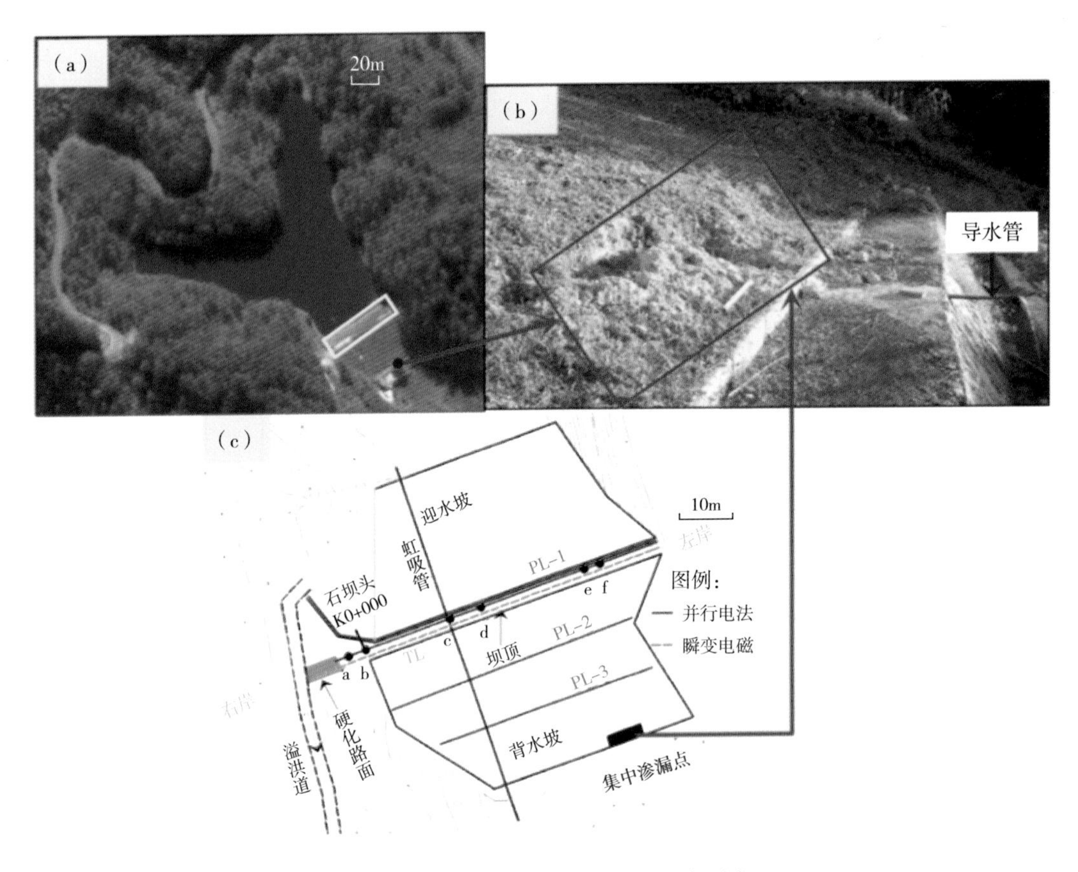

图5-13 水库大坝场景图（a、b）和平面图（c）

试验现场采用WBD-1型并行电法仪作为采集器，供电方式为单正法，恒流时间为0.5s，采样间隔为0.05s，经实践证明单点供电方式较适合水库大坝渗漏隐患的查找，一次采样完成可获得二极、三极以及高分辨电法的数据体。不同高程的数据经解编、提取、去噪、网格化得到温纳三极右装置视电阻率剖面图（图5-14），测试时库水位高程为153.8m，测线PL-1获得的视电阻率值范围为90～230，其中测线上25～35m段低阻异常区呈圈闭状分布，埋深在10m左右，而在测线上0～20m段，深度5m以内低阻区呈条带状分布并有向右岸延伸的趋势，鉴于电极在测线起始点至溢洪道段无法穿透混凝土与大坝直接耦合，从而在右岸形成了电剖面测量盲区，在判断右岸是否存在低阻异常区还需要其他方法的补充；测线PL-2、PL-3图像中低阻异常区更加直观，二者反映出的形态也基本一致，可能与渗漏通道在背水坡的流向更加稳定且地面测线与其之间的距离更加贴近有关。比较图5-14（a）、（b）、（c）中的低阻异常区分布可知：大坝坝体部位存在低阻闭合异常区，但背水坡测线上异常区存在一定的横向移动，并且还表现一定的倾斜形态，推断背水坡下游的低阻异常区可能是坝顶中部低阻薄弱带与右坝段低阻薄弱区共同汇聚造成的。需要指出的是，在图5-14（c）30m处存在低阻圈闭异常，而在测线图5-14（b）上无明显异常，因此在分析该处异常时还需要考虑集中渗漏点位置的旁侧效应。

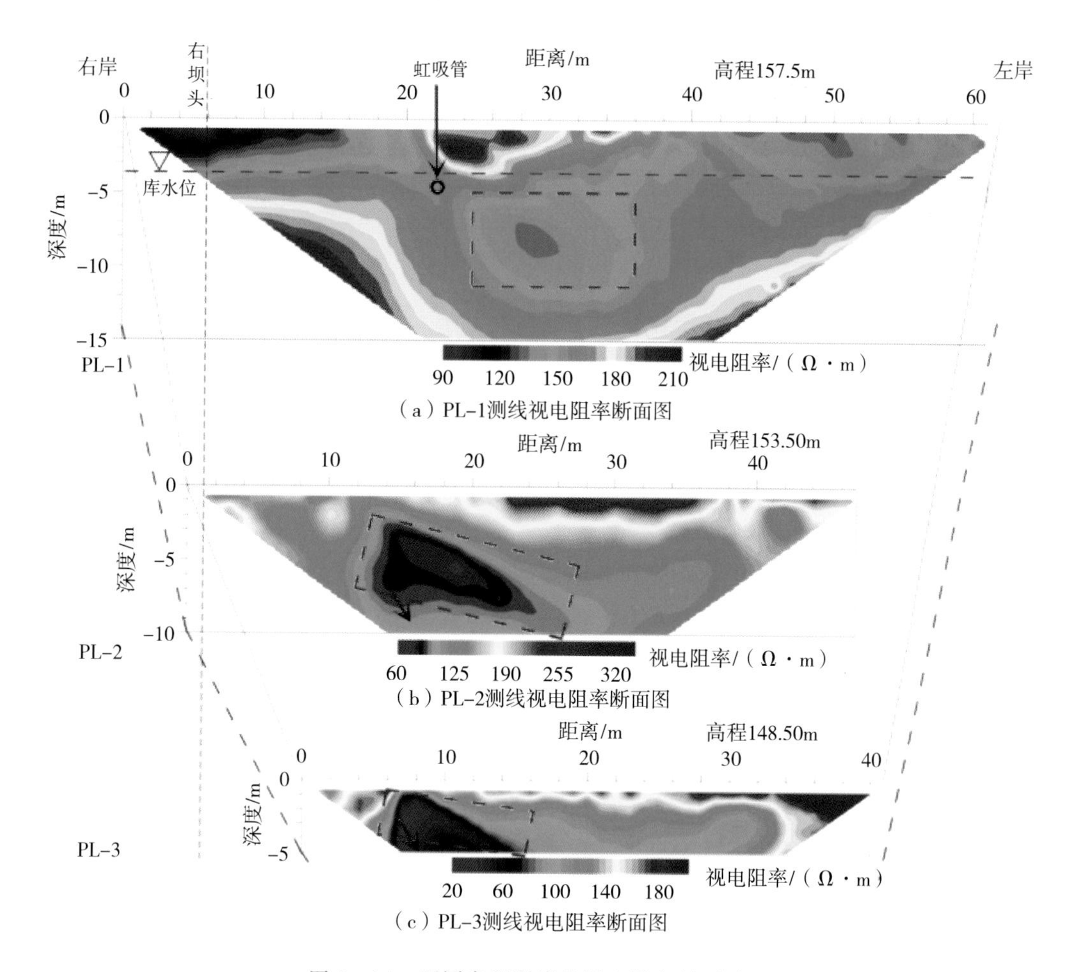

图5-14　不同高程测线的视电阻率剖面图

图5-15（a）是图5-14（a）经反演计算后得到的图像，可以看出反演剖面图对大坝的细节刻画更精细，并且低阻异常区也向右岸发生了偏移；图5-15（b）是温纳三极左装置的反演剖面，大坝中部的低阻异常区较图（a）有所扩大。此外，比较图5-15（a）、（b）可以看出，温纳三极左、右装置显示出坝肩岩基的形态存在较大差异，可能与两种装置的供电、测量点的位置有关。为降低不同装置的差异性，把两种装置数据体进行联合反演是一种解决途径。如图5-15（c）的联合反演图像吸收了两种装置的优势，对坝肩岩基的形态以及大坝低阻异常的描述更加可靠。

瞬变电磁现场采用多匝小回线线圈进行信号的发射与接收，发射线圈为10匝，

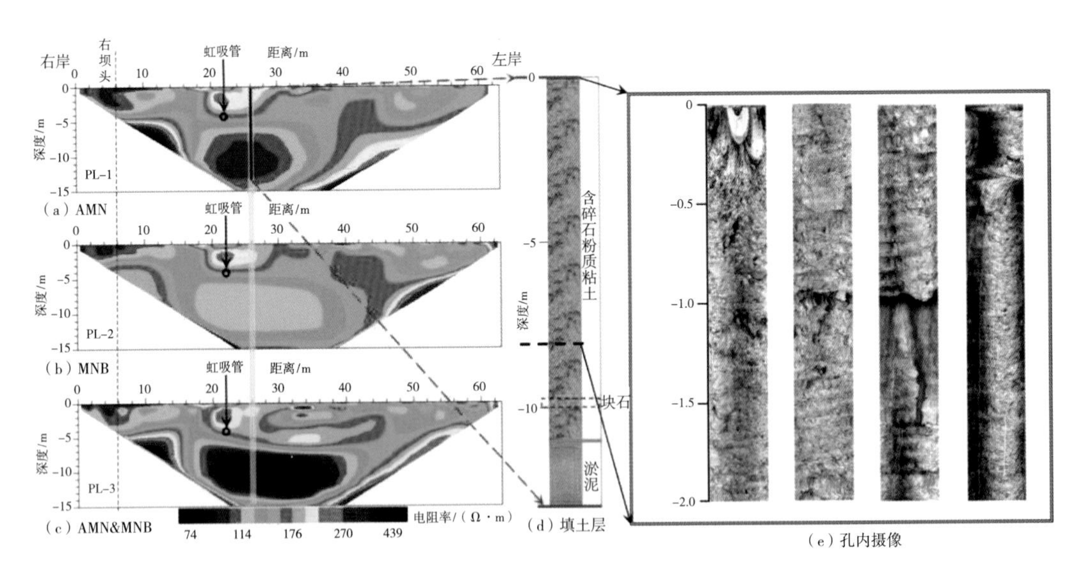

图 5-15 反演电阻率剖面和钻探土样

接收线圈为 67 匝，发射频率为 25Hz，叠加次数为 512，数据体在配套的处理软件中经飞点剔除、曲线平滑、坐标设定以及电阻率计算等步骤得到图 5-16。图 5-16 是所有测点的电压变化曲线图，从大坝的晚期信号可以看出，在测线上 6～13m、24～

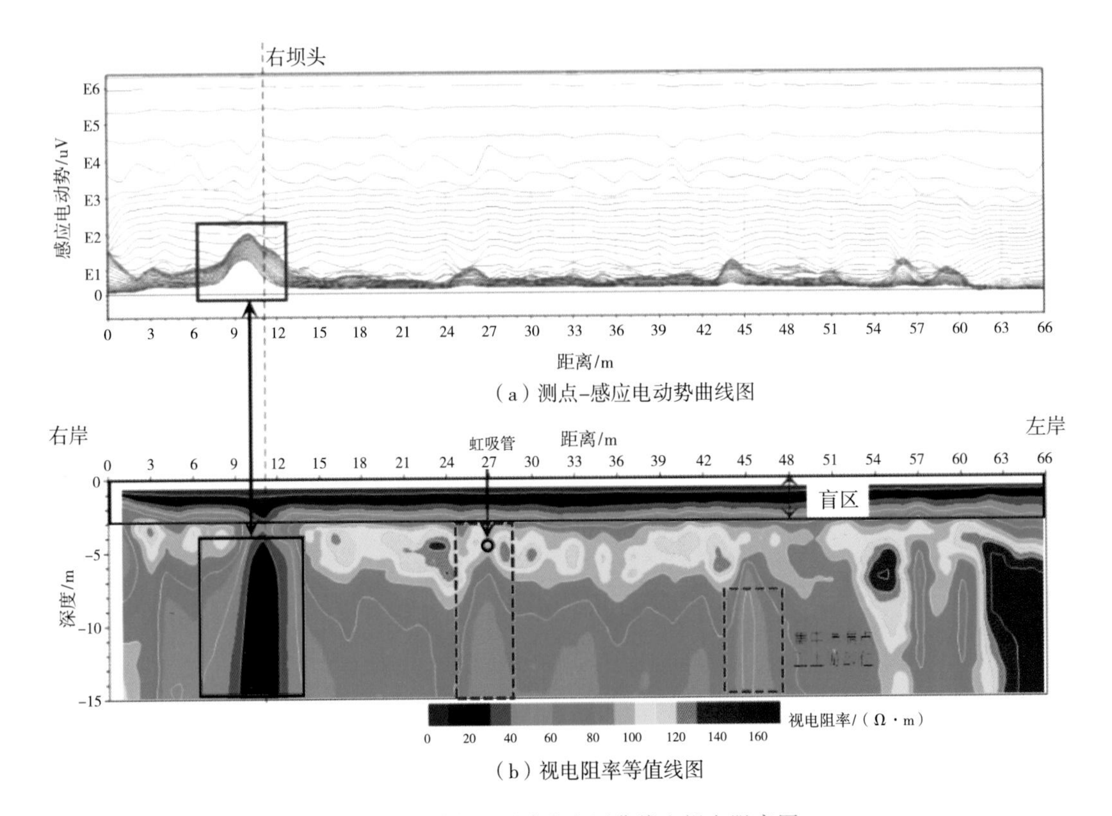

图 5-16 瞬变电磁感应电压曲线和视电阻率图

27m、42～45m和54～60m段存在明显的二次场信号的响应特征，表明该区段下部可能存在低阻区渗流薄弱带；图5-16（b）上埋深3m范围内视电阻率呈条带状低阻分布，可能与受瞬变电磁仪器关断时间影响而形成的盲区有关，一般水库大坝的防渗体以及浸润线相对于盲区深度更低一些，以至盲区并不影响对大坝渗漏隐患的判别。从视电阻率剖面上可以看出，测线上6～12m低阻异常的幅度最大，可能存在渗漏通道；测线24～27m段位于虹吸管上部，不排除铁质对电磁场信号造成一定的干扰。

3. 定向处理过程

并行电法和瞬变电磁法分别从静电场和电磁场的角度获得水库大坝的地电信号，两者对水库大坝的渗漏隐患都有明显的响应，对于大坝坝体内部的渗漏隐患并行电法反映的结果更加可靠，而瞬变电磁法探查坝肩部位的渗漏更具有优势。

并行电法在大坝坝顶、背水坡的3条测线的视电阻率图像都能反映出低阻渗漏隐患区，但坝顶测线的低阻渗漏隐患区相对较为规则，而下游两条测线的形态及空间位置吻合度高，渗漏通道有向河床段延伸的趋势；大坝坝顶的联合反演图像低阻区范围（测线上18～40m）进一步扩大，与下游两测线的渗漏通道流向一致。瞬变电磁法探测的成果相对更加明确，渗流薄弱区主要分布在三个区段，但测线上24～27m低阻异常需要考虑虹吸管的影响。

由于大坝坝体段在并行电法图像（桩号K0＋012～K0＋034m）和瞬变电磁法图像（桩号K0～005～0＋002m）上都显示出较强低阻异常，为进一步确定结果的可靠性，工程人员进行了钻孔验证。桩号K0＋020m钻孔大坝填土剖面和孔内摄像如图5-15（d）、（e）所示，从填土剖面上可以看出，孔深0～11m段为含碎石粉质黏土，11m以下揭露灰褐色软塑粉质黏土，其中9.5～10m局部夹杂碎块石，结合0～8m的孔内摄像成果，可以看出大坝整体填土质量较差，碎石含量较多，局部存在不密实现象，表明钻孔揭露的大坝填土体可能存在局部渗流异常现象。在桩号K0＋000处钻探发现，孔深5.3m以上为含碎石粉质黏土，以下为强、弱风化砂岩，岩体极为破碎、裂隙发育，坝基存在严重渗漏问题。

综上，从两种方法的探测成果上来看，大坝坝顶低阻异常区主要位于桩号K0～005～K0＋002m、K0＋012～K0＋034m以及K0＋043～K0＋049m段，推测以上区段是造成大坝渗漏的渗流薄弱区。

水库大坝渗漏隐患探测的目的是为防渗处理设计提供靶区，由于土石坝渗流薄弱带分布复杂，为更加科学地评价综合物探的探测成果，对大坝低阻异常区实施灌浆防渗处理。如图5-17所示，戴家坞水库灌浆开始时（2018年7月12日），库水位高程为155.12m，坝脚集中渗漏量为3.89L/s，在整个防渗处理过程中，库水位基本保持稳定，渗漏量发生系列变化，其中7月18日渗漏量下降至2.91L/s，7月25日在对桩号K0＋046灌浆后渗漏量降至2.64L/s，再对桩号K0～003、K0＋000两处灌浆处理后，大坝下游坝脚渗漏量降低明显，渗漏量降至0.07L/s。其后，对大坝进行了增强防渗处理，渗漏量降低到允许渗漏量附近，达到了大坝防渗的要求（图5-18）。

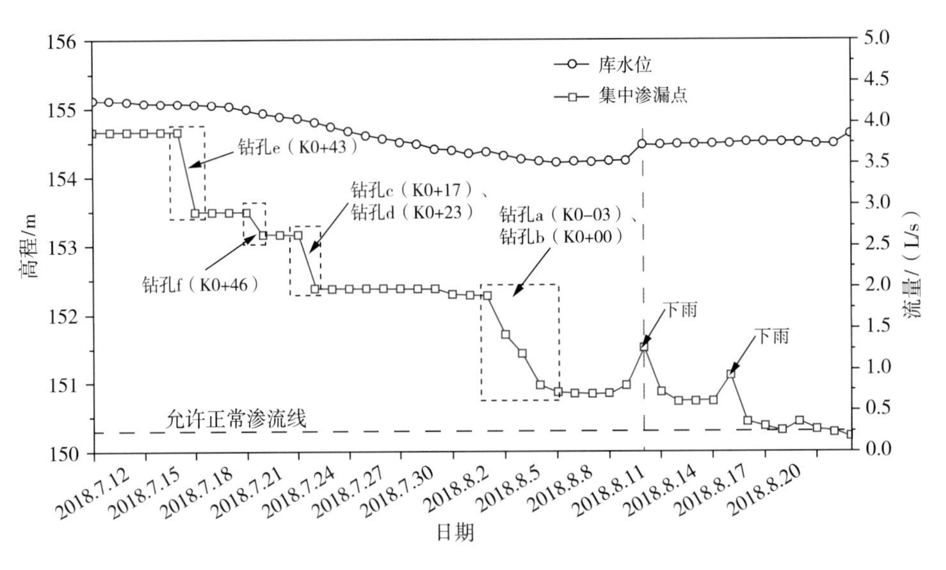

图 5-17 库水位及渗漏量的变化

图 5-18 坝脚渗漏量变化

第6章 土石坝新技术研究趋势及展望

6.1　土石坝的渗漏时移监测系统

时移地球物理监测技术是在传统一维、二维地球物理物探勘探的基础之上，按照约定的时间间隔自动或者半自动全天候采集地质体内部主动或被动源的地球物理场响应信号，从而形成一组或者多组空间上相互交叉、时间序列上相互平行的动态数据体。此技术主要研究地球物理场信号随时间维度的变化，具有可以直接锁定目标体的变化，并抑制数据噪声影响等优势，从而有效规避了地质体背景场或干扰场的影响。相比一次场勘探方法，此技术在提高勘探精度的同时，也具备掌握地质体时空演变的能力，推动了地球物理探测技术从常规探测向动态监测的转变。

电阻率法探测水库渗漏隐患的原理是基于土石坝浸润线之下内部不良地质体较周围介质存在一定的物性差异，同时还需要仪器设备能够有效捕捉这些地电场信号，从而揭示出大坝内部隐患空间赋存状态，但是当前电阻率在识别大坝浸润线动态变化方面还存在明显不足，从而影响了对大坝渗漏隐患的精准识别及靶向处理。归根结底主要有两方面原因：一是基于一次性探测成果对大坝渗漏空间特征的判定具有一定的不确定性，并且对隐患的识别及判定标准还处于定性分析阶段；二是电阻率法探测技术属于物理场范畴，外在的干扰条件（浸润线、四季温度、天气、大坝结构形态以及两岸边界影响等）给目标体的精细化识别带来干扰，并且大坝内部填筑料成分、填筑质量以及组合关系较为复杂，不同环境下可能表现出相反的电性特征，缺乏普适性的土石坝隐患的电性图谱。

时移电法是在常规高密度电法中增加一个时间维，在不同的时间、同一地点采用相同的电极排列方式重复进行一维或二维数据采集。数据处理时反演出同一地点不同时刻电阻率与初始时刻背景值的差异，从而研究地下介质电阻率随时空的运动变化规律。通过测量电阻率随时间变化的土石坝渗流场时移电法监控系统主要依据大坝内部渗漏隐患的孕育、发展、恶化是由量变到质变的不断演化过程，这种渗流薄弱区的埋深、范围、程度以及组合关系等时空特性的改变必然触发地电场（自然电位、电阻率、极化率等）的前兆响应。利用时移电法精细追踪大坝渗流薄弱区或隐患区的电阻率变化而感知坝体的渗透过程，同时与通用的水雨情、渗流观测以及白蚁监测等数据进行互相比证，可实现对大坝渗流场的全覆盖式全天候观测，为大坝的渗透破坏、安全评价、数字水库建设及灾害预警提供技术支撑。

当前，时移电法监测主要有三种类型：①电极、仪器设备都不在现场，当需要数据时，采用常规探测设备对探测段上的数据进行现场采集，从而得到相关的探测数据，这种监测模式可有效减少设备的占用率，但难以保证监测点位置的一致性；②将电极固定在现场，当需要数据时，采用常规探测设备在不同的时期对相同监测点的数据进行现场采集，从而得到相关的探测数据，这种监测模式能保证监测点位置的准确性，但难以保证土石坝渗流形态的全程掌控；③将电极、监测设备都安装在现场，按照一定的时间间隔采集大坝的地电数据，实现了对大坝内部渗流场的实时监测，并根据长期的监测数据对大坝渗流形态进行评价，这种采集模式是土石坝时移电法监测迫切需要采用的。

6.1.1 土石坝的渗漏时移监测传感器

时移电法电极需要长期在大坝内部埋设，较常规探测使用的铜棒状电极、钢棒状电极，不仅要具备长期在地下复杂环境中传导的可靠性和稳定性，也要适应大坝坝体的变形且相对保持位置的固定，同时也对埋设施工流程及工艺提出了新的要求。

美国先进地球科学有限公司发明了无源石墨电极电缆（美国专利号 6，674，286）用于腐蚀性环境和发挥电解作用的场地，每个电极长 7cm（图 6－1），具有耐热、防水、绝缘、抗拉的特点，主要用于水域、钻孔等腐蚀性场所的电阻率、极化率以及自然电位数据的采用，同时适用于土石坝、垃圾填埋场方向的时移监测研究。但是石墨电极只可作为测量电极，并不能作为供电电极使用，在水库大坝渗漏监测中更需要关注激励电场下的一次场电位的获取及利用，并且高昂的价格限制了石墨电极的大规模使用。

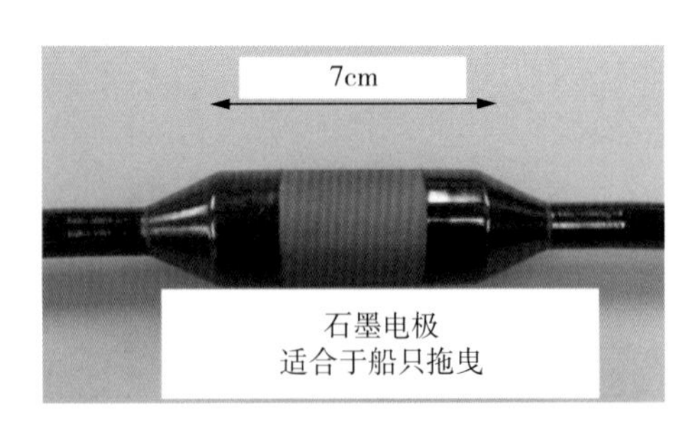

图 6－1 AGI 公司生产的石墨电极

中国海洋大学为实现海床界面位置的自动判别，自主研发电阻率探杆设备，其高密度电阻率传感器主体采用尼龙管材，沿轴线方向等间距布设 96 个铜质环形电极（两种探针设计及实物图见图 6－2），每个电极由独立引线通过探杆内腔，接到探杆顶端控制舱内的采集控制电路。电阻率传感器其外径为 7 m，电极间距（测量间距）为 1cm，共有 93 个有效测量点。但砂质海床结构松散，部分插入沉积物的电阻率探杆在海流和波浪的作用下，基底周围出现局部冲刷侵蚀，从而导致电阻率探杆所在位置的海床界面偏低（孙翔 等，2020）。此外，海洋电场探测电极材料有许多常见类型（表 6－1）。

在地震监测领域采集地电场信号的测量电极主要为不激化电极，主要以 $Pb-PbCl_2$ 不极化电极和 $Ag-AgCl$ 固体不极化电极居多，不仅解决了 $Cu-CuSO_4$ 液体不极化电极使用寿命问题，还提高了电极在携带、安装和使用等方面的灵活性（席继楼，2019）。铅电极与不极化电极试验结果表明，两种电极观测的相关系数相当；铅电极有长期漂移，但比损坏的不极化电极小得多。不极化电极在短期内的极化电位较小且稳定。黄金电极和铂金电极的极化电位较小且稳定，但造价较高。

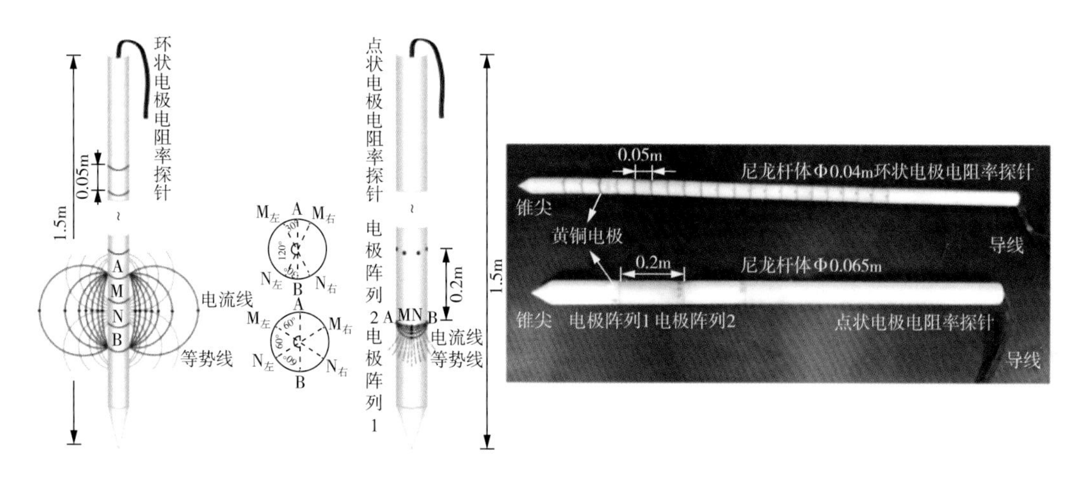

图6-2 两种探针设计及实物图

表6-1 海洋电场探测电极的材料、结构和性能参数

单位（公司）	瑞典 Polyamp 公司	英国 Ultra 公司	海洋工程大学	西安电子科技大学
电极材料	碳纤维	Ag/AgCl	Ag/AgCl	Ag/AgCl
电极形状	圆柱体	圆柱体（外置防护罩）	圆柱体	圆柱体
电极长度	未知	165mm	100mm	150mm
电极直径	25mm	70mm	14mm	40mm
工作面	圆柱侧面	未知	圆柱底面	圆柱底面和侧面
布放结构	正交三分量	正交三分量	正交三分量	正交三分量
频率范围范围	3mHz～3kHz	DC～3kHz	DC～3kHz	0.005Hz～3kHz
输入噪声	$<1nV/\sqrt{(Hz)}$	$<0.52nV/\sqrt{(Hz)}$	$7nV/\sqrt{(Hz)}$	$1nV/\sqrt{(Hz)}$
测量前处理	无，直接使用	安装网状防护罩	无，直接使用	无，直接使用

目前，国内外水库大坝时移电法监测技术还处于试验研究阶段，试验中采用的电极大多是金属棒状电极，然而埋设在大坝坝体内部的电极需要保证长期监测的稳定性，并且还要具有埋设便捷等特点，因此电极传感器装置还需要进一步改进。

6.1.2 土石坝的渗漏时移监测设备

时移电法监测设备与常规探测设备最大的差别在于要把信号采集器固定在现场，具备采集在现场、控制在远端的功能，因此监测设备要能适应复杂野外环境的能力，同时要高保真地把地电场数据实时远程传输到室内工作站。土石坝时移电法控制设备主要有以下特点：

（1）采集器具有大的通道数，一座水库上所有的测量点都被一台采集器所控制，并且保证能一次性把全部测点的数据体采集到；

（2）具有抗雷击、抗噪声的能力，同时内置多种电源供电方式（电池供电、太阳能供电、市政供电）；

（3）内置网络通信传输功能，支持无线网线（4G、5G、Wifi、ZigBee 等）、网线以及光纤等。

在国外，2000 年奥地利地质调查局为监测滑坡体开发了一套永久性地电监测系统（GeoMon4D system），于 2002 年春在大型滑坡上安装并进行泥石流监测试验工作，最终在 2007 年因电缆线被滑坡拉断，造成监测试验被迫终止。图 6－3 是 GeoMon4D 系统构件图，该系统在成熟的组件和开放体系架构上研制，通过增加并行或串行采集板来增加任意数量的电极，具有高速采集和记录完整信号的优点，数据（测量结果、测试序列和日志文件，包含关于系统和 GPRS 连接状态的信息）通过电子邮件自动发送到数据处理中心。

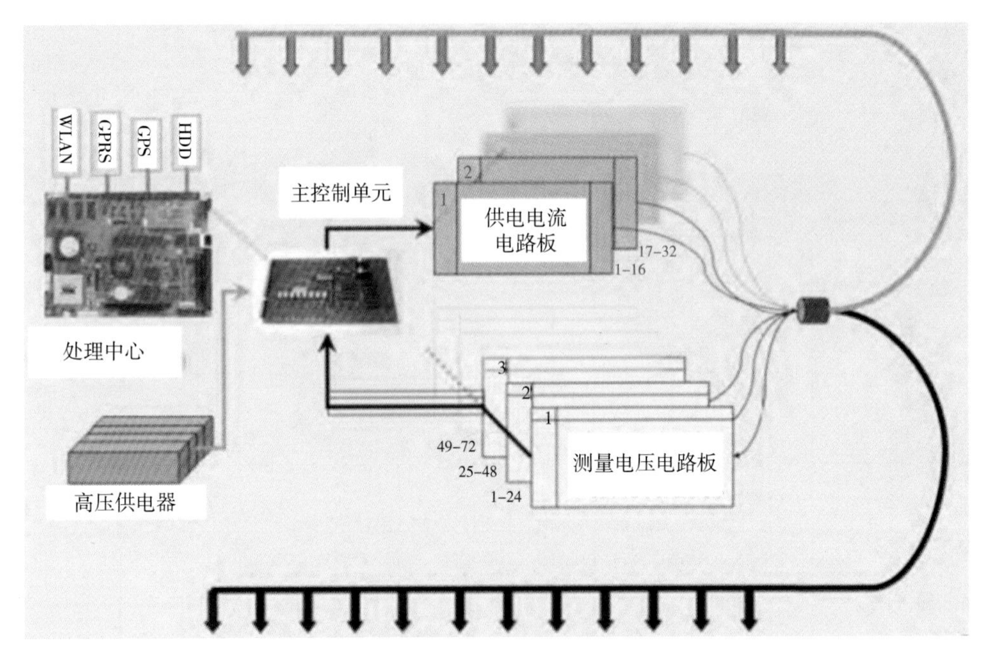

图 6－3 GeoMon4D 系统构件图

该团队 6 台 Geomon4D 仪器（图 6－4）同时在山体滑坡监测中发现，时移电法反演软件严重缺乏，采用商业软件（RES2DINV）和 AGI（EarthImage）对结果处理的效果较差，将与韩国地质资源研究院 Jung-Ho KIM 教授合作开放 4D 反演系统。

美国先进地球科学有限公司最新推出的 SuperSting™ Monitoring System（Super Sting 型监测系统）（图 6－5）是在 SuperSting™系列多通道电法勘探设备的基础之上升级而来的，该系统由远程的 SuperSting™™系统与固定电缆、2 组供电电池组成，为保证 SuperSting™系统在采集数据期间的测量精度，充电电池在数据采集期间停止充

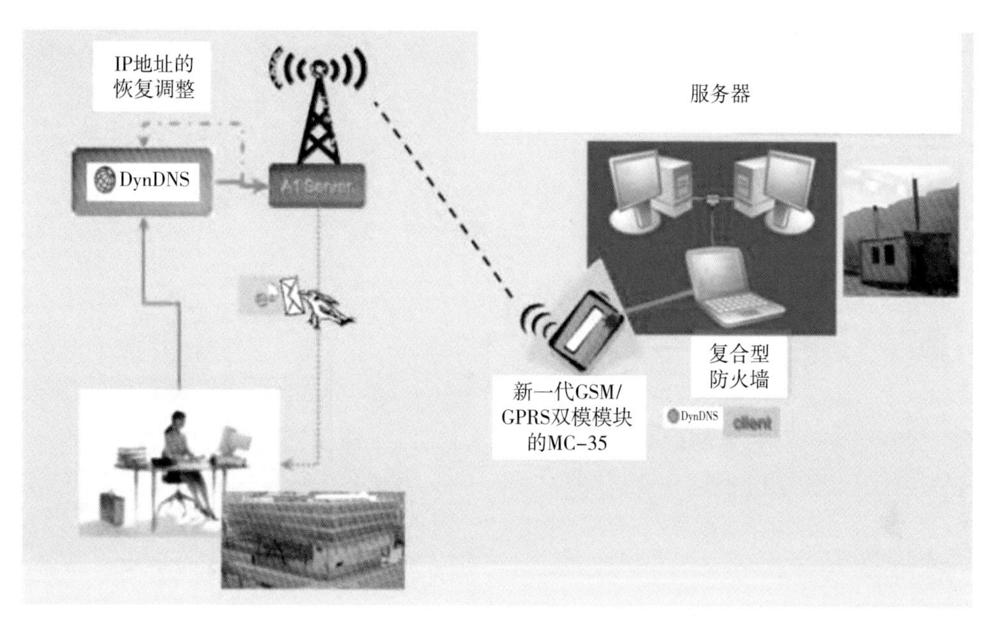

图 6-4　远程控制网络设置的示意图

电工作；将数据采集及控制软件安装在远程的电脑上，以一定的时间间隔向 SuperSting™设备下发采集命令，并把数据存储在云端。主要优势在于远程监控系统有利于随时、随地访问原始数据，并能自动接收到系统发送的测量数据体，可用于大坝、防洪堤、垃圾填埋场、滑坡、泥石流以及污染物扩散等介质随时间变化的应用研究。

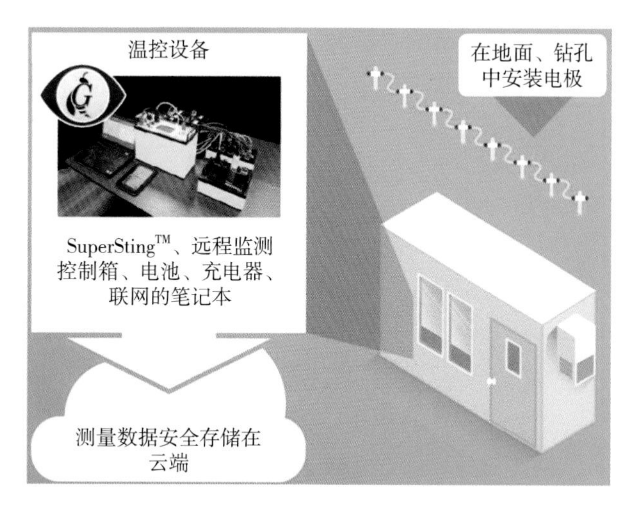

图 6-5　AGI 公司的 SuperStingg 型监测系统效果图

英国地质调查局（BGS）在时移监测方面的成果更加具有行业引领性，提出实时监控思想的概念是基于自动电阻率层析成像（Automated Time - lapse Electrical Resistivity Tomography，ALERT）的原理。ALERT 监控系统（图 6-6）包括永久固定在地面的电极和智能采集系统，实现了在办公室通过卫星、GPRS、GSM/3G、互联网等无线遥测技术远程查看数据并定期提供地质体的图像，从而降低重复地质调查的成本。该系统主要通过定制的ALERT软件控制，数据是通过专用的BGS服务器和安全的web门户进行传输、处理、存储、反演和显示的，在整个系统运行过程中，基本上是无人或少人干预下的自动完成的。图6-7、图6-8为ALERT系统监测装备及电极与监测结果图（CHAMBERS J E et al，2015）。

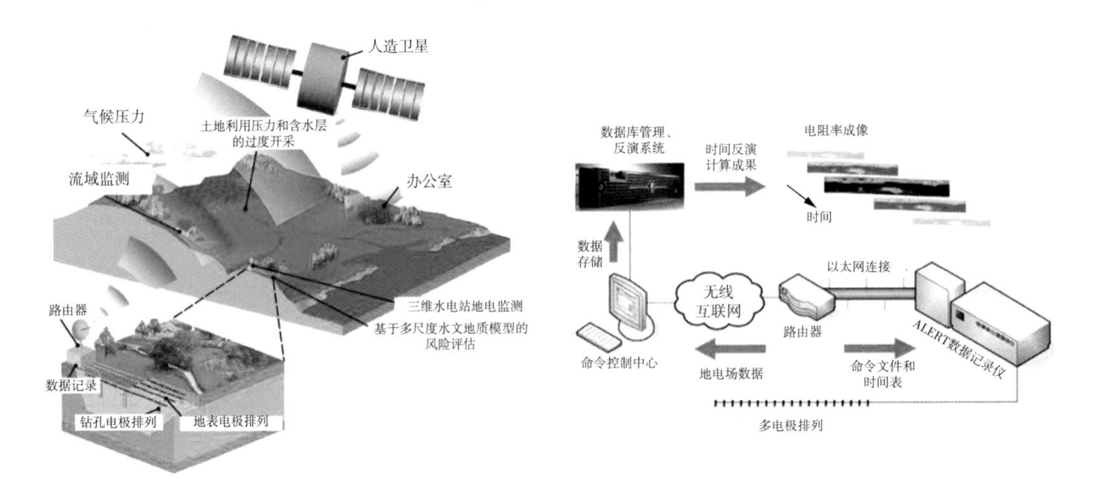

图6-6 ALERT实时监控系统的概念效果图

图6-7 ALERT系统监测装备及电极

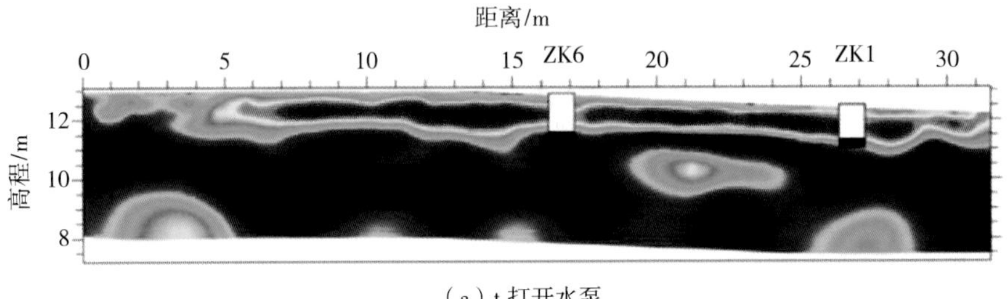

（a）t_a打开水泵

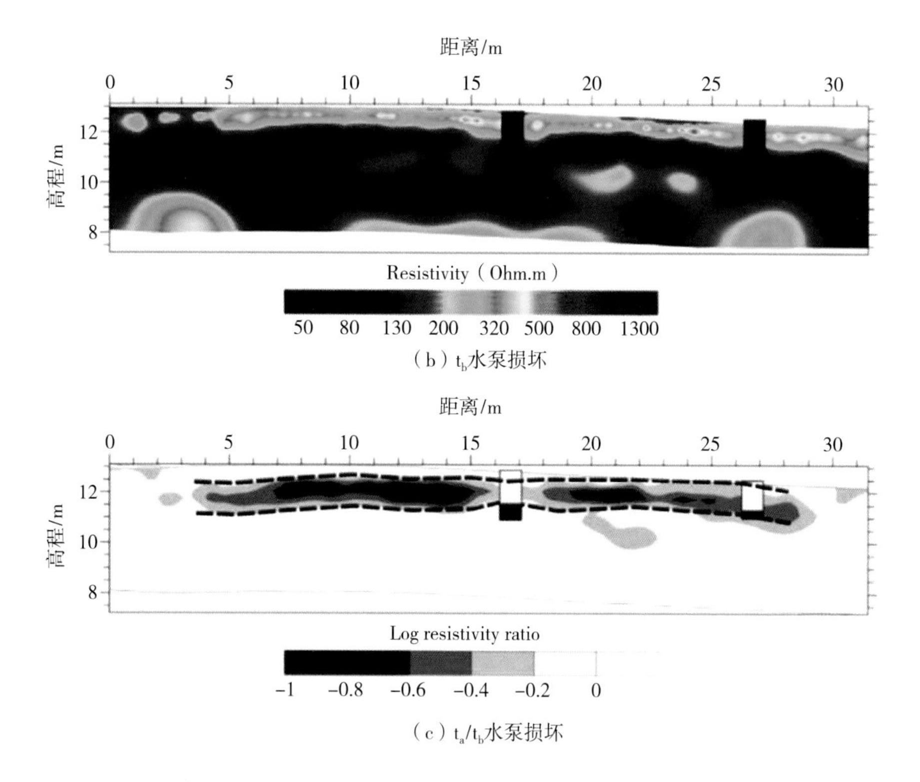

（b）t_b水泵损坏

（c）t_a/t_b水泵损坏

图6-8　ALERT系统监测抽水泵中断下的地下监测结果

意大利米兰理工大学定制了一套远程控制的低功率电阻率仪（A New Prototype of Resistivity Meter），电阻率监测系统的参数见表6-2所列。为了保护电缆线不被动物破坏，电缆被封装在坚固的绝缘塑料盒中［图6-9（a）］，与48个电极（20cm×20cm不锈钢电极板）的连接处采用双组分树脂密封，在测线中间放置装有采集器的保护箱［图6-9（b）］，将电缆和电极埋在深0.5m的沟槽中［图6-9（c）］。此外，还安装了一个气象站，配备了空气和土壤温度传感器、湿度计、雨量计、超声波水位传感器和1m时域反射仪（TDR）探头，以便将电阻率值与渠内温度、降雨和水位的变化联系起来。TDR探头可以监测土壤介电常数，从而可以调整电阻率和含水量之间的曲线。电阻率计和气象站都由太阳能电池板供电，并设置了调制解调器，以便每天将数据传输到一个网站上，并在那里存储数据和分析。电阻率仪传送的文件（每日）包含视电阻率值、注入电流、测量电压和测量值的标准差，而气象站每10分钟传出空气和土壤温度、空气湿度、降雨量、水位和介电常数等数据。所有的采集参数，如最大注入电流、最小要求的电压、要求的质量因数、测量间隔和采集顺序，都可以通过移动网络连接进行远程管理。

表6-2　电阻率监测系统的参数

名称	描述	名称	描述
电极个数	48	供电方式	太阳能
最大发射电流	200mA	防雷设计	有

（续表）

名称	描述	名称	描述
电极装置	温纳装置	接地检查	有
遥控与传输方式	移动网络	默认采样间隔	24h
数据文件参数	电流、电压、电阻率、标准差		

（a）电缆线保护

（b）电阻率电表箱

（c）电极板安装

图 6－9　低功率电阻率仪监测系统

德国克劳斯塔尔工业大学、越南河内地质科学研究所等单位为监测渗流作用下堤防及地基内水流的变化研制了 Levee Monitoring System（水位监测系统，LMS），该监测系统（图 6－10）包括电阻率仪、电极排列、张力计、频域反射传感器和监测井等。安装 LMS 系统前，先对堤防进行钻孔、取样以及电阻率测量，再进行各种原件的安装，堤防监测系统提供了与孔隙水压力变化和水分布有关的传感器数据的时间序列。通过钻孔、取样和地电测量，工程人员对堤坝和基础进行详细检查后，安装了这些组件。堤防监测系统提供了与孔隙水压力变化和水分布有关的传感器数据的时间序列，并记录了河道水位和降水速率。

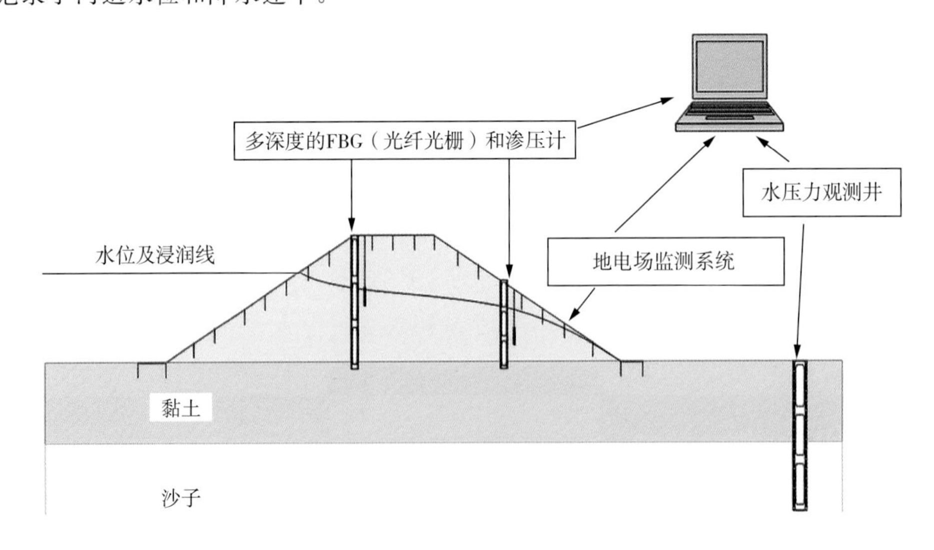

图 6－10　越南泰平省的红河堤防上 LMS 系统设计方案（WELLER A et al，2014）

德国克劳斯塔尔工业大学、Geolog公司和瑞士苏黎世大学、弗里堡大学等单位联合新的自动电阻率成像系统（Automated Electrical Resistivity Tomography，A-ERT）实现了高山或极地地形电阻率的连续测量，具有坚固、防水、防雷以及远程控制的特点。该系统（图6-11）是在Geotom多通道电法仪器基础上改进而成的，电法仪通过太阳能电池板供电，并通过无线传输把数据传送到基站，测线电极多达100个。位于基站上的远程计算机控制电法仪的四极装置测量，并且可通过计算机上的软件实现对采集器中测量间隔、测量装置、电极数量和极化率的控制测量，无线传输是通过直视线（发射天线和接收天线之间距离2公里）对准测量现场实现的。在夏季每日进行一次Wenner、Wenner-schlumberger和dipole-dipole等装置数据的测量；为了在冬季节省电池电量，只进行Wenner和Wenner-schlumberger装置的日常测量，辅以每周一次dipole-dipole的测量。

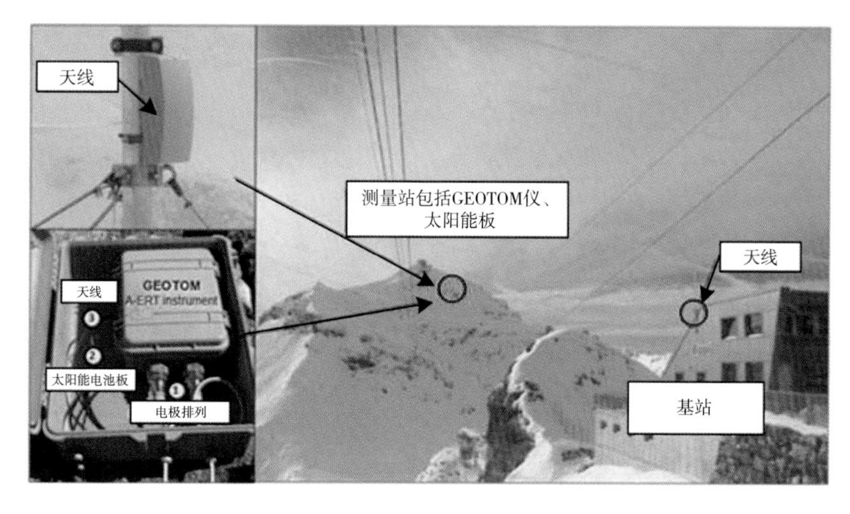

图6-11　A-ERT系统及安装示意图（HILBICH C et al，2011）

在国内，时移电法监测装备还处于发展阶段，但在矿井水害地电场监测设备方面已有所突破，其中中国煤炭科工集团西安研究院有限公司研制的多频连续电法监测系统实现对煤层底板充水水源变化过程的自动化三维监测。多频连续电法监测系统（图6-12）通过地面服务器远程控制，对回采工作面底板电阻率变化进行动态监测。多频连续电法监测系统由地面服务器、通信主站、连续电法仪、隔爆兼本安电源、监测电极、监测线缆和配套的地面控制软件、数据实时处理软件等组成。在系统布置过程中，将监测电极布置于工作面两侧巷道中，通过监测线缆连接至监测分站，将隔爆兼本安电源接入井下电网，为监测分站持续供电，监测分站通过光纤接入井下通信主站，再通过井下工业环网和光端机连接至地面服务器，地面服务器配套安装地面控制软件和数据实时处理软件，前者用来远程控制监测分站并进行监测数据采集，后者对监测数据进行实时处理和成像。

其中多频连续电法监测系统发射端采用伪随机信号作为人工场源，实现了多频率信号的同步发射。接收端连续采集高精度全波形数据，实现多频率信号同步接收；信

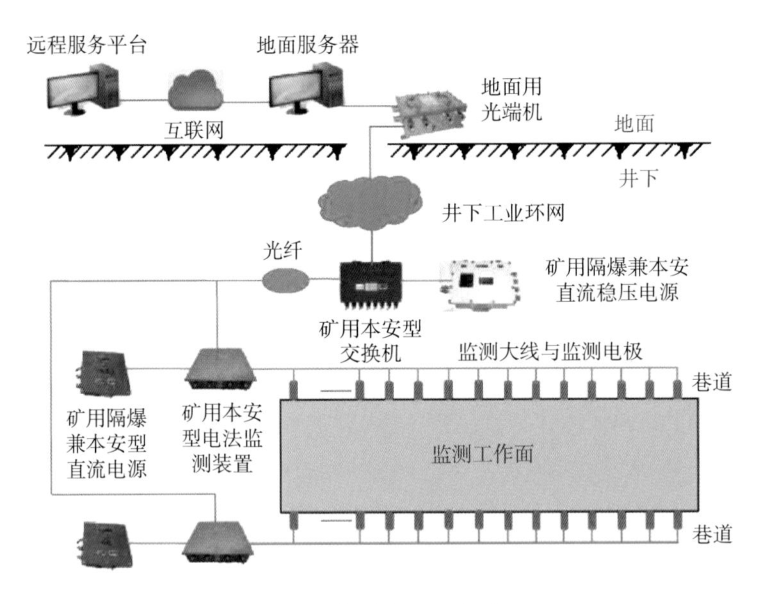

图 6-12 多频连续电法监测系统

号处理采用伪随机辨识技术提取电压值，使系统的小信号分辨能力达到 5μV，提高了煤矿井下监测环境中弱信号的识别能力。同时，利用光纤进行远程数据传输，通过数据库进行数据存储，实现了井下无人值守和地面远程控制（35 号电极 9 月 8—14 日底板视电阻率垂直剖面见图 6-13）。该系统配套了与数据库自动交互的数据实时处理软件，采用最小二乘法和小波分析技术对不同频率的电压信号进行数据预处理，利用拟高斯-牛顿法对预处理后的数据进行三维电阻率反演，软件自动对反演结果进行二维切片、三维异常体提取和立体成像等操作，实现了电阻率异常区的实时动态显示。

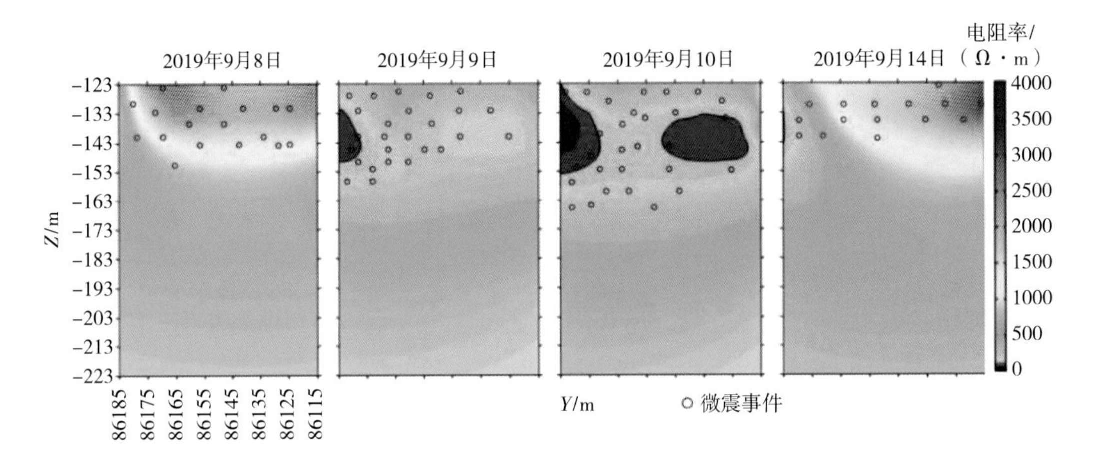

图 6-13 35 号电极 9 月 8—14 日底板视电阻率垂直剖面

近年来，黄河勘测规划设计研究院有限公司、长江勘测规划设计研究院等单位在黄河、长江堤防上进行高密度电法时移监测试验，取得了一系列的理论及试验方面的成果，但是监测设备主要是由常规勘探设备改进而来，在数据的远程传输与控制及长期性监测方面与时移监测的理念还存在一定的差距。

从当前监测控制设备的状况上来看，以下几点还需要完善。

（1）电极电缆等监测传感器的安装及维护。当前，时移电法监测电缆线安装主要依靠人工挖埋的方法，测线上不同位置的深度、宽度以及填埋密实度都存在差异，并且人工作业费时费力（图6-14），因此应形成一套时移电法监测电缆电极的操作流程及安装装备，达到自动化安装布设的目的。

图6-14 监测系统的一体化作业

（2）测线点难以布设在防渗体断面上。当前，水库大坝表面大多采用硬化处理，特别是防渗体大多是在坝顶中轴线上，严重的硬化问题导致测线难以布设，不同的测线布设场地可能反映的结果存在较大的差异。

（3）时移控制的数据采集方法。目前，时移电法监测主要采用时间控制采样方法，未能与其他相关信息产生联动触发数据采集，不仅形成大量的监测冗余数据，还造成仪器设备过度损耗而影响使用寿命。建议注重利用自然电位、库水位、渗漏量以及雨水情等信息触发数据采集，建立相关的时移电法数据体。

（4）监测控制设备的轻便化。当前，时移电法现场采集设备主要是传统的便携式勘探设备或者经局部改进而来，而在实际监测过程中使用的监测功能相对于勘探更加简单，同时监测设备需长久放置在水库大坝上，仪器设备成本需要更加的低廉，因此针对监测对象本身研制出功能简单、小型化的低价监控设备是推进水库大坝时移电法监测的重要环节。

6.1.3 土石坝的渗漏时移监测数据处理与显示

时移电法采集的是在全电场供电周期内所有数据的集合体，包括自然电场、一次场以及二次场随时间变化的电位数据，当前主要以电阻率随时间的变化作为主要的研究对象，具体到对电阻率的处理计算也分为视电阻率值的直接可视化和反演模型的重构等两种类型。视电阻率是不同供电电极与测量电极相互组合下的累积平均电阻率，不同的电法装置电阻率值存在一定的差异性，并且不同装置对异常体的灵敏度、探测深度和抗噪声水平都表现不一，如何采用最优化装置表达电阻率的变化是最重要的研究课题。同样地，当前的有限元、有限差分等规则性反演算法严重依靠初始模型，但在水库电阻率反演中基本上仍采用半空间的均匀地电模型，忽略掉大坝结构对地电场的影响，降低了对大坝地电模型重构的精度。随着深度学习、机器学习等人工智能技术的发展，采用时移电法监测的数据显然为智能反演提供了海量的数据体，因此时移电法反演处理应朝智能化反演、异常自动判读的方向发展。需要指出的是，时移电法用于水库大坝渗流场监测是建立在电阻率与含水率之间有一定的关联性的前提下，但不同的坝型、不同的填筑料以及不同的病害程度下二者关系表现出一定的复杂性，为实现渗透破坏的预警预报还需深入研究土石坝中电阻率的影响因子。

如图 6－15 是不同深度单极偶极装置的反演电阻率随时间的变化图。从图上可以看出，在水平位置－40.25m 处，记录点深度在 9m、16.8m 的电阻率随着时间的增加，电阻率值也不断在升高，并且坝基深度在 22.2m 的电阻率增加更大，从而揭示出不同深度的电阻率变化与坝体特殊结构的体积效应有关，因此在采用时移电阻率监测大坝时，应考虑大坝结构对电阻率的影响。

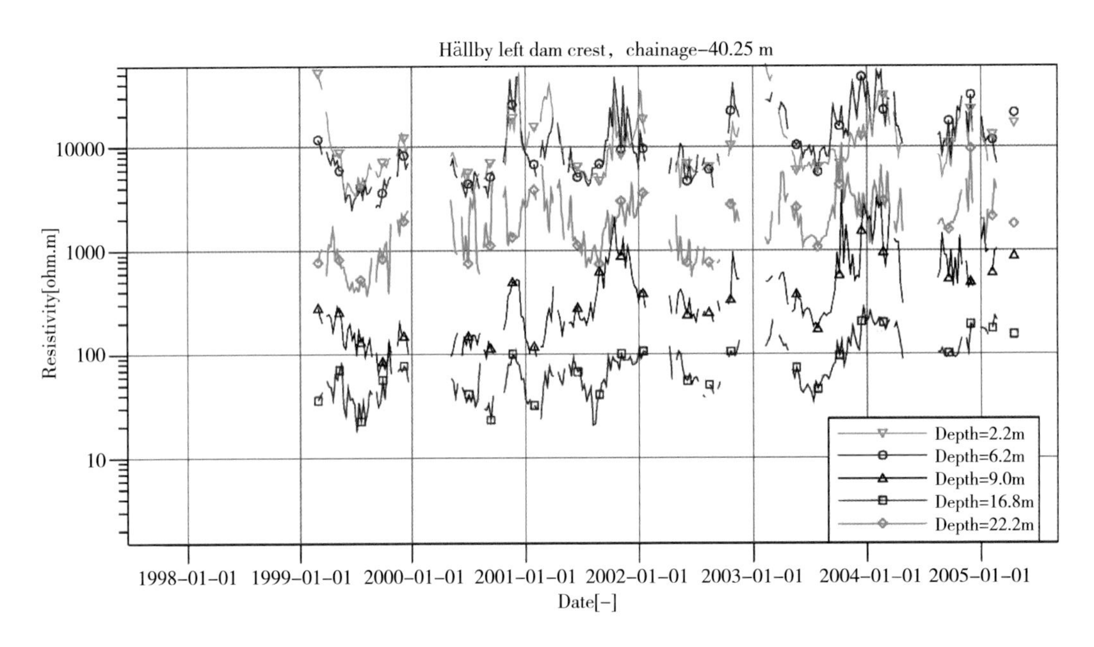

图 6－15　不同深度的反演电阻率随时间的变化

2017 年的冬夏之交在监测区出现了创纪录的强降雨，图 6－16 是监测了 6 周的电阻率变化图像。这种极端降雨事件造成了路堤东侧（左侧）在雨水的渗透下逐渐饱和，在下伏岩石的阻隔下形成了死水。图 6－16（a）中显示出电阻率的差异，并且可以用于监测水分的运移过程；基于电阻率与饱和度的转化关系，图 6－16（b）是土体中饱和度分布的图像。因此，从监测结果上来看，通过电阻率监测地下水分的运移，可以用于捕捉极端天气事件，并且根据地下水运动的时间和空间特征的成果，可用于规划未来的排水方案。

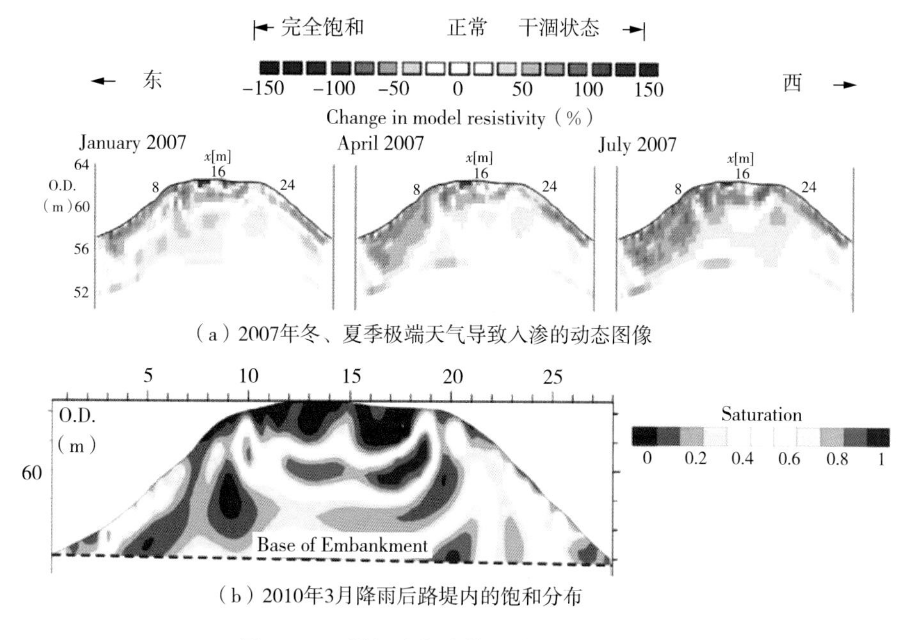

（a）2007年冬、夏季极端天气导致入渗的动态图像

（b）2010年3月降雨后路堤内的饱和分布

图6-16　堤坝内部水体运移和水分的变化

6.2　多维多场地球物理透明大坝技术

目前，电阻率法在水库大坝渗漏探测中主要基于一个或多个二维电阻率纵断面揭示出异常区的分布特征。众所周知，渗漏通道是具有一定特殊结构的人为三维地质体，通常的二维电阻率成像显然不能全面、科学地勾勒出不良隐患的埋深、规模、展布以及组合关系等空间特征，尤其当测线的排列有限时，稀疏的电阻率断面并不能有效追踪渗漏通道垂直大坝的走向及变化形态。此外，还需注意到电阻率是周围岩土体共同作用的结果，测线外地质体的“旁侧效应”将导致渗漏异常区发生畸变，增大反演结果的不确定性，从而降低对病灶部位识别的精准度。针对二维电阻率成像在土石坝渗漏探测中的缺陷问题，随着电阻率法对渗漏隐患精细化探测工作的不断深入，逐步实现常规电阻率的二维成像向三维透视大坝的转变是必然趋势。然而，国内外土石坝渗漏三维诊断技术研究还处于试验模拟阶段，海量数据的有效利用还不成熟，缺乏完善的数据快速采集系统，并且对渗漏隐患的精准识别还需更深一层探讨。因此，结合并行电法技术具有开展地质三维电阻率成像的能力，采用并行电法技术开展“透视大坝”研究具有重要的理论及实践意义。同时，水库大坝内部异常渗流状态与周围的正常渗流的差异较小，通过地面的探测与监测系统难以捕捉到微弱信号的变化，为更加准确可靠地掌握大坝内部隐患的时空变化，在大坝内部增加一定的钻孔数据将大大提高探测的精度。

地下地质体的形态、成分以及赋存规律多变，不同的地区、深度、状态表现的物性差异不一，因此难以采用一种指标把地质体的结构、形态、规模以及深度等空间位置信息表达出来，采用经优化组合的综合地球物理勘探手段是水库大坝精细化勘探以及建立透明大坝的必然选择。在水库大坝渗漏探测与监测方面，应建立以弹性波法（反射波法、人工或天然源面波法等）重构土石坝的结构模型及内部薄弱带，再以地质雷达法对大坝填筑料进行精细化分层，以电阻率法、瞬变电磁法探查大坝渗漏薄弱带，在此基础之上，辅以钻探取样、水质分析以及示踪试验等技术手段进一步锁定隐患的控制分布。对于轻微的渗流异常现象，在前期建立土石坝透明地质模型的基础之上，安装时移电法等监测系统并对不同的孪生趋势做出预判，通过对重点区域进行跟踪监测分析，及时掌握隐患区的动态变化，为隐患的靶区处理提供技术支撑。

以垃圾填埋场监测系统图 6-18 为例，在填埋场的垃圾坝坝顶布置多条电法测线，同时在不同位置布置多个钻孔，每个钻孔内布设孔内电缆线，把地面电缆与钻孔电缆相融合，从而形成钻孔-地面电法观测系统，根据电阻率在不同时刻、不同空间位置上的变化情况，反映出垃圾渗滤液的扩散范围及强度。

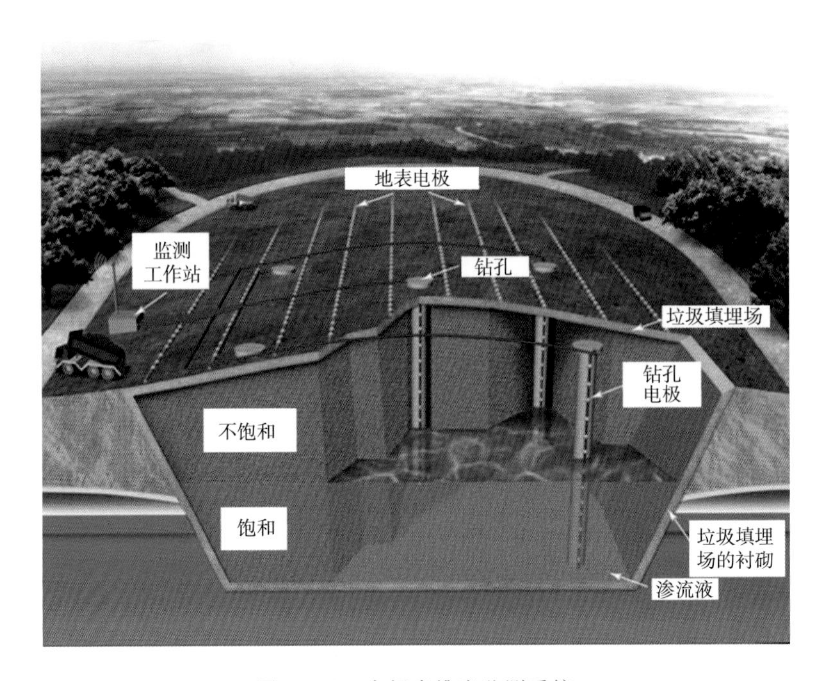

图 6-18 大坝多维度监测系统

6.3 大坝防渗处理新技术

土石坝防渗加固理论、技术、方法、工艺以及材料方面都较为成熟，为不同特点的隐患处理提供了可参照的案例，但在实际运用中，特别是在抢险性防渗堵漏中，还存在不同程度技术及设备的局限性，其局限性如下。①形成实际防渗效果的周期长。施工中成孔或开槽作业速度较慢，并且多为浆液式胶结材料，需要一定的养护周期发生物理-化学作用后方能形成凝结体，进而起到防渗堵漏的作用。形成实际防渗效果的周期较长，难以满足抢险性防渗堵漏需要。②对堤坝扰动较大。“开膛破肚”和“振动冲击”是现有的大多数人采用的常规防渗加固技术的正常作业程序，这些工序作业对堤坝内部产生了较大的扰动，甚至破坏了堤坝结构。因此堤坝防渗问题解决了，可能会出现其他问题。③防渗体自身缺陷。混凝土和水泥浆等水泥类制品在凝结过程中有干缩特性，与土固结后易造成两者结合不紧密，出现“两张皮”的情况，因而会造成防渗效果不能达到设计要求的情形。④对作业面要求较高。现有常规堤坝防渗加固技术所需的施工机械设备大多数体型较大，需要较大的运输设备及现场施作场地，较多道路状况差、可供使用作业面较小的中小型堤坝往往“望洋兴叹”，成为部分中小堤坝防渗堵漏的瓶颈。⑤易引起施工环境问题。现行常规堤坝防渗技术有的需要破土开挖，有的需要泥浆护壁，有的需要水泥浆液，这都极易造成诸如扬尘、建筑垃圾等环境问题，并且如遇空气质量恶劣的天气，还要受到相关部门的严格监管，给工期造成很多未知因素。这种状况在景区及人口较为密集区域的堤坝防渗加固中尤为突出。

近年来，郑州大学王复明院士团队针对当前防渗技术难以满足病险堤坝防渗加固实际需求，特别是对于快速抢险性堤坝防渗和数量众多的中小型堤坝防渗，针对传统堤坝劈裂注浆存在的问题，结合高聚物材料的特性，提出采用高聚物定向劈裂注浆技术（王复明，2016）（图6-19），在堤坝轴线上预制劈裂孔，注射高聚物浆液，高聚物固化反应产生的膨胀力劈裂预制孔，最终形成一道竖直连续的高聚物防渗墙（图6-20），具有重要的研究意义和工程应用价值。但是该处理技术施工机械规模大，在小型水库上难以提供理想的施工场地，并且防渗材料价格昂贵，难以在小型水库防渗中得到全面推广。“十四五”期间，水库除险加固的主要目标任务是到2025年底，全部完成现有病险水库的除险加固任务。总量预计1.94万座，其中大型病险水库约80座，中型病险水库约470座，小型病险水库约1.88万座。在应对众多病险水库的大规模除险加固，保障工程达到预想的效果时，采用合理的防渗技术最为关键，后续应加强传统相关防渗技术的深度分析，为不同地区、不同类型水库寻找最佳的处理方式，同时要加强查漏与堵漏相结合的诊治模式的应用，在保证效果的同时最大限度降低投资。

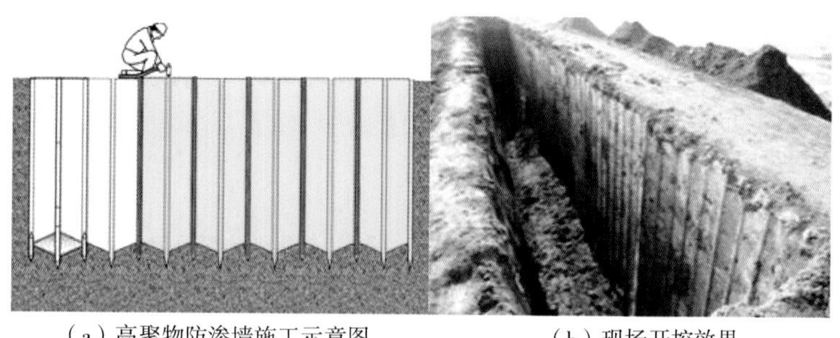

（a）高聚物防渗墙施工示意图　（b）现场开挖效果

图6-19　高聚物柔性防渗墙技术

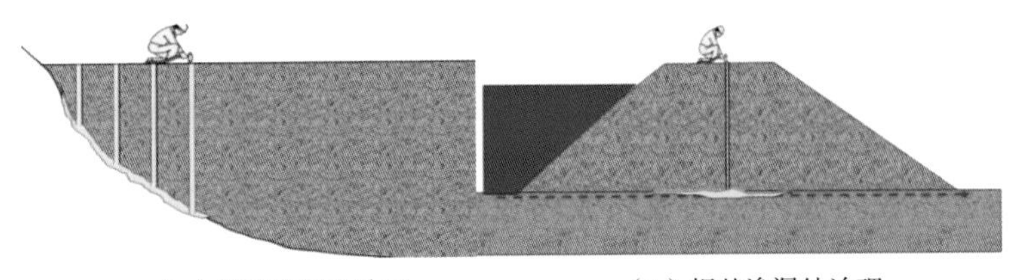

图 6-20 坝肩、坝基渗漏处治理示意

6.4 坝肩隐患多参数综合评价

水库大坝作为人工碾压土石体而成的挡水建筑物，整个全大坝都有发生渗漏的可能，但工程实践表明土石坝发生渗漏量过大的部位以坝肩接触带部位最多，表现出绕坝集中渗漏现象（图 6-21）。此外，坝肩绕坝渗漏部位处于坝体与山体的交接带部位，受两岸山体的空间条件的限制，地球物理勘探难以在地面进行全方位测量，特别是高密度电法在该部位数据缺失，造成对渗漏隐患的漏判，不利于制订防渗处理方案及工程概算。

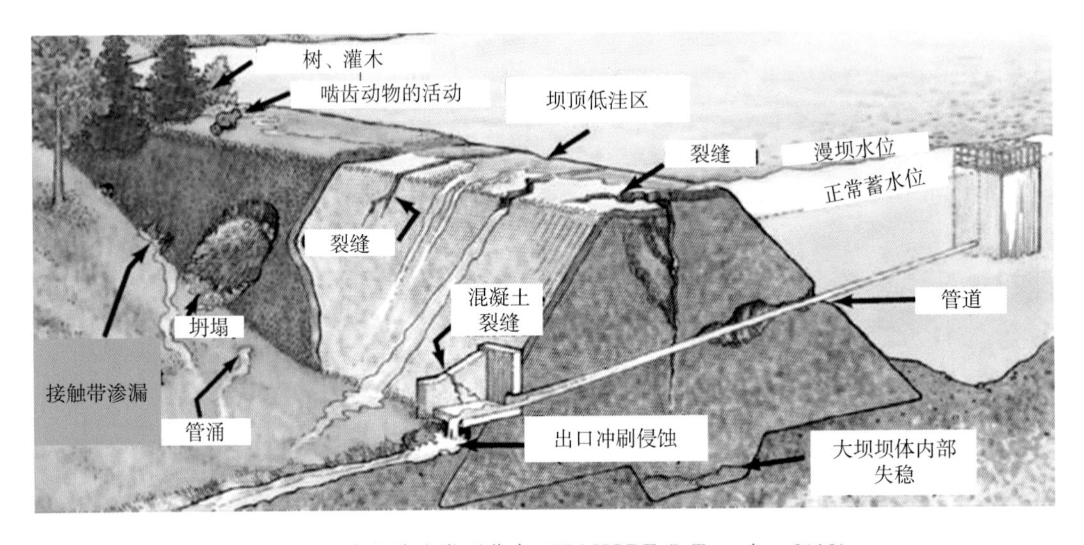

图 6-21 大坝隐患类型分布（KAYODE O T et al.，2018）

采用钻孔探测技术对补充坝肩的盲区有一定的效果，但单个钻孔得到的成果具有多向性，并且受电极间距和岩土接触带典型变化的影响，钻内电阻率在精细化识别渗漏薄弱带方面还不能满足工程的需要。渗漏水体自库区向下游流动，由于库水与大坝之间的温度具有一定的差异，通过温度的变化来分析渗漏的强弱有更大的指导意义。另外，水体对接触带部位的冲刷作用也会对周围岩土体尤其接触带部位的夹层产生扰动现象，必然导致周围岩土体的应力、应变发生变化，应力、应变的离差比位移要小得多，作为安全监控指标比较容易把握，故常以此作为分级报警指标。应力属建筑物的微观性态，是建筑物的微观反映或局部现象反映。变位或变形属于综合现象的反映。埋设在坝体某一部位的仪器出现异常，总体不一定异常；总体异常，不一定所有监测仪表都异常，但总会有一些仪表异常。我国大坝安全监测经验表明：应力、应变观测比位移观测更易于发现大坝异常的先兆。因此采用一种原位传感技术能同时监测接触带温度、应力和应变，对增强地球物理勘探方法识别坝肩渗漏有重要意义。

6.5　智慧大坝监测系统

6.5.1　智慧大坝监测系统概念

当前土石坝的渗流安全监测主要选择具有代表性的大坝横断面布置测压管或渗压计进行渗流压力观测。该监测方法无疑是非常重要的，也是最基本的做法。但传统方法不能有效确定坝体或坝基内各处的渗流强度，经常存在渗流压力发生异常却无法确诊大坝隐患的病灶、病因，甚至大坝下游出现大渗漏而渗流压力仍正常的现象。

近年来我国的水利信息化已取得长足进步，智慧水利建设即将步入高潮，但各应用系统的具体建设目标、标准与技术路线等仍在探索中。水工程安全监测智能化是智慧水利的重要组成部分，其现实目标的边界取决于人工智能技术的成熟度。水工程安全监测智能化的目标定位应是建立具备“泛在互联、透彻感知、深度分析、精细管理、个性服务”能力的水工程安全监测体系，在做好信息化的前提下，超越信息化，实现能动化，对工程既有缺陷隐患看得见、说得清，对未来安全风险想得透、管得住。相应地，水工程安全智能化监测体系的定位是在日常运行中当好风险预警安全可放心的守护人，应急处置时当好灾害防控决策可依赖的助手（卢正超 等，2021）。

水工程安全监测要超越常规信息化，实现能动化，必须做好如下四个关键环节。

（1）自动化。利用基于物联网的智能传感器，仪器监测全过程自动化（即传感器埋设后遂行自动化），外部变形监测自动化，巡视检查视频监控自动化，以及其他物联网、云计算、大数据等新一代信息通信技术等手段实现泛在互联、透彻感知，保障动态实时数据源源不断，特别是关键时刻保持在线。

（2）全信息化。所谓的全信息化，基于面向系统、面向主体（工程＋环境＋人），包括主体信息、支撑信息、效用信息等。对工程安全而言，全信息化包括工程相关信息设计、地质、施工、环境、结构状态、运管，对模型相关信息等进行全面的收集和管理。信息包括客观信息和主观信息，静态信息和动态信息，结构化信息和非结构化信息。对非结构化信息的描述，隐含驱动未来行为。

（3）可视化。一幅图胜过千言万语。受限于人脑在信息感知和推理方面的处理能力，在大数据时代，对海量的数据必须进行可视化的萃取凝练。考虑到水工程安全监测系统的信息使用者有多层次的需求，宜针对不同层级的用户需求，建立工程性态专题图册，以可视化的方式展示工程安全相关信息的时空分布规律、因果关联关系、风险事件演进过程。这样在工程风险管控过程中，特别是在应急抢险过程中，可以及时掌握工程性态和工程风险，做出合乎实际的判断和明智的决策。

(4) 模型化。模型化是智能化的核心，是水工程风险管控中实现风险指引、动态监控、主动应对的关键。模型有多种，如物理模型、半物理模型、数学模型。数学模型包括人工智能各种算法，以及其他确定性模型、混合模型、随机模型等。不同的模型有不同的作用，如统计模型可以把握随机现象中的统计规律，非线性模型可以把握非线性过程。人工智能中深度神经网络是某种非线性函数对未知函数在有限样本数据上映射关系的拟合。模型有结构化和非结构化之分，也有不同的层次之分。水工程安全监测智能化最重要的基础模型，应是基于数字孪生技术（Digital Twin）建立工程对象及其安全监控体系的统一信息物理模型，便于水工程安全监测体系的四要素高度融合，聚焦于工程总体安全，进行仿真分析、预测、诊断、模拟演练，并将仿真结果进行反馈，实现工程对象与安全监测体系特别是“人”无缝衔接，辅助工程安全风险监控优化和决策。图 6-22 为水工程安全监测信息化与智能化关键环节示意图。

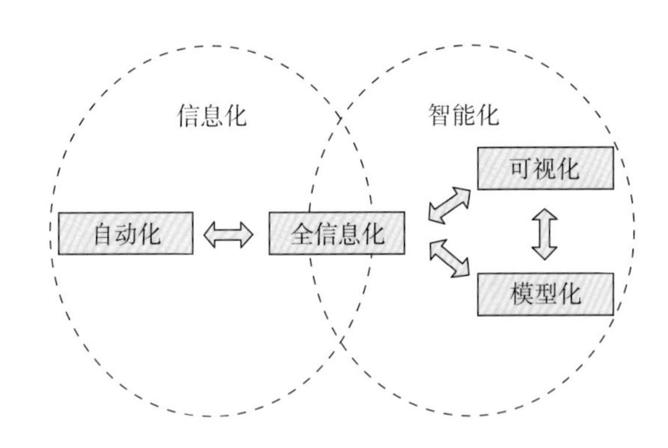

图 6-22 水工程安全监测信息化与智能化的关键环节

6.5.2 智慧大坝系统组成

智慧大坝系统的整体思路：开发水库大坝三维精准模型，改进当前的监测传感单元，吸收、研发新型大坝监测系统，实现应力场、变形场、渗流场、物理场等多场动态监测，利用物联网、大数据、云计算、人工智能、5G 等技术对现场实时可视化远程控制、基于条件触发的采集、基于深度学习的 4D 处理、智能化解译，保障水库大坝的在线监测、智能判识和实时预警，并对现场实现无人远程诊断及维护。该系统应包括透明大坝、智能感知、健康监控和应急处理等部分，如图 6-23 所示。

1. 透明大坝

水库大坝坐落于原始沉积的地层之上，坝体内部填筑料的纵横向具有一定的渐变性，而系列隐患将打破这种规律性变化，研究监测前精细勘察水库大坝赋存区的地层、构造、地形、地貌是保障安全监控的重要前提。应采用“空—天—地”一体化勘查技术和高度自动化、智能化的快速、高效测试分析技术，建立高精度“透明大坝”三维地质模型及科学评价方法。具体步骤如下：

(1) 以卫星遥感、无人机、激光扫描、虚拟现实（VR）、三维声呐为主的“空—

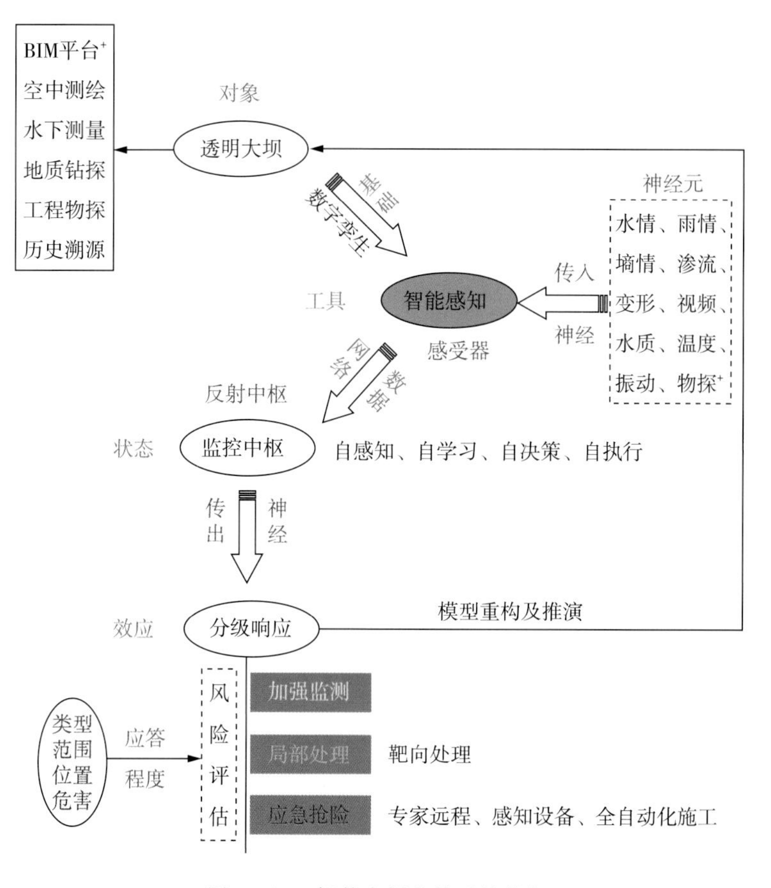

图6-23　智慧大坝监控系统构架

天—地—库”勘查技术，实现水库大坝的三维精细重构；

(2) 以地球物理勘探、钻探、坑探、化探为主的综合勘查技术，探明了水库地球物理场分布规律，精准划分大坝填筑结构、隐患空间位置信息、大坝结合部以及查明不良地质构造的空间展布；

(3) 融合多种信息共同重构水库大坝高分辨率的三维快速建模技术；

(4) 大坝形态的地质条件综合评价技术。

2. 智能感知

水库大坝监测信息复杂，应布设点、线、面、体等多维观测系统，并且选取常变量（水位、渗漏量、变形等）触发其他传感元件的信息采集，实现应变场、渗流场、物理场等多场耦合，从不同角度或一体化地收录大坝多参数数据体。采用卫星、无人机、InSAR、地面物探、大坝无人巡测和光纤等技术探测和监测水库大坝三维变形强度、规模、范围，应用瞬变电磁、地震映像、探地雷达、高密度电法、自然电位、并行电法等探测和监测水库大坝运行过程中的地球物理场变化特征。

大坝智能感知系统主要包括：

(1)“空—天—地”地表沉降监测技术及无人巡查；

(2) 应力场、形变场、渗流场的探测和监测技术；

(3) 隐患的探测、监测及灾害预警技术。

3. 健康监控

采用时间或事件为监测系统触发采集系统，实现定时或自感知的采集模式，基于神经网络的训练学习把收录到控制平台的海量数据进行处理分析，基于数据驱动（数据挖掘、知识发现、动态建模）建立动态的4D监控系统，自感知、自学习、自决策、自执行，并对突发事件预警。具体流程如下：

(1) 按照规范等协议工作时间设置定时采样，选择基准变量作为系统触发的变量因子；

(2) 多数据融合处理协同处理，共网传输，采用云计算处理系统，实现阈值图像的动态展现及基于数据驱动自学习处理；

(3) 建立大数据的4D监测模型及智能决策系统，自动发出预警信息。

4. 应急处理

利用“5G＋高清摄像技术”实现专家远程指导水库大坝的应急处理、危险识别、灾害治理以及系统元件的调试、安装等工作，实现办公与水库的空间无阻隔。

新时期，在全面推进水利数字化的发展浪潮里，时移电法根据表面或内部监测的地电场信息能有效、全面揭示出大坝内部的渗流特征，为数字水库建设提供了重要的技术支撑。目前，为打造数字水库样板工程，浙江省水利河口研究院以并行电法监测技术为基础研制了土石坝渗流场时移并行电法监测系统（Dam Time - lapse Parallel Electrical Resistivity Tomography System，DLPRT），通过现场监测、云端处理及平台预警等功能实现了“采集在现场，传输在5G，存储在云端，控制在手上，显示在工地，深度处理在管理中心”的功能，为数字工程建设提供了重要的技术支撑（图6-24）。监测系统硬件由模块集成的数据采集机箱及传感器线缆组成。现场安装方便，只需将线缆置于工程岩土体表面或内部并连接采集机箱，数据采用4G/5G模块或者光纤进行传输。系统根据软件设定的参数进行数据采集，采集的电性参数丰富，数据自动上传云端进行自动化处理，并对处理结果进行计算比对成图，在数据异常时及时报警。

图6-24 时移电法渗流监测系统

参考文献

[1] 中华人民共和国水利部.2019年全国水利发展统计公报 [R]. 北京：水利部，2020.

[2] 朱兆平，吕乐. 浙江省中小型水库垮坝事故原因及管理对策 [J]. 水电能源科学，2014，32 (1)：70-72.

[3] 朱法君. 科学谋划"十四五"浙江水利发展的若干思考 [J]. 中国水利，2020，905 (23)：27-29.

[4] 刘思源. 电法勘探在堤坝隐患探测中的应用 [J]. 水利水电技术，1988 (9)：47-52.

[5] 方文藻，李(名休). 边界单元法计算堤坝上电测曲线及其在隐患探测解释中的应用 [J]. 工程勘察，1989 (4)：71-74.

[6] 陈建生，李兴文，赵维炳. 堤防管涌产生集中渗漏通道机理与探测方法研究 [J]. 水利学报，2000 (9)：48-54.

[7] 房纯纲，鲁英，葛怀光，等. 堤防管涌渗漏隐患探测新方法 [J]. 水利水电技术，2001，32 (3)：66-69.

[8] 刘广明，杨劲松，李冬顺. 基于电磁感应原理的堤坝隐患探测技术及其应用 [J]. 岩土工程学报，2003，25 (2)：196-200.

[9] 李帝铨. 探测堤坝管涌渗漏隐患的"拟流场法"仪器揭秘 [J]. 国土资源科普与文化，2020，22 (1)：20-22.

[10] 席振铢，龙霞，周胜，等. 基于等值反磁通原理的浅层瞬变电磁法 [J]. 地球物理学报，2016，59 (9)：3428-3435.

[11] MARTÍNEZ-MORENO F J, DELGADO-RAMOS F, GALINDO-ZALDÍVAR J, et al. Identification of leakage and potential areas for internal erosion combining ERT and IP techniques at the Negratín Dam left abutment (Granada, southern Spain) [J]. Engineering Geology, 2018, 240: 74-80.

[12] NADERI-BOLDAJI M, SHARIFI A, HEMMAT A, et al. Feasibility study on the potential of electrical conductivity sensor Veris ® 3100 for field mapping of topsoil strength [J]. Biosystems engineering, 2014, 126: 1-11.

[13] 杨云见，米晓利，宋喜林，等．应用电容耦合电阻率法检测道路隐患 [J]．物探与化探，2009，33 (3)：350 - 353.

[14] NIU Q F，WANG Y S，ZHAO K. Evaluation of the capacitively coupled resistivity (line antenna) method for the characterization of vadose zone dynamics [J]. Journal of applied geophysics，2014，106：119 - 127.

[15] LOKE M H，CHAMBERS J E，RUCKER D F，et al. Recent developments in the direct-current geoelectrical imaging method [J]. Journal of applied geophysics，2013，95：135 - 156.

[16] GUIRELI NETTO L，MALAGUTTI FILHO W，GANDOLFO O C B. Detection of seepage paths in small earth dams using the self-potential method (SP) [J]. REM-International engineering journal volume，2020，73 (3)：303 - 310.

[17] 刘康和，王志豪．充电法探测输水工程渗漏的应用研究 [J]．水利水电工程设计，2009，28 (3)：46 - 47.

[18] ABDULSAMAD F，REVIL A，SOUEID AHMED A，et al. Induced polarization tomography applied to the detection and the monitoring of leaks in embankments [J]. Engineering geology，2019，254：89 - 101.

[19] 汤井田，戴前伟，柳建新，等．何继善教授从事地球物理工作60周年学术成就回顾 [J]．中国有色金属学报，2013，23 (9)：2323 - 2339.

[20] 董永立．对郭家咀水库大坝漫而未溃的思考 [J]．水利规划与设计，2022 (1)：81 - 84.

[21] 秦晶晶，刘保金，许汉刚，等．地震折射和反射方法研究郯庐断裂带宿迁段的浅部构造特征 [J]．地球物理学报，2020，63 (2)：505 - 516.

[22] 郑智杰，张伟，曾洁，等．综合物探方法在碳质灰岩库区岩溶渗漏带调查中的应用研究 [J]．地球物理学进展，2017，32 (5)：2268 - 2273.

[23] 刘现锋，谢向文，马若龙，等．综合物探技术在复杂土质堤防隐患探测中的应用 [J]．人民黄河，2020，42 (12)：41 - 44+50.

[24] 贾慧涛，刘杨，盛勇，等．微动技术在堤坝渗漏探测中的应用 [J]．地质学刊，2021，45 (3)：335 - 340.

[25] 钟宇，陈健，闵弘，等．跨孔声波CT技术在花岗岩球状风化体探测中的应用 [J]．岩石力学与工程学报，2017，36 (S1)：3440 - 3447.

[26] 黄欧龙，曹国侯，苏建坤，等．声波CT技术在斜拉桥大体积混凝土检测中的应用 [J]．工程地球物理学报，2016，13 (6)：794 - 798.

[27] 黄生根，刘东军，胡永健．电磁波CT技术探测溶洞的模拟分析与应用研究 [J]．岩土力学，2018，39 (S1)：544 - 550.

[28] 王启明，车爱兰．基于CT探测技术的不良地质构造三维网格模型重构方法 [J]．岩石力学与工程学报，2019，38 (6)：1222 - 1232.

[29] 陈孝霞，孙洪武．井温曲线在测井资料解释分析中的作用 [J]．石油仪器，2012，26 (1)：75 - 77+100.

［30］汪进超，王川婴，朱长歧，等．数字全景钻孔摄像系统在西沙琛航岛地质调查中的应用［J］．三峡大学学报（自然科学版），2014，36（5）：68－71＋92.

［31］秦英译，王川婴．前视井下电视和数字钻孔摄像在工程中的应用［J］．岩石力学与工程学报，2007，192（S1）：2834－2840.

［32］来记桃，李乾德．长大引水隧洞长期运行安全检测技术体系研究［J］．水利水电技术（中英文），2021，52（6）：162－170.

［33］王继敏，来记桃．锦屏二级水电站引水隧洞水下检测技术研究与应用［J］．大坝与安全，2021（1）：19－24.

［34］赵刚，李妍，许祝华，等．侧扫声呐在人工鱼礁跟踪监测中的应用［J］．地质学刊，2020，44（3）：307－311.

［35］杨清福，原晓军，武成智，等．中朝边境天池破火山口湖底地形多波束测深探测［J］．岩石学报，2018，34（1）：185－193.

［36］杨国明，朱俊江，赵冬冬，等．浅地层剖面探测技术及应用［J］．海洋科学，2021，45（6）：147－162.

［37］陈虹，路波，陈兆林，等．基于海底地形地貌及浅地层剖面调查的倾倒区监测技术评价研究［J］．海洋环境科学，2017，36（4）：603－608.

［38］宋先海，颜钟，王京涛．高密度电法在大幕山水库渗漏隐患探测中的应用［J］．人民长江，2012，43（3）：46－47＋51.

［39］胡雄武，张平松，江晓益．并行电法在快速检测水坝渗漏通道中的应用［J］．水利水电技术，2012，43（11）：51－54.

［40］胡雄武，李红文．正反三极电阻率联合反演在水库渗漏检测中的应用［J］．水利水电技术，2018，49（10）：173－178.

［41］陈贻祥，邬健强，黄奇波，等．水中自然电场法探测病态水库岩溶渗漏通道—以金鸡河水库一级水电站为例［J］．中国岩溶，2018，37（6）：883－891.

［42］周竹生，朱海伦，谢静，等．自然电场三维有限元正演模拟［J］．成都理工大学学报（自然科学版），2019，46（6）：754－761.

［43］张伟，李姝昱，张诗悦，等．探地雷达在水利工程隐患探测中的应用［J］．水利与建筑工程学报，2011，9（1）：34－38.

［44］吴学礼，贾江波，孟凡华，等．基于探地雷达的水库坝基渗漏正演模拟［J］．河北科技大学学报，2017，38（4）：389－394.

［45］张杨，周黎明，肖国强．堤防隐患探测中的探地雷达波场特征分析与应用［J］．长江科学院院报，2019，36（10）：151－156.

［46］刘润泽，张建清，陈勇，等．堤防隐患的时间推移地球物理监测探讨［J］．三峡大学学报（自然科学版），2013，35（6）：20－23.

［47］王远明，姚海林，车爱兰，等．堤防防渗墙完整性快速检测系统及效率验证［J］．土工基础，2019，33（4）：519－524.

［48］王玉涛，曹晓毅．采空塌陷对红岩河水库渗漏影响研究［J］．人民长江，2020，51（10）：122－127.

[49] 孙忠，冀振亚，王德荣，等．瞬变电磁法在堤坝渗漏隐患探测中的应用[J]．地质装备，2018，19（3）：13－15＋23.

[50] 赵汉金，江晓益，韩君良，等．综合物探方法在土石坝渗漏联合诊断中的试验研究 [J]．地球物理学进展，2021，36（3）：1341－1348.

[51] 王怀胜．一种水库渗漏位置检测的方法与分析 [J]．水电与新能源，2011，93（1）：21－22.

[52] 田金章，向友国，谭界雄．综合检测技术在面板堆石坝渗漏检测中的应用[J]．人民长江，2018，49（18）：103－107.

[53] 张清华，陈亮，颜书法，等．综合示踪技术在水库渗漏勘察中的应用 [J]．地基处理，2021，3（4）：349－354.

[54] 胡盛斌，杜国平，徐国元，等．基于能量测量的声呐渗流矢量法及其应用[J]．岩土力学，2020，41（6）：2143－2154.

[55] 徐磊，张建清，严俊，等．磁电阻率法在平原水库渗漏探测中的试验研究[J]．地球物理学进展，2021，36（5）：2222－2233.

[56] 王玉磊，汤雷，钱思蓉．基于无人机和红外热成像技术的小型水库坝体早期非稳定渗漏检测系统 [J]．无损检测，2020，42（12）：61－65.

[57] 董海洲，寇丁文，彭虎跃．基于分布式光纤温度监测系统的集中渗漏通道流速计算模型 [J]．岩土工程学报，2013，35（9）：1717－1721.

[58] 陈文亮，王良，高海峰．浙江省土石坝防渗处理措施应用情况统计分析[J]．浙江水利科技，2019，47（3）：53－55.

[59] 孙翔，郭秀军，吴景鑫．海底砂土中气体运移过程电阻率监测探针设计与实验 [J]．海洋学报，2020，42（5）：139－149.

[60] 席继楼．地电场观测方法与观测技术研究 [J]．地震地磁观测与研究，2019，40（2）：1－20.

[61] CHAMBERS J E，MELDRUM P I，WILKINSON P B，et al. Spatial monitoring of groundwater drawdown and rebound associated with quarry dewatering using automated time－lapse electrical resistivity tomography and distribution guided clustering [J]．Engineering geology，2015，193：412－420.

[62] WELLER A，LEWIS R，CANH T，et al. Geotechnical and Geophysical Long-term Monitoring at a Levee of Red River in Vietnam [J]．Journal of environmental and engineering geophysics，2014，19（3）：183－192.

[63] HILBICH C，Fuss C，Hauck C. Automated Time-lapse ERT for Improved Process Analysis and Monitoring of Frozen Ground [J]．Permafrost and periglacial processes，2011，22（4）：306－319.

[64] SJÖDAHL P，DAHLIN T，JOHANSSON S，et al. Resistivity monitoring for leakage and internal erosion detection at Hällby embankment dam [J]．Journal of applied geophysics，2008，65（3）：155－164.

[65] 王复明，李嘉，石明生，等．堤坝防渗加固新技术研究与应用 [J]．水力发

电学报，2016，35（12）：1－11.

［66］KAYODE O T，ODUKOYA A M，ADAGUNODO T A，et al. Monitoring of seepages around dams using geophysical methods：a brief review［J］. IOP Conference series：earth and environmental science，2018，173（1）：012026.

［67］卢正超，杨宁，韦耀国，等. 水工程安全监测智能化面临的挑战、目标与实现路径［J］. 水利水运工程学报，2021，190（6）：103－110.